国土交通白書2024の読み方

2025年度
技術士試験に生かす
国土交通行政の要点

日経BP

はじめに

2024年度の筆記試験では、過去5年間とほぼ同様の方法や形式で出題されました。設問の内容も時事性を意識したものが多く、出題傾向にも大きな変化は見られませんでした。

口頭試験でも、建設事業の今後の方向性や新技術などの最新情報が問われると考えられます。このような時事的な政策や施策の方向性を読み取るうえで、欠かせないのが国土交通白書です。国土交通政策が体系的に整理されており、技術士試験の受験対策としてますます重要性が増していると思われます。このことは今後も変わらないでしょう。

建設部門の技術士の役割は、一言でいえば、社会資本を整備することにあります。したがって、国の社会資本整備の考え方や方向性を理解していなければなりません。白書にはその年の社会資本整備に対する国の政策などがまとめられています。逆に国の方向性が決まっていない政策は掲載されませんので、政策や施策の進行の程度も判断でき、社会資本整備の現在の着眼点が明らかになります。

さらに、白書には「○年○月の○○審議会からの提言を受けて」といった記述もあり、国土交通省のウェブサイトで該当する審議会を検索すれば、議事録や提言書などを閲覧することもできます。白書が、検索のためのインデックスの役割も果たしているわけです。議事録などを見ると、その時点での審議事項だけでなく、どういう時期にどんな結論が出るのかもわかります。技術士試験で論文に書くべき方向性が見えてきます。さらに白書には用語や直近の数値なども掲載されており、論文に記述する材料として使えます。

技術士試験は、受験者の現在の技術力が一定の基準に到達しているかどうかを確かめるものです。これは2025年度の試験でも変わりません。過去の知識だけでは不十分で、昨今の世の中の動きを見ながら国土交通政策を理解し、論述することが求められます。その点からも、最新の国土交通行政の動向をまとめた白書の重要性は高いと言えます。

国土交通白書の公表時期はここ数年、筆記試験直前の6月下旬～7月上旬でした。このころにはすでに試験の問題が作成されており、白書の内容を出題に反映させるのは難しいと考えられます。しかし、白書に掲載される内容は発行年の前年度の政策ですので、25年に発行される予定の国土交通白書2025の公表が仮に遅れたとしても、23年度の政策や

はじめに

施策をまとめた白書2024の内容を押さえておけば、25年度の試験に役立つはずです。

本書は技術士試験の目的やポイントはもちろん、過去の出題傾向なども踏まえたうえで、筆記試験の対策に白書をどのように活用すればよいのかを紹介し、効率良く勉強ができるように構成しています。

国土交通白書2024の第Ⅰ部では「持続可能な暮らしと社会の実現に向けた国土交通省の挑戦」をテーマとし、本格化する少子高齢化や人口減少の課題に対して国土交通分野で期待される取り組みについて分析しています。現状を俯瞰するとともに、具体的な施策を挙げながら、持続可能で豊かな社会が実現する将来を展望しています。取り組みの一つである第3次国土形成計画（全国計画）に関しては、24年度の必須科目で出題されました。25年度に切り口を変えて再び必須科目で取り上げられたり、選択科目Ⅲで出題されたりする可能性があります。受験を考えている人は、白書の情報と関連する審議会などの二次情報もしっかりとインプットして、試験対策に活用してほしいと思います。

とはいえ、この白書2024のすべてを読破する必要はありません。「技術士試験のための読み方」をすればよいのです。本書の「国土交通白書の読み方」というタイトルは「技術士の筆記試験対策に都合の良い部分を効率的に読むための方法」という意味になります。白書の内容をすべて解説して白書の全容を明かすことを目的としたものではありません。

本書の構成は以下の通りです。

第1章では、「出題傾向と受験科目の選び方」として、24年度の必須科目や選択科目の内容を踏まえて出題傾向やポイントについて述べています。さらに口頭試験も意識して、受験科目を選ぶ際の注意点についても解説しています。24年度までの筆記試験では、受験者の専門性によっては問題を選択しづらい科目が見られました。25年度も同様の傾向が続く可能性が高いと思われます。自身の専門知識と応用能力のレベルを改めてチェックして、受験科目を選ぶようにしてください。

第2章の「国土交通白書の構成とポイント」では、白書2024の内容を分析したうえで、過去3年間の白書の変遷を表形式で比較し、変遷からみた現時点での重要な項目を取り上げています。いずれも必須科目や選択科目の論文対策に参考となるものです。

第3章は、「必須科目のテーマと対処法」です。24年度の出題内容や各小問の問われ方などを示しながら、解答の方法を説明しています。論文の構成方法に加え、白書2024を基にしたテーマと解答例も掲載しました。25年度の重要な分野やテーマごとに、主なキーワードや該当する白書の項目も挙げています。必須科目が合格点に達しないと、選択科目の評価がいくら高くても不合格になります。しっかりと準備してください。

第4章では、「白書を踏まえた選択科目の論述法」として、白書に記載された内容から選択科目の論文の材料を見いだす方法に加え、その材料を論文の作成に利用する際のポイントや実際に論文としてまとめた例などを示しました。論文例には、解答に盛り込むべきキーワードも明示しています。出題テーマとの関連を読み取ってください。

そして、第5章の「2025年度の試験に役立つ文献」には、最新の国土交通政策を押さえるために、資料を調べる場所や技術士試験に関連する主な項目を抜粋しました。さらに、白書には詳細が記されていない最近の話題として、国土交通省や日経コンストラクションから発信された情報や資料を掲載しています。建設部門全般を対象とする必須科目や選択科目ごとに、参考となる文献などを整理しました。

2026年3月には、晴れて皆さんが技術士になられることをお祈りしております。

2024年12月吉日

株式会社5Doors'
代表取締役　堀　与志男

国土交通白書2024の読み方 —— 目次

はじめに ··· 3

第1章　出題傾向と受験科目の選び方

1-1　出題の傾向とポイント ··· 10

1-2　必須科目の論文の傾向 ··· 15

1-3　選択科目の論文の傾向 ··· 18

1-4　受験科目選定時の注意点 ·· 41

第2章　国土交通白書の構成とポイント

2-1　国土交通白書2024の構成 ··· 62

2-2　第Ⅰ部の概要 ·· 63

2-3　第Ⅱ部の概要 ·· 69

2-4　国土交通白書2024の分析 ··· 74

2-5　この3年間にみる白書の変遷 ··· 81

2-6　白書の用語を理解 ··· 137

本書の掲載資料について
　本書では、国土交通白書に掲載されている図表を掲載していますが、その著作権使用に関して、出典を明記することなどを条件に2024年10月に国土交通省総合政策局政策課に使用許可を受けています。

（注）本文中の用語については日経BPの用語表記に従っています。年度なども年号ではなく、西暦を中心に表記しています。

第3章　必須科目のテーマと対処法

3-1　論文の作成方法 ·· 144
3-2　国土交通白書と必須科目の論文 ···················· 155
3-3　白書のテーマからの出題と解答方法 ·············· 156
3-4　その他の重要なテーマと取り組み方 ·············· 163

第4章　白書を踏まえた選択科目の論述法

4-1　選択科目の出題形式と内容 ·························· 172
4-2　国土交通白書と選択科目の論文 ···················· 177
4-3　論文作成のポイント ···································· 203

第5章　2025年度の試験に役立つ文献

5-1　最新の国土交通政策を押さえる ···················· 220
5-2　必須科目の論文に役立つ文献 ························ 236
5-3　選択科目の論文に役立つ文献 ························ 264

第1章

出題傾向と
受験科目の選び方

第1章◉出題傾向と受験科目の選び方

1-1 出題の傾向とポイント

2019年度の改正から24年度まで、6年間の試験の方法や形式、出題数などに大きな変更はありませんでした。**表1.1**と**表1.2**は、24年度の筆記試験と口頭試験の概要です。問われる内容や求められる能力（次ページの**表1.3**や**表1.4**）も含めて、25年度も同様の形が続くと思われますので、まずは24年度の出題概要について説明します。

（1）2024年度の出題概要

必須科目は記述式です。2問の出題から1問を選び、600字詰めの解答用紙を用いて2時間で3枚に記述します。建設部門全般にわたる専門知識と応用能力、問題解決能力および課題遂行能力が対象です。24年度は、1問が23年に定められた第3次国土形成計画に基づく設問で、地域・拠点間の連結とネットワークの強化について問う内容でした。国土形成計画は国土交通白書に毎年、掲載されています。もう1問は大規模な災害からの復旧・復興に向けたDX（デジタルトランスフォーメーション）の活用がテーマです。国土交通白書2023では、第Ⅰ部の「防災分野のデジタル化施策」などの欄で取り上げています。

必須科目の小問は23年度までと同様に24年度も(1)～(4)の4つに分かれており、各小問の趣旨や内容は22年度や23年度とほぼ同じでした。技術士に求められる資質や能力（コ

表1.1　2024年度の筆記試験の内容

試験科目	問題の種類		試験方法	配点	試験時間	合否基準
Ⅰ 必須科目	「技術部門」全般にわたる専門知識、応用能力、問題解決能力および課題遂行能力		記述式 600字詰め用紙3枚	40点	2時間	60%以上
Ⅱ、Ⅲ 選択科目	「選択科目」についての専門知識および応用能力	Ⅱ-1 専門知識	記述式 600字詰め用紙1枚	10点	3時間30分	60%以上
		Ⅱ-2 応用能力	記述式 600字詰め用紙2枚	20点		
	「選択科目」についての問題解決能力および課題遂行能力		記述式 600字詰め用紙3枚	30点		

（注）表1.2も総合技術監理部門を除く技術部門。11～12ページも日本技術士会の資料を基に作成

表1.2　2024年度の口頭試験の内容

試問事項		配点	合否基準	試問時間
Ⅰ 技術士としての実務能力 ・筆記試験における記述式問題の答案と業務経歴を踏まえて試問	コミュニケーションやリーダーシップ	30点	60%以上	20分（10分程度の延長の場合もあり）
	評価やマネジメント	30点	60%以上	
Ⅱ 技術士としての適格性	技術者倫理	20点	60%以上	
	継続研さん	20点	60%以上	

10

ンピテンシー）や評価項目（12ページの**表1.5**）を踏まえて出題されています。必須科目の出題内容や対処法については、本書の1-2や第3章で改めて説明します。

　選択科目のうち、専門知識と応用能力が問われるⅡの論文は、専門知識を対象としたⅡ-1と応用能力が確かめられるⅡ-2に分かれています。Ⅱ-1は4問から1問を選んで1枚に、Ⅱ-2は2問から1問を選んで2枚にそれぞれ記述します。Ⅱ-2では3つの小問が設けられており、24年度も多くが調査や検討事項、業務を進める手順、留意点や工夫を要する点、関係者との調整方策などについて問われています。出題傾向に大きな変化はなく、ほとんどの科目が広い範囲から出題しています。自身の専門分野と関連する周辺の話題を押さえておくことが欠かせません。Ⅱ-2では受験者の実務を意識した設問も続いており、自身の専門分野を深く勉強することも大切です。さらにⅡ-1だけでなくⅡ-2でも、昨今の社会情勢や施策を背景とした時事性の高いテーマがよく取り上げられています。

　もう一つの問題解決能力と課題遂行能力が問われるⅢの論文は3枚で、Ⅱも含めた合計6枚を、休憩時間なしに3時間30分で記述します。時間に余裕はありませんので、配点の割合が高いⅢの解答時間を十分に確保できるよう、全体の時間配分にも注意が必要です。

　Ⅲの出題テーマを見ると、気候変動に伴う豪雨災害や24年1月の能登半島地震を背景と

表1.3　建設部門の筆記試験で問われる内容

問題の種類		出題内容
必須科目		社会が抱えている様々な問題について、建設部門全般に関わる基礎的なエンジニアリングの問題としての観点から、多面的に課題を抽出して解決方法を示し、遂行していくための提案を問う
選択科目	専門知識	「選択科目」における重要なキーワードや新技術などに対する専門的な知識
	応用能力	「選択科目」に関係する業務に関し、与えられた条件に合わせて、専門知識や実務経験に基づいて業務の遂行手順を説明できる。さらに、業務上で留意すべき点や工夫を要する点などについての認識があるかを問う
	問題解決能力と課題遂行能力	社会のニーズや技術の進歩に伴う様々な状況で生じているエンジニアリングに関する問題が対象。「選択科目」に関わる観点からこれらの課題を抽出し、多様な視点からの分析によって問題を解決するための手法や遂行する方策を問う

表1.4　筆記試験で求められる知識や能力の概念

知識や能力	概念
専門知識	専門の技術分野の業務に必要で、幅広く適用される原理などに関わる汎用的な知識
応用能力	習得した知識や経験に基づき、与えられた条件に合わせて問題や課題を正しく認識し、必要な分析を行い、業務の遂行手順や留意点、工夫を要する点などについて説明できる能力
問題解決能力と課題遂行能力	社会のニーズや技術の進歩に伴う様々な状況から複合的な問題や課題を把握。多様な視点から調査や分析を行い、問題を解決するための課題とその遂行について説明できる能力

第1章●出題傾向と受験科目の選び方

表1.5　建設部門の各筆記試験における評価項目と概要

評価項目	概要	Ⅰ	Ⅱ 1	Ⅱ 2	Ⅲ
専門的学識	・建設部門全般および選択科目に関する専門知識の理解と応用 ・法令などの制度と社会や自然条件に関する専門知識の理解と応用	○	○	○	○
問題解決	・業務で直面する複合的な問題の内容を明確にして調査し、背景に潜在する問題の発生要因や制約の要因を抽出して分析すること ・複合的な問題に関して、相反する要求事項やそれらの影響の重要度を考慮したうえで、提起した複数の選択肢を踏まえて解決策を提案	○			○
マネジメント	・業務の過程における品質やコスト、生産性やリスク対応などに関する要求事項、または成果物に係る要求事項の特性を満たすために、人員や設備、金銭、情報などの資源を配分すること			○	
評価	・業務を遂行する際の各段階における結果のほか、最終的な成果や波及効果を評価して次の段階や別の業務の改善に資すること	○			○
コミュニケーション	・口頭や文書などで多様な関係者と明確かつ効果的に意思を疎通	○	○	○	○
リーダーシップ	・多様な関係者の利害などを調整して取りまとめることに努める			○	
技術者倫理	・公衆の安全や健康、福利を最優先に考慮したうえで、社会や環境などに与える影響を予見し、次世代にわたる社会の持続性を確保。技術士としての使命や地位、職責を自覚して倫理的に行動すること ・業務に関係する法令などの制度が求めている事項を順守すること ・決定に際して自らの業務と責任の範囲を明確にし、責任を負う	○			

（注）2024年度の内容。右欄の○は該当する試験科目。「Ⅰ」は必須科目に、Ⅱの「1」は選択科目のうちの専門知識に、「2」は応用能力に、「Ⅲ」は問題解決能力および課題遂行能力にそれぞれ関する論文。概要は技術士に求められる資質や能力（コンピテンシー）から抜粋して要約

した地震への対策など、23年度に比べて防災・減災の分野からのテーマが増えています。さらに維持管理・更新のほか、脱炭素化などの環境関連や雇用・労働環境に関するものなど、必須科目と同様に時流を踏まえたテーマが多くを占める傾向が続いています。24年に改正された法律や23〜24年に国土交通省などが公表した施策を意識した設問も少なくありませんでした。25年度も地震や豪雨への対策といった防災・減災を中心に、維持管理や環境・エネルギー、雇用・労働環境に関わる最新の施策を理解しておく必要があります。

　Ⅲの小問の数は、すべての科目が23年度までと同じで3つでした。内容は科目によってやや異なりますが、24年度の必須科目の小問（1）〜（3）で問われたように課題から解決策、リスクと対策といった流れで展開する形が中心です。同様に、課題の数も24年度はほとんどの科目で「3つ」と指定されています。選択科目の出題傾向や重要なテーマ、論文の作成方法や国土交通白書との関連などは本書の1-3や第4章で詳しく解説します。

　口頭試験では、これらの筆記試験の論文や業務経歴を踏まえて問われます。「技術士としての実務能力」では、「コミュニケーションやリーダーシップ」と「評価やマネジメント」のレベルが確かめられます。「技術士としての適格性」では、「技術者倫理」や「継続

研さん」について尋ねられます。併せて、国土交通白書に記載されている最近の政策や施策が口頭試験でも取り上げられる場合があります。

（2）技術士の定義や試験の目的

　技術士試験の目的や技術士の定義は、いずれも技術士法で定められています。合格するには、この試験の目的などを把握していないといけません。技術士の定義は、技術士法の第2条に「科学技術に関する高等の専門的応用能力を必要とする事項についての計画、研究、設計、分析、試験、評価またはこれらに関する指導の業務を行う者」と書かれています。

　技術士試験では、この「高等の専門的応用能力」を使って「（過去も現在も将来も）上記の業務を行っていること」を確かめるわけです。高等の専門的応用能力は筆記試験と口頭試験の両方で、行っている業務の事実は受験申込時に提出する実務経験証明書を基に口頭試験で主に確かめます。さらに、筆記試験で問われる能力は以下の2つになります。

- 必須科目……建設部門全般にわたる専門知識と応用能力、問題解決能力、課題遂行能力
- 選択科目……「選択科目」に関する専門知識と応用能力、問題解決能力、課題遂行能力

　技術士の資格は21の部門に分かれていて、建設部門もそのうちの一つです。下の**表1.6**のように建設部門の中も11の選択科目に分かれています。

（3）試験の概要と流れ

　2024年度も試験の流れやスケジュールなどに大きな変更はありませんでした。技術士第一次試験の合格者で所定の経験年数があれば、第二次試験を受験する資格が得られます（次ページの**図1.1**）。ただし、第一次試験の合格年度にかかわらず、通算7年以上の実務経験があれば二次試験を受験できます。第二次試験は筆記試験と口頭試験に分かれており、口頭試験は筆記試験の合格者が対象です。本書の執筆時点では25年度試験の実施案内や実施大綱などは発表されていませんので、24年度試験の概要を**表1.7**に示します。

表1.6　建設部門の11の選択科目

土質及び基礎（土質基礎）	道路（道路）
鋼構造及びコンクリート（鋼コンクリート）	鉄道（鉄道）
都市及び地方計画（都市計画）	トンネル（トンネル）
河川、砂防及び海岸・海洋（河川砂防）	施工計画、施工設備及び積算（施工計画）
港湾及び空港（港湾空港）	建設環境（建設環境）
電力土木（電力土木）	（注）カッコ内は本書で用いる省略表現です

第1章 ● 出題傾向と受験科目の選び方

図1.1　技術士試験の仕組みや流れ

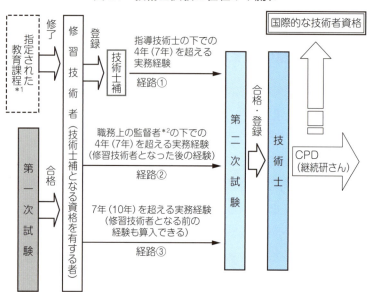

（注）＊1の「指定された教育課程」の一覧は日本技術士会のウェブサイトを参照。＊2の監督者とは科学技術に関する業務に7年を超える期間、従事している者。図の経路①の期間と経路②の期間を合算して通算4年を超える実務経験でも第二次試験の受験が可能。カッコ内の年数は総合技術監理部門を受験する場合。日本技術士会の資料を基に作成

表1.7　2024年度の技術士試験の概要

受験申込書などの配布と受け付け		・配布期間は2024年3月25日～4月15日。受付期間は4月1日～15日 ・受験申込書は書留郵便で提出。最終日までの消印のあるものは有効
試験日	筆記試験	・総合技術監理部門を除く建設部門などの技術部門は2024年7月15日 ・総合技術監理部門の必須科目は7月14日、選択科目は7月15日
	口頭試験	・2024年11月下旬から25年1月中旬までの1日を指定。受験者にはあらかじめ通知
試験地	筆記試験	・北海道、宮城県、東京都、神奈川県、新潟県、石川県、愛知県、大阪府、広島県、香川県、福岡県、沖縄県
	口頭試験	・東京都
合格発表	筆記試験	・例年、10月下旬～11月上旬。2024年度は10月29日
	口頭試験	・例年、3月上旬～中旬。2024年度は3月14日

（注）口頭試験は筆記試験の合格者が対象。口頭試験の合格発表の日は予定

1-2 必須科目の論文の傾向

必須科目では、建設部門全般にわたるテーマ（17ページの**表1.8**を参照）について問われます。基礎的なエンジニアリングの問題が対象です。2024年度も出題形式に変更はなく、2問の出題から1問を選んで3枚に記述する形でした。解答時間は2時間です。

（1）最新の政策や施策の理解は不可欠

24年度の出題テーマは、1問が地域・拠点間の連結とネットワークの強化でした。23年7月に閣議決定した第3次国土形成計画に基づく内容で、時事性の高いテーマです。国土形成計画は国土交通白書でも毎年、取り上げており、第3次の計画は同白書2024の第Ⅰ部や第Ⅱ部で説明しています。解答の中心となる(2)の解決策では、第3次の計画が「国土構造の基本構想」の中で「連結の強化」として挙げている「全国的な回廊ネットワーク」や「日本中央回廊」の形成とともに、それらに関連する施策を示すことがポイントです。

Ⅰ-1　国が定める国土形成計画の基本理念として、人口減少や産業その他の社会経済構造の変化に的確に対応し、自立的に発展する地域社会、国際競争力の強化等による活力ある経済社会を実現する国土の形成が掲げられ、成熟社会型の計画として転換が図られている。令和5年に定められた第三次国土形成計画では、拠点連結型国土の構築を図ることにより、重層的な圏域の形成を通じて、持続可能な形で機能や役割が発揮される国土構造の実現を目指すことが示された。

この実現のために、国土全体におけるシームレスな連結を強化して全国的なネットワークの形成を図ることに加え、新たな発想からの地域マネジメントの構築を通じて持続可能な生活圏の再構築を図る、という方向性が示されていることを踏まえ、持続可能で暮らしやすい地域社会を実現するための方策について、以下の問いに答えよ。

(1) 全国的なネットワークを形成するとともに地域・拠点間の連結および地域内ネットワークの強化を目指す社会資本整備を進めるに当たり、投入できる人員や予算に限りがあることを前提に、技術者としての立場で多面的な観点から3つ課題を抽出し、それぞれの観点を明記したうえで、課題の内容を示せ。(＊)

（＊）解答の際には必ず観点を述べてから課題を示せ。

(2) 前問(1)で抽出した課題のうち、最も重要と考える課題を1つ挙げ、その課題に対する複数の解決策を示せ。

(3) 前問(2)で示したすべての解決策を実行して生じる波及効果と専門技術を踏まえた懸念事項への対応策を示せ。

(4) 前問(1)～(3)を業務として遂行するに当たり、技術者としての倫理、社会の持続性の観点から必要となる要件・留意点を述べよ。

第1章 ● 出題傾向と受験科目の選び方

　例えば、高規格道路ネットワークのミッシングリンクの解消や暫定2車線区間の4車線化、リニア中央新幹線の整備などが考えられます。さらに、「持続可能で暮らしやすい地域社会を実現するための方策」も求められていることから、「地域生活圏」の形成に向けた取り組みとして、デジタルの活用や地域公共交通のリ・デザイン（再構築）、「居心地が良く歩きたくなる」まちなかづくりなどについても述べればよいでしょう。

　もう1問は、迅速かつ効率的な復旧・復興に向けたDX（デジタルトランスフォーメーション）の活用がテーマです。防災・減災におけるデジタルの活用は、23年7月に閣議決定された新たな国土強靱化基本計画の基本方針に追加されたほか、国土交通省が23年6月に公表した「総力戦で挑む防災・減災プロジェクト」の中で23年度に強化すべき施策として示すなど、時流を踏まえた時事性の高いテーマです。国土交通白書でも同白書2023

　Ⅰ-2　我が国では、年始に発生した令和6年能登半島地震をはじめ、近年、全国各地で大規模な地震災害や風水害等が数多く発生しており、今後も、南海トラフ地震および首都直下地震等の巨大地震災害や気候変動に伴い激甚化する風水害等の大規模災害の発生が懸念されているが、発災後の復旧・復興対応に対して投入できる人員や予算に限りがある。そのような中、災害対応におけるDX（デジタルトランスフォーメーション）への期待は高まっており、すでに様々な取り組みが実施されている。

　　今後、DXを活用することで、インフラや建築物等について、事前の防災・減災対策を効率的かつ効果的に進めていくことに加え、災害発生後に国民の日常生活等が一日も早く取り戻せるようにするため、復旧・復興を効率的かつ効果的に進めていくことが必要不可欠である。

　　このような状況下において、将来発生しうる大規模災害の発生後の迅速かつ効率的な復旧・復興を念頭において、以下の問いに答えよ。

（1）大規模災害の発生後にインフラや建築物等の復旧・復興までの取り組みを迅速かつ効率的に進めていけるようにするため、DXを活用していくに当たり、投入できる人員や予算に限りがあることを前提に、技術者としての立場で多面的な観点から3つ課題を抽出し、それぞれの観点を明記したうえで、課題の内容を示せ。[*]

（*）解答の際には必ず観点を述べてから課題を示せ。

（2）前問（1）で抽出した課題のうち、最も重要と考える課題を1つ挙げ、その課題に対する複数の解決策を示せ。

（3）前問（2）で示したすべての解決策を実行しても新たに生じうるリスクとそれへの対策について、専門技術を踏まえた考えを示せ。

（4）前問（1）～（3）を業務として遂行するに当たり、技術者としての倫理、社会の持続性の観点から必要となる要件・留意点を述べよ。

表1.8　2011～12年度と19～24年度に出題された分野やテーマ

出題年度	出題の分野やテーマ	
	1	2
2024年度	地域・拠点間の連結とネットワークの強化	迅速な復旧・復興に向けたDXの活用
2023年度	巨大地震への対策	メンテナンスの第2フェーズ
2022年度	デジタルトランスフォーメーションの推進	地球温暖化の緩和策
2021年度	循環型社会の構築	風水害による被害の防止策
2020年度	中小建設業における担い手の確保	インフラのメンテナンス
2019年度	生産性の向上	国土強靱化と自然災害への対策
2012年度	東日本大震災を契機とした防災・減災	地球環境問題への対応
2011年度	今後の社会資本整備	建設産業の活力の回復

の第Ⅰ部で「防災分野のデジタル化施策」などとして、主な施策を取り上げています。

　解答では、これらの施策などから復旧・復興に関連するものを挙げればよいでしょう。例えばドローンやAI（人工知能）による被災状況の確認や把握、人工衛星による情報の取得、3次元データの活用や共有、統合災害情報システム（DiMAPS）のさらなる改良、浸水センサーによる浸水状況の把握、国土交通データプラットフォームの整備や3D都市モデルの活用、自動化・遠隔化技術の開発や改良などが解決策として考えられます。

　このように最新の政策や施策を踏まえた出題は25年度も続くと思われます。これまでの出題テーマをチェックしたうえで、国土交通白書や本書の第5章を参考に、最新の施策などを基に論述できるよう備えておいてください。さらに、以前のテーマでも解答の対象が絞り込まれる可能性があります。例えばDXについては22年度に問われましたが、24年度は復旧・復興を対象としています。施策などの内容を幅広く理解するだけでなく、出題テーマや解答にあたっての条件も想定しながら施策のポイントを理解しておきましょう。

（2）小問に条件や注記が追加

　小問の(1)では2問とも、21～23年度と同様に課題の数が「3つ」と指定されています。一方、24年度は「投入できる人員や予算に限りがあることを前提に」や「解答の際には必ず観点を述べてから課題を示せ」といった条件や注記が加わりました。人員などの増加に結び付くような課題は求められていない点に注意が必要です。併せて、書き方は「○○の観点から○○が課題である」といった形が望ましいと思われます。(3)では1問が22年度までの「波及効果と懸念事項への対応策」が復活し、もう1問は23年度までの「解決策を実行しても新たに生じうるリスクと対策」でした。25年度も小問の内容が少し変わる可能性はありますが、(2)で述べる最も重要な課題と複数の解決策が解答の中心です。テーマごとに解決策を3つ程度は挙げられるよう備えたうえで、それらの波及効果やリスク、対応策も整理しておきましょう。具体的な論文構成や記述方法は第3章で説明します。

第1章◉出題傾向と受験科目の選び方

1-3 選択科目の論文の傾向

　建設部門全般にわたる「基礎的なエンジニアリングの問題」が対象の必須科目と異なり、選択科目の論文ではいずれも受験者の専門性を重視した内容になっています。「専門知識と応用能力」に関するⅡと「問題解決能力と課題遂行能力」が確かめられるⅢからなり、さらにⅡは専門知識が問われるⅡ-1と実務経験などに基づく応用能力が対象のⅡ-2に分かれています。Ⅱ-1は4問から1問を、Ⅱ-2やⅢは2問から1問をそれぞれ選択する形です。

　改正後の2019年度から24年度までの出題内容を見ると、昨今の社会資本整備の課題や時流を踏まえた設問が多くを占めています。解答にあたっての条件が詳細に示されるなど、難度が高まってきた科目も少なくありません。特にⅡ-2やⅢでは、小問の内容も含めて題意をしっかりと把握することがますます重要になってきました。次ページからは最近の合格率の推移を踏まえ、主な選択科目ごとに24年度の出題内容や傾向について概説します。

　19年度の改正では各選択科目の出題の範囲や内容も見直されました。実際の出題に大きな変化はありませんでしたが、受験者の専門性によっては問題を選択しづらい科目が見られました。次節の1-4で示した各科目のチェックリストに目を通し、受験科目の選定に役立ててください。24年度までの出題内容を基に作成したものです。

表1.9　科目別の最終

科目	2020年度				2021年度		
	受験申込者数(人)	受験者数(人)	合格者数(人)	合格率(%)	受験申込者数(人)	受験者数(人)	合格者数(人)
土質基礎	1174	883	95	10.8	1437	1061	71
鋼コンクリート	2957	2294	127	5.5	3463	2625	244
都市計画	1170	948	135	14.2	1358	1035	157
河川砂防	2133	1689	175	10.4	2447	1898	218
港湾空港	469	362	33	9.1	592	460	42
電力土木	119	106	7	6.6	148	119	11
道路	2461	1945	257	13.2	2960	2262	254
鉄道	666	544	45	8.3	796	598	55
トンネル	549	416	71	17.1	611	439	49
施工計画	2511	1933	197	10.2	2905	2097	187
建設環境	798	643	74	11.5	908	717	96
建設部門全体	1万5007	1万1763	1216	10.3	1万7625	1万3311	1384
全部門の平均合格率				11.9			

（注）合格率は対受験者の合格率。全部門には総合技術監理部門も含む。日本技術士会の資料を基に作成

図1.2 建設部門の合格率の推移

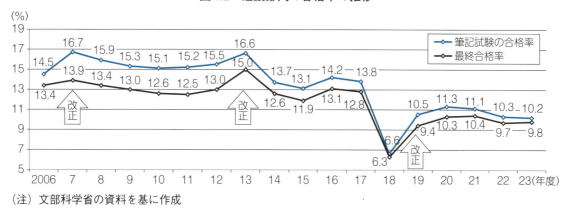

（注）文部科学省の資料を基に作成

（1）科目別合格率の推移

2020年度から23年度までの建設部門の最終合格率を**表1.9**に示します。建設部門全体の合格率は17年度まで、12～15％程度で推移していましたが、18年度は過去最低の6.3％に急落しました。19年度から21年度にかけて上昇してきたものの、その後は10％を下回っています。23年度は前年度とほぼ同等の9.8％でした（上の**図1.2**）。出題テーマは標準的

合格率の推移

	2022年度				2023年度			
合格率（％）	受験申込者数（人）	受験者数（人）	合格者数（人）	合格率（％）	受験申込者数（人）	受験者数（人）	合格者数（人）	合格率（％）
6.7	1433	1042	95	9.1	1466	1101	87	7.9
9.3	3441	2538	191	7.5	3587	2700	203	7.5
15.2	1330	1009	131	13.0	1338	1036	120	11.6
11.5	2509	1925	222	11.5	2507	1974	200	10.1
9.1	575	419	36	8.6	591	464	44	9.5
9.2	140	110	8	7.3	153	123	10	8.1
11.2	2903	2237	221	9.9	3033	2365	258	10.9
9.2	752	557	57	10.2	671	472	37	7.8
11.2	644	450	52	11.6	628	473	44	9.3
8.9	2820	2049	172	8.4	2701	1946	213	10.9
13.4	896	690	83	12.0	847	674	87	12.9
10.4	1万7443	1万3026	1268	9.7	1万7522	1万3328	1303	9.8
11.6				11.7				11.8

なものが中心だったとはいえ、Ⅱ-2やⅢで出題文に示された条件を踏まえなかったり、出題の意図を誤解するなどした受験者が23年度も少なくなかったようです。

科目ごとの合格率を見ると、「土質基礎」や「都市計画」、「河川砂防」などが22年度から1ポイント以上低下しました。一方、「道路」は22年度を1.0ポイント、「施工計画」は同2.5ポイント、それぞれ上回っています。合格率が低迷していた「施工計画」では、Ⅱ-2の小問の内容が22年度と同様に検討からリスク、トラブル対応へと展開する形であり、問われ方が定着してきたことも影響したようです。さらに、Ⅲではカーボンニュートラルの推進と週休2日の質の向上がそれぞれテーマでした。いずれも旬のテーマです。準備していた受験者は多かったとみられます。他方、受験者の多い「鋼コンクリート」の場合は、23年度も7.5％と伸び悩んでいます。Ⅲの1問は業務の効率化がテーマで答えやすかったと思われますが、Ⅱ-2の内容に戸惑った受験者が少なくなかったようです。出題のパターンは22年度までと同じで受験者が自ら条件を設定して記述する形でしたが、題意が読み取りにくかったかもしれません。1問は「超過外力」に対する冗長性や復旧性が、もう1問は「点検困難部」の損傷程度の推定と健全性の評価がそれぞれテーマでした。

Ⅱ-2では実務の経験がより重視される傾向にあるほか、Ⅲでは時流を意識した時事性の高いテーマが多くを占めています。以下では、主な選択科目ごとに24年度のⅡやⅢの出題内容や傾向に加え、これから押さえておくべき分野やテーマについて概説します。

(2)「専門知識」を問う論文の傾向

選択科目に関する「専門知識と応用能力」を問うⅡの論文のうち、「専門知識」が対象のⅡ-1の場合、24年度は防災・減災や維持管理・更新の分野から全11科目のうちの7科目が出題しています。最近の豪雨災害や地震を背景とした設問も少なくありません。なかでも地震への対策は、25年度の試験でも問われる可能性が高いと思われます。さらに、23年度までと同様に24年度も、昨今の施策や時流を踏まえた出題が多く見られます。例えば、訪日外国人の増加や「自動運行補助施設」の設置、働き方改革関連法、労働安全衛生規則の改正、プレキャストコンクリート工法、海洋再生可能エネルギーの整備、カーボンニュートラルポートの形成などが挙げられます。「港湾空港」や「道路」といった計画分野からの出題比率が高い科目だけでなく、「施工計画」でも問われています。

「概要」だけを述べる設問は減少

一方、地盤の変形係数や杭の支持力、圧密の促進工法、溶接による欠陥、コンクリートの温度ひび割れ、山岳トンネルのインバートや掘削工法など、各選択科目にとって普遍的とされるテーマも取り上げられています。多くが以前にも出題されたことがある分野やテーマです。さらに、対策や検討項目、留意点の数を指定するなど、解答にあたって具体的な条件を示す傾向が強まっており、工法や対策などの概要やメカニズムだけを述べる設問は少なくなってきました。手順やプロセスを記述するよう求める科目もあり、一般的な

専門知識だけでは解答しづらい科目が増えてきました。難度が上昇してきたようです。

時流を意識した出題は25年度も続く可能性が高いとみられます。過去の出題分野やテーマをチェックし、まずは自身が専門とする分野の出題には確実に答えられるよう備えたうえで、関連する周辺の知識や最新の施策も押さえておきましょう。留意点も含めて整理しておけば、もう1問の応用能力を対象としたⅡ-2の対策にも役立つはずです。

以下では、主要な7科目の24年度の出題内容について、もう少し詳しくみていきます。

土質基礎　過去の出題分野やテーマを確認

4つの設問から1問を選ぶⅡ-1のテーマは、地盤の変形係数と原位置調査法、杭の極限支持力を求める方法、圧密促進工法、切り土法面の安定対策でした。19〜23年度と同様に、いずれも「土質基礎」が対象とする標準的な分野やテーマです。基礎や土質といった受験者の専門分野のバランスにも配慮して出題しています。いずれも留意点を含めて述べる形です。なかでも3問目は、複数の圧密促進工法を示したうえで2つの工法について概要と適用時の留意点を示す必要があり、一般的な専門知識だけでは解答しづらい内容です。4問目も具体的な条件が設けられており、23年度に比べて難度がやや上昇しています。

一方、24年度も23年度までと同様に過去の出題分野やテーマを基にした設問でした。1問目の地盤の変形係数は18年度に、2問目の杭の支持力は16年度に周面摩擦力を対象としてそれぞれ問われたことがあります。3問目は16年度や20年度、23年度に圧密沈下の予測や対策について出題されるなど、頻出しているテーマです。4問目の切り土法面の安定対策は、19年度に取り上げられたことがあります。24年度と同様に、対策原理を踏まえた工法の概要と留意点を述べる内容でした。このようにⅡ-1では、各工法の対策原理とともに、適用や選定に際しての留意点についてよく問われています。

出題範囲が広く、テーマは多岐にわたるものの、今後も過去の出題範囲が基本になると思われます。25年度もここ7〜8年の出題テーマを基に、自身が専門とする分野を中心に勉強すればよいでしょう。21〜24年度に出題されなかったことから、25年度は土留めについて問われる可能性があります。時流を意識したテーマにも備えておきましょう。例えば、24年1月の能登半島地震を受けて、「土質基礎」で頻出している液状化対策は重要です。国土交通省が公表する地盤構造物に関わる施策も押さえておきましょう。技術基準などが改定されたら確認しておいてください。Ⅱ-2やⅢの対策にも役立つはずです。

コンクリート　標準的なテーマを中心に時流も意識

24年度も20〜23年度と同様に「鋼コンクリート」全体で4問となり、各2問から1問を選択する形でした。出題数は2問と少ないですが、24年度は設計や製造、施工などの受験者の専門性に配慮した内容になっています。Ⅱ-1-3は、コンクリート構造物の変状の調査や補修の方法がテーマです。アルカリシリカ反応や塩害などの変状から1つを選び、調

査や補修の方法を述べる形です。コンクリートの変状や劣化については、16年度や20年度、21年度に問われており、24年度も一般的な専門知識で答えられる容易なレベルでした。もう1問のⅡ-1-4は温度ひび割れの抑制がテーマです。2つの対策を挙げて留意点もそれぞれ記述する形ですが、容易な内容です。類似のテーマとしては、18年度に鉄筋コンクリート部材の体積変化に伴う初期ひび割れが取り上げられたことがあります。

24年度はいずれも「コンクリート」では標準的で答えやすい内容でした。劣化への対策や品質の確保は今後も重要なテーマです。25年度は昨今の猛暑を受けた暑中コンクリートやマスコンクリート、寒中コンクリートのほか、プレストレストコンクリートを対象に初期欠陥の防止策について尋ねられる可能性があります。過去の出題内容もチェックして、品質を確保する方策を留意点とともに整理しておくとよいでしょう。さらに、人材不足への対応や構造物の長寿命化といった時流を意識した出題も想定されます。省力化や耐久性の向上に寄与する材料や工法のポイントを押さえてください。環境関連では、二酸化炭素や廃棄物の削減に有効なコンクリートの特徴や動向を理解しておきましょう。

都市計画　時流や最近の施策を理解

4問から1問を選ぶⅡ-1は、PFI事業の特徴と効果、一般型の地区計画制度の活用と地区整備計画で定められる内容や効果、「空地」の確保と効果、都市緑地法に基づく市民緑地に関する制度がテーマでした。いずれも「都市計画」では標準的なテーマです。1問目のPFI事業に関する設問は実務経験があれば容易な内容です。関連する施策として、21～23年度のⅡ-2で公募設置管理制度（Park-PFI）や指定管理者制度、廃校などを活用した官民連携によるサービスの導入が取り上げられたことがあります。2問目の地区計画制度は15年度のⅡ-1で問われました。概要を述べる程度だった15年度に比べ、24年度は地区整備計画で定めることができる内容を複数挙げるなど、難度が高まっています。

一方、3問目は一般的な専門知識があれば解答できるレベルです。4問目も容易な内容で、市民緑地認定制度と市民緑地契約制度の概要を理解していれば解答できたでしょう。都市緑地法に基づく制度は14年度や18年度にも出題されたことがあります。このⅡ-1-4は例年、都市公園や都市における生物多様性の保全、都市緑地法に基づく制度など、都市の緑化や自然環境の保全を主な対象としています。25年度は国土交通省が進める「まちづくりGX」など、脱炭素社会に向けた最近の取り組みが出題される可能性があります。関連して、24年に改正された都市緑地法などのポイントも押さえておきましょう。

「都市計画」では時流や最近の施策を踏まえたテーマがよく取り上げられています。上記の脱炭素化への取り組みだけでなく、頻発する豪雨や地震などの自然災害を受けて、都市の防災・減災も出題の可能性が高い分野です。例えば、21年度のⅡ-1で東日本大震災を対象として問われた防災集団移転促進事業などの都市計画に関わる施策が考えられます。

併せて、先述の都市緑地法の改正など、最近の法律や制度に対する理解は欠かせません。24年度の必須科目で問われた第3次国土形成計画に基づく設問も想定されます。「地域生活圏」の考え方や形成に向けた施策を押さえておきましょう。最近のⅡでよく問われるPFIやPPPの関連では、「ローカルPFI」や「スモールコンセッション」などの新しい施策の概要や動向をチェックしておいてください。Ⅱ-2やⅢの対策にも役立つでしょう。

河川砂防　昨今の豪雨災害や地震を意識して出題

専門知識が対象のⅡ-1の4問のテーマは、河川の重要度と対象降雨の設定、ダムの各種の放流と事前放流の検討項目、土砂災害による被害のプロセスと災害が想定される区域や時期の設定、津波浸水想定の設定と隆起・沈降量の地形データへの反映方法でした。受験者の専門性を踏まえ、19〜23年度に続いて河川の分野から2問が、砂防と海岸・海洋からそれぞれ1問が出題されています。2問目は例年と同様、ダムに関する設問です。

いずれもⅡ-1では初めてのテーマで、昨今の豪雨災害や地震を意識した出題です。1問目は対象降雨を設定する際の検討項目を3つ挙げる必要がありますが、一般的な専門知識で答えられる容易なレベルです。河川砂防技術基準の「洪水防御に関する計画の基本的な事項」に河川の重要度も含めて記載されています。23年度のⅡ-1も4問のうちの2問は同技術基準を参考に述べればよい内容でした。25年度も同技術基準から出題される可能性があります。2問目のダムの事前放流は旬のテーマです。21年7月に国土交通省が公表したガイドラインなどにポイントが整理されています。事前放流の実施数は増える傾向にあり、23年度の出水期は利水ダムを含めて延べ約180のダムで実施しています。

3問目の土砂災害に関する設問は、河道閉塞による土石流や地すべりなどの3つの災害から1つを選べばよく、容易な内容です。設問に記されている土砂災害防止法に基づく緊急調査について、国交省はそれぞれの災害ごとに手引をまとめています。この手引を基に解答すればよいでしょう。国土交通白書2024でも第6章の2節で緊急調査に触れています。4問目は24年1月の能登半島地震を意識した内容と思われます。専門知識だけでは難しいレベルですが、国交省が23年4月にまとめた「津波浸水想定の設定の手引き Ver.2.11」が参考になります。陸域や海域の隆起量や沈降量も含めて説明しています。

24年度は昨今の災害を受け、23年度より時流を意識した設問が増えました。25年度も防災・減災に関する時事性の高いテーマは続くと思われます。例えば、24年度のⅢで出題された流域治水は今後も重要な施策です。流域治水関連法の内容を確認するとともに、「流域治水プロジェクト」で進める主な施策を押さえておいてください。国土技術研究センターが23年1月にまとめた「解説・特定都市河川浸水被害対策法施行に関するガイドライン」も参考になります。ダムでは「ハイブリッドダム」や堆砂対策のポイントをチェックしておきましょう。デジタルトランスフォーメーション（DX）による情報の管理や発信、「防災気象情報」や避難情報の効果的な提供方法などのソフト面の対策も重要です。

第1章●出題傾向と受験科目の選び方

道路　1問は法律や最近の施策から

　4問から1問を選択するⅡ-1のテーマは、車道の曲線部における拡幅、「自動運行補助施設」の設置、アスファルト舗装の詳細調査、補強土壁の特徴でした。留意点や手順の記載が求められるなど、いずれも一般的な専門知識だけでは解答しづらいレベルです。

　1問目は23年度までと同様に計画や設計の分野からの出題です。類似のテーマとして、19年度に最小曲線半径について問われたことがあります。2問目は例年、法律や最近の施策などから出題されてきました。24年度も法律に基づくテーマです。自動運転の普及に向けて道路法が改正され、磁気マーカーなどが自動運転を補助する「自動運行補助施設」として位置付けられました。「道路」ではやや異質な内容ですが、旬のテーマです。国土交通省は自動運転や自動物流に関して検討しており、今後も取り上げられる可能性があります。Ⅱ-2やⅢでの出題も想定し、検討会の資料からインフラに関わる箇所をチェックしておきましょう。3問目は23年度までと同様、舗装に関する設問です。「舗装点検要領」に関する内容で、17年度や21年度に出題されたことがあります。4問目も23年度までに続いて土工の分野からの出題です。実務の経験があれば容易に解答できたと思われます。

　「道路」のⅡ-1は計画や設計、法律や最近の施策、舗装、法面などの土工の主に4つの分野を基本としています。25年度も同様の構成が続くとみられます。例えば最近の施策では、生活道路の安全対策として、道路管理者と警察が連携して取り組む「ゾーン30プラス」と呼ばれる施策のポイントを理解しておきましょう。ハンプなどの「物理的デバイス」と最高速度を30km／時に規制する区域とを組み合わせるもので、生活道路の法定速度の引き下げに向けて法令が改正される予定です。観光客の増加に伴うオーバーツーリズムも時事性の高いテーマです。オーバーツーリズムの抑制策を留意点も含めて述べる形が想定されます。他の分野やテーマへの対策も含め、25年4月ごろまでに公表される施策を押さえてください。本書の第5章を参考に国交省のウェブサイトをチェックし、制定または改正された法律や制度、基準を確認しておきましょう。Ⅱ-2やⅢにも役立つはずです。

施工計画　時流を意識したテーマが増加

　4つの設問から1問を選ぶⅡ-1のテーマは、補強土壁の概要、労働基準法の改正、足場からの墜落防止措置の強化、プレキャストコンクリート工法の利点と検討内容でした。

　1問目の補強土壁は22年度のⅡ-2で出題されたことがあり、実務の経験があれば容易なレベルです。2問目は働き方改革関連法に関する内容で、時事性の高いテーマです。施工計画や積算での留意点を2つ挙げる必要があるなど、一般的な専門知識だけでは解答は難しいと思われます。3問目の墜落防止措置は15年度や22年度に問われたことがありますが、24年度は時流を意識した内容です。23年3月に改正された労働安全衛生規則に基づいて述べる必要があります。解答にあたっての条件が具体的に示されており、実務の経験も必要なレベルと言えます。一方、4問目のプレキャストコンクリート工法は専門知識で答

えられる容易な内容です。品質の向上や工期の短縮だけでなく、昨今の時流を踏まえて働き方改革や省力化、環境負荷の軽減などにも触れながら記述することがポイントです。

「施工計画」では、地盤や法面、最近の施策や入札・契約、安全管理、コンクリートの分野から主に出題されています。23年度と24年度は出題されませんでしたが、25年度は22年度までのように入札・契約の分野からの出題も考えられます。時流を意識したテーマが増えつつあることから、例えば資材価格の高騰などを受けたスライド条項のほか、23年3月に手引が作成された「包括的民間委託」について問われる可能性があります。さらに、24年に改正された公共工事の品質確保の促進に関する法律や建設業法、入札契約適正化法のポイントも押さえておきましょう。安全管理では、デジタルトランスフォーメーション（DX）の進展に伴う労働安全の取り組み方といったテーマも想定されます。

法面などの土工やコンクリートは25年度も重要な分野です。過去の出題内容を確認しておいてください。例えばコンクリートでは、高強度コンクリートや高流動コンクリート、マスコンクリートや寒中コンクリートのほか、劣化や非破壊検査などが取り上げられてきました。それぞれの特徴とともに、品質確保の方法や留意点も理解しておきましょう。

建設環境　生活環境に関するテーマが中心

専門知識が問われるⅡ-1の4問のテーマは、気泡式循環施設によるアオコの抑制、海洋再生可能エネルギーの整備における海洋環境の保全と占用計画、カーボンニュートラルポート（CNP）の形成と港湾脱炭素化推進事業、歴史的な町並みの保全と活用です。

分野やテーマはいずれも「建設環境」の対象ですが、22年度や23年度に続いて生活環境の分野に偏っています。1問目のアオコの抑制は、一般的な専門知識で答えられるレベルです。関連するテーマとして17年度や18年度、21年度に閉鎖性水域や水質汚濁、富栄養化についてそれぞれ問われたことがあります。一方、2問目は再エネ海域利用法に基づく設問で、時流を踏まえた時事性の高いテーマです。「建設環境」以外の専門性も必要な内容であり、実務の経験があっても解答しづらかったと思われます。24年4月に改訂された「海洋再生可能エネルギー発電設備整備促進区域指定ガイドライン」が参考になります。

3問目のCNPと港湾脱炭素化推進事業も時事性の高いテーマです。国土交通省が23年3月に公表した「港湾脱炭素化推進計画作成マニュアル」を基に述べればよいでしょう。CNPや港湾脱炭素化推進計画については国土交通白書でも取り上げています。4問目は歴史まちづくり法（地域における歴史的風致の維持および向上に関する法律）などについて説明すればよいでしょう。類似のテーマとして、17年度のⅡ-2で歴史的建造物の活用が、23年度のⅡ-1で景観法の「景観地区制度」がそれぞれ問われたことがあります。Ⅱ-2も含めると、今後は景観も「建設環境」で押さえておくべき分野と言えそうです。

24年度などに続き、25年度も生活環境の分野からの出題が中心となる可能性がありま

す。時流を踏まえた時事性の高いテーマも増えてきたことから、例えば24年1月の能登半島地震などを背景に、災害廃棄物の処理やリサイクルが取り上げられる可能性があります。リサイクルの関連では「資源の有効な利用の促進に関する法律」の省令などの改正内容をチェックしておきましょう。一方、自然環境の分野では、生物多様性や生態系に関するテーマが重要です。24年度のⅢで問われた生物多様性国家戦略（2023-2030）やグリーンインフラを含め、生態系などに関する過去の出題内容やテーマを確認しておいてください。

(3)「応用能力」を問う論文の傾向

「専門知識と応用能力」を問うⅡの論文のうち、「応用能力」が対象のⅡ-2では、多くがその科目における標準的な分野やテーマから出題しています。さらに24年度も、時流を踏まえたテーマが少なくありませんでした。例えば、最近の豪雨災害や地震を受けて、「都市計画」や「河川砂防」、「港湾空港」、「施工計画」が防災公園の整備や防災まちづくりの計画、避難情報の発令、液状化対策、地すべりによる被害の拡大防止といった防災・減災の分野から出題しています。ほかにも、「道路」では1問が3回目の定期点検を、「港湾空港」では1問がカーボンニュートラルの実現をそれぞれ背景とした設問でした。

時流を踏まえたテーマと併せて、24年度も多くの科目が受験者の実務を意識して出題しています。例えば、土留めの施工中に生じた変位への対策、施工条件の変更と構造物の安全性の確保、改修時などに見つかった既設部の不具合への対策、鉄道の上空に架かる橋の点検、トンネル躯体の安定性の照査、自然由来の重金属の拡散防止などが挙げられます。最近の政策や施策の動向とともに、過去の出題テーマも確認しておきましょう。

小問などで示された条件の理解が重要に

小問は23年度までと同じで3つに分かれており、主に（1）では調査や検討すべき事項が、（2）では手順や留意すべき点、工夫を要する点が、（3）では関係者との調整方策がそれぞれ問われています。24年度も一部の科目を除いて大きな変更はありませんでしたが、解答にあたって具体的な条件を設ける傾向が続いています。本文や小問の（1）などで示された条件をしっかりと押さえて論述することがますます重要になってきました。

例えば「土質基礎」では、24年度も「調査・設計・施工の段階のうち、2つ以上の段階において検討すべき事項」を挙げる形です。図に示された条件の全体を踏まえて述べることも欠かせません。「河川砂防」の1問は、（2）で業務の項目を3つ述べるよう求めています。「トンネル」は（1）で複数の検討事項や照査項目を挙げて展開する形です。「施工計画」では2問とも、対策を2つの評価軸で比較する形に変わりました。一方、「鋼コンクリート」では、対象とする構造物などの条件を受験者が設定することから、（2）や（3）への展開も考えて解答しやすい条件を設定できるかどうかがポイントです。

（2）では5科目が、手順の項目ごとに留意点や工夫を要する点を述べるよう求めています。このような場合は、解答のスペースや書きやすさなどを考え、手順の項目を増やさな

いことも大切です。3つか4つ程度にとどめた方がよいでしょう。(3)では関係者を具体的に示したうえで、説明する必要があります。25年度も表現は多少、変わっても同様の問い方が続くと思われます。具体的な書き方や対処法は本書の第4章で説明します。

以下では、主要な7科目の24年度の出題内容について、もう少し詳しくみていきます。

土質基礎 図の詳細な内容まで読み取って論述

応用能力が問われるⅡ-2では、24年度も具体的な図を基に答える形でした。2問とも23年度に比べて難度が上昇しており、類似業務の経験がないと細部の条件まで含めて解答することは困難なレベルです。小問(1)では、23年度に続いて「調査・設計・施工の段階のうち、2つ以上の段階において検討すべき事項」を挙げるよう求めています。

1問目は、埋め立て地盤に建設する貯水槽と地中管の検討がテーマです。埋め立て地盤や軟弱地盤での計画は、「土質基礎」では定番の条件です。近隣の構造物や施設の変状への対策もよく取り上げられています。検討すべき事項は、段階ごとに2つか3つを示せばよいでしょう。例えば、調査の段階では地下水位の変動や液状化の可能性が、設計段階では貯水槽の満水時の支持力や空水時の浮力、不同沈下などがそれぞれ考えられます。施工段階での例としては、掘削時の事務所棟への影響や計測管理、異常時の対応が挙げられます。貯水槽の浮力の影響に触れることが大切です。(2)では手順の項目ごとに留意点などを述べる必要があることから、調査から計画・設計、施工計画までにとどめておいた方がよいでしょう。(3)の関係者は発注者と受注者、事務所棟の事業者になります。

もう1問は、土留めの施工中に生じた床付け地盤の変位への対策がテーマです。土層やN値、被圧地下水などの水位、近接構造物の位置などが図示されており、これらの条件を読み取って解答する必要があります。小問(1)の検討すべき事項の例としては、調査段階では地下水位の変動や底盤改良のための作業構台の構築条件が、設計段階では底盤改良の強度や厚さ、中間杭周囲のパイピングの防止などがそれぞれ考えられます。施工段階では作業構台や水中施工の方法などが挙げられます。特に、切り梁の距離が20mであることから中間杭が設けられており、中間杭の先端が被圧帯水層に近い点に触れることが大切です。(2)では調査から設計、施工までの手順を示せばよいでしょう。

このように「土質基礎」では工事や地盤、周辺の状況などを図で具体的に示しながら、土留めや杭基礎、盛り土や切り土、法面などの分野から出題するパターンが一般的です。なかでも、変状や崩壊への対策や復旧はよく問われています。25年度は、昨今の豪雨や地震などの災害を受けて、災害の復旧業務などの防災・減災の分野から出題される可能性があります。施工時のトラブルや施工中に被災した場合の対策も押さえておきましょう。

コンクリート 設定した条件と題意を照合

「鋼コンクリート」のⅡ-2は20年度から全体で2問となり、そのうちの1問を選択する

形です。鋼構造とコンクリートに共通するテーマが対象で、受験者が自ら条件を設定して記述します。24年度も同様でした。小問（1）で設定した条件などを基に調査、検討すべき事項を述べた後、（2）の手順や（3）の関係者との調整方策へと展開する流れです。

1問は、施工条件の変更を踏まえた構造物の安全性の確保がテーマです。よくあるケースなので容易な内容ですが、出題文に記された「制約条件の多い都市部」や品質の確保が求められている点を踏まえて、小問（1）の対象構造物や現地の状況、条件の変更点をそれぞれ設定する必要があります。例えば、対象構造物をプレキャスト製のボックスカルバートとした場合、都市内の道路下にクレーンで敷設する予定だったが既設の架線を移設できなくなり、敷設を終えたカルバートの上を走行して敷設することに変更。条件の変更を受けて施工時の短期応力を検討する——といった流れが考えられます。題意と異なる条件を設定しないように注意してください。（2）では（1）で挙げた項目の調査から検討、修正した施工計画の立案までの手順に沿って、留意点などをそれぞれ述べればよいでしょう。

もう1問は改修時などに見つかった既設部の不具合への対策がテーマです。この設問もよくあるケースですが、先述のⅡ-2-1と同様に小問（1）で設定する条件や内容が重要です。対象とする構造物や改修などの目的、既設部の施工の不具合や設計との不整合をそれぞれ設定したうえで、調査や検討すべき事項へと展開します。例えば、対象構造物を鉄筋コンクリート製の橋脚、目的を打ち増しによる耐震補強とし、コンクリートをはつったらかぶり厚さが不足していて鉄筋がさびており、残留塩分も多いといった内容を設定します。

そのような場合は、対象構造物の図面や構築時の資料、利用状況、塩害の進行度、鉄筋の断面欠損の状況、作業ヤードなどが調査事項の例として考えられます。検討すべき事項としては、塩害による劣化への対策や施工方法が挙げられます。このⅡ-2-2も、出題の意図や設問の内容を踏まえて（1）で条件などを設定することが欠かせません。出題文の冒頭に記されているように施工時に判明する不具合や不整合であり、新たな対策の検討が可能なケースが対象です。（2）では（1）で示した項目の調査から分析・検討、安全性または耐久性の評価までの手順に沿って留意点などをそれぞれ述べればよいでしょう。

このように受験者が冒頭で条件を設定して展開する形の出題は、25年度も続くと思われます。これまでのように1問は主に新設の構造物を、もう1問は既設の構造物を対象として、それぞれ出題される可能性があります。自身が得意とする新設の業務と既設構造物を対象とした業務をそれぞれ整理しておきましょう。そのうえで、設定する条件がやや詳細になってきましたので、過去の出題内容をチェックし、異なる条件でも論述できるよう備えておくとよいでしょう。さらに、新設構造物の場合は施工上の厳しい制約条件を前提に、安全性や品質の確保、工期短縮の方策について述べる設問が想定されます。既設構造物では変状や劣化への対策、健全性や安全性、耐久性の評価について問われる可能性があります。鋼構造とコンクリートに共通するテーマや課題を確認しておいてください。

都市計画　最近のガイドラインや手引も確認

応用能力が対象のⅡ-2のうち、1問は小規模な土地区画整理事業がテーマです。土地区画整理事業では、19年度のⅡ-1で「換地照応の原則」について問われたことがあります。小規模な土地区画整理事業の特徴として、事業期間の短さや合意形成が図りやすいこと、減歩の負担は少ない点などが挙げられます。これらを踏まえ、例えば調査事項として住民や権利者の意向、宅地や区画道路の位置、土地利用や空き家の状況、立地適正化計画の制定状況などについて述べればよいでしょう。事業区域や事業期間、区画整理の手法、民間企業の参画方法などが検討事項の例として考えられます。国土交通省が23年4月に公表した「柔らかい区画整理の手引き～小規模な区画の再編・活用のすすめ～」や18年11月にまとめた「小規模で柔軟な区画整理 活用ガイドライン」にポイントが記載されています。

もう1問は防災公園の整備計画がテーマです。23年度のⅡ-2に続いて、「都市計画」では定番の防災・減災の分野からの出題です。24年度も時流を意識した内容です。防災公園の整備は、国土交通白書でも密集市街地の改善に向けた施策の一つとして取り上げています。小問（1）の事前に調査しておく事項としては、地域防災計画の内容や関係機関、防災公園が対象とする圏域の状況や人口、公園へのアクセスや道路、避難経路やライフラインの現況、食料などの備蓄量、公園や公園施設の管理体制、救援や救護、復旧活動に活用できるスペース、仮設住宅の建設予定の有無と規模などが考えられます。（2）の手順は、（1）で取り上げた項目の調査から検討、計画の立案までとし、防災まちづくりや他の防災計画との関係にも触れながら、留意点などをそれぞれ述べればよいでしょう。

最近の豪雨災害や地震を受けて、25年度も防災・減災の分野から出題される可能性があります。時流を意識したテーマとしては、23年に新たな推進戦略が公表されたグリーンインフラも重要です。さらに、23年度に続いて24年度も、1問は国交省のガイドラインや手引にポイントがまとめられています。国土交通白書や国交省のウェブサイトをチェックし、最近のガイドラインなどにも目を通しておいてください。併せて、Ⅱ-2で問われる調査・検討事項、手順や留意点などをテーマごとに整理しておくとよいでしょう。

河川砂防　防災・減災は25年度も重要な分野

Ⅱ-2の2問のうち、1問は防災まちづくりの計画がテーマです。19年度のⅡ-2のほか、22年度はⅢで取り上げられたことがあります。設問の条件を踏まえ、洪水や土砂災害、津波や高潮のすべてを対象に、ハードとソフトの両面から述べる必要があります。

小問（1）の「収集・整理すべき資料や情報」としては、例えば過去の浸水実績などの災害履歴や地形、浸水や氾濫、地すべりなどの想定区域のほか、ダムや砂防堰堤、雨水排水、堤防などの防災施設の現状と今後の整備計画、立地適正化計画の制定状況や地域防災計画の内容、避難場所や避難路の状況、災害情報の伝達方法などが考えられます。（2）の

第1章●出題傾向と受験科目の選び方

手順は（1）で示した項目の調査から分析・検討、計画までとし、（3）では河川や砂防、海岸、下水道の管理者のほか、都市計画の担当者や住民、民間企業を挙げて調整方策を記せばよいでしょう。国土交通省が21年5月に公表した「水災害リスクを踏まえた防災まちづくりのガイドライン」に手順や留意点なども含めて記載されています。

　もう1問も、「河川砂防」で頻出している防災・減災の分野からの出題で、避難情報の発令判断の支援がテーマです。初めてのテーマですが、Ⅱ-2ではこのようなソフト面の対策についてもよく問われています。20年度に警戒避難体制の整備が、22年度には避難行動を学習するための住民講習会がそれぞれ取り上げられたことがあります。24年度は受験者の専門性を踏まえて洪水、土砂災害、高潮から1つを選んで解答する形です。例えば洪水の場合、小問（1）の「平時に収集・整理すべき資料や情報」としては、堤防などの状態や避難情報を発令する対象の河川、発令の基準やタイミング、発令の対象区域、タイムライン、情報の伝達方法、警報などが伝達されるタイミング、水位観測所の氾濫危険水位などが考えられます。（2）で示す業務の例としては、「防災気象情報」の収集と分析、災害発生の兆候の把握、避難情報の発令と伝達が考えられます。または、水位や堤防などの施設に係る情報、台風や洪水警報などの情報の入手と分析も挙げられます。内閣府が22年9月に更新した「避難情報に関するガイドライン」などを参考に述べればよいでしょう。

　「河川砂防」のⅡ-2ではここ数年、防災・減災の分野からの出題が続いています。25年度も同分野からのテーマが取り上げられる可能性が高いと思われます。なかでも、24年の豪雨災害や1月の能登半島地震を受けて、国交省が示す施策は重要です。気候変動の影響も含めて最近の風水害の特徴や関連する国交省の施策、改正または施行された法律などをチェックしておいてください。24年度のⅢで問われた流域治水は施策やプロジェクトが進展しており、今後はⅡ-2で取り上げられる可能性があります。24年度のⅡ-2-2のようなソフト面の対策も欠かせなくなってきました。デジタル技術を活用した災害情報の共有や伝達のほか、ハザードマップをめぐる最近の動向も確認しておきましょう。

道路　24年度も最近のガイドラインが参考に

　応用能力が問われるⅡ-2のうち、1問は道路空間を活用した地域公共交通（BRT）の計画がテーマでした。BRTとはBus Rapid Transitの略で、バス高速輸送システムと呼ばれています。国土交通省が22年9月に制定した「道路空間を活用した地域公共交通（BRT）等の導入に関するガイドライン」を意識した設問です。同ガイドラインを参考に、小問（1）の調査すべき事項としては、例えば立地適正化計画や地域公共交通計画などの関連する計画、地域の開発状況、人口の推移、公共交通の利用状況、沿線の機能の集積状況などが挙げられます。検討事項の例としては、BRTを導入する範囲や概略のルート、BRTに求める機能や性能、整備の方針、目指すべき都市像、事業のスキームなどが考えられま

す。(2) の手順は調査から分析・検討、計画までを対象とし、(3) では地方自治体や道路管理者、交通事業者、まちづくりの担当部局、住民などの関係者を示して述べればよいでしょう。「道路空間の再配分」といったキーワードを交えて説明することがポイントです。

　もう1問は、鉄道上空に架かる鋼橋の点検業務がテーマです。23年度までと同様に、ある制約条件の下で実施する具体的な業務や計画に関する設問です。この設問のような業務は多く、実務の経験者には容易なレベルです。小問 (1) の調査事項の例としては、鉄道の運行状況や幹線道路の交通量、鋼橋の構造や建設年、補修の履歴、点検できる時間帯やスペースが考えられます。出題文の「3回目の定期点検」を踏まえ、2回目までの点検結果も調査すべき項目として示すことが大切です。検討事項は点検の方法や機器、点検支援技術の活用、点検結果の記録や保存のほか、線路の閉鎖時間内に実施しなければならない項目などが挙げられます。(2) の手順は調査から分析・検討、計画までとし、留意すべき点は鉄道や道路の利用者の安全、工夫を要する点は点検期間の短縮などとすればよいでしょう。(3) の関係者は発注者と受注者、鉄道事業者、道路管理者、利用者になります。

　道路のⅡ-2では1問が新設の道路を、もう1問が既設の道路を対象として出題されるパターンが見られます。さらに、2問のうちの1問は時流を意識したテーマがよく取り上げられています。25年度も1問は、時事性の高いテーマが出題される可能性があります。例えば、Ⅱ-1の欄でも挙げた生活道路の交通安全やオーバーツーリズムへの対策です。生活道路では法定速度の引き下げが予定されており、オーバーツーリズムの抑制策は観光の振興策とともに今後も重要なテーマです。最新の国土交通白書や国交省のウェブサイトなどを基に、施策の動向をチェックしておいてください。Ⅲの論文にも役立つはずです。
　もう1問は、ある制約条件の下での業務や計画を対象とした設問が想定されます。場所や時間の制約のほか、住宅の密集地、近接施工や地下水への対応などを条件とする業務をいくつか想定し、調査、検討すべき事項や留意点を含めた手順、関係者との調整方策をまとめておきましょう。応用能力が重視されるⅡ-2では、ガイドラインに基づくテーマも考えられます。23年度に続いて24年度も、1問は国交省のガイドラインを意識した内容でした。最近のガイドラインや手引にも目を通しておいてください。併せて、Ⅱ-2で問われる調査、検討すべき事項などをテーマごとにそれぞれ整理しておきましょう。

施工計画　対策を2つの評価軸で比較

　2問から1問を選択するⅡ-2のうち、1問は地下連続壁の盤ぶくれや変状への対策がテーマです。類似のテーマとして、22年度に地下連続壁からの異常出水について問われたことがあります。小問 (1) は、23年度まで検討すべき事項を挙げる形でしたが、24年度は対策を2つの評価軸で比較するよう求めています。この設問のケースでは、例えば地下水位の低下工法と地盤改良工法をコストと環境の面で比較することが考えられます。

第1章●出題傾向と受験科目の選び方

（2）は23年度と同様にPDCAサイクルを踏まえて述べる形です。計画段階（P）で考慮すべき事項の例としては、連続壁の変位を許容値内に収めるための切り梁の段数などが、検証段階（C）では連続壁の変位の計測が、是正段階（A）では変位が許容値を上回った際の具体的な対策がそれぞれ挙げられます。（3）では、関係者の中でも利害が対立しそうな発注者と受注者、設備工事の施工会社を対象に、工期とコストを調整する方法について述べればよいでしょう。リーダーシップを意識して解答することがポイントです。

もう1問も上記のⅡ-2-1と同じように展開する形です。地すべりによる被害の拡大防止と応急復旧工事がテーマです。小問（1）では2つの応急対策の特徴を2つの評価軸で比較するよう求めており、例えばシートによる雨水の浸透防止と大型土のうによる押さえ盛り土の特徴を、安全面と工程面でそれぞれ評価することが考えられます。（2）の計画段階（P）で考慮すべき事項の例としては、押さえ盛り土の安定や排水計画が、検証段階（C）では押さえ盛り土の変位の計測が、是正段階（A）では仮設の抑止杭の打設がそれぞれ挙げられます。（3）では、集落Aの住民と集落Bの住民、道路管理者を対象に利害の調整方法を記せばよいでしょう。題意に沿って、関係者をあまり増やさないことが大切です。

25年度も受験者の実務を踏まえ、具体的な図や条件を交えた設問は続くとみられます。これまで出題された土留めや大規模な掘削、コンクリート関連の工事や土工事、災害復旧工事などについて想定されるトラブルと対応策を整理するとともに、安全やコスト、品質や工期、環境などの複数の面から対策方法の特徴を比較できるように備えておきましょう。小問の内容は25年度も変わる可能性はありますが、Ⅱ-2の評価項目であるマネジメントやリーダーシップについて（2）や（3）で問われる点は変わらないでしょう。

建設環境　Ⅱでは「景観」も対象に

2問から1問を選ぶⅡ-2の1問は、道路事業における景観の環境影響評価がテーマです。23年度までほぼ毎年度、出題されていた環境影響評価に関する設問ですが、Ⅱ-2では初めての出題です。景観を対象とした環境影響評価の経験者は少なく、「建設環境」の受験者には解答しづらかったと思われます。景観に関するテーマでは、17年度に歴史的建造物を景観資源として活用したまちづくりが取り上げられたことがあります。

小問（1）の調査事項の例としては、主要な眺望点や景観資源の分布と概況、眺望景観の概況などが挙げられます。さらに、既存の文献や資料、現地踏査、写真撮影によって眺望点や景観資源の分布や面積、利用状況、自然特性、景観資源を眺望する景観の状況などを把握します。（2）の手順は調査・予測から環境保全措置の検討、評価までとし、道路整備による景観の時系列の変化やモニタリングにも触れた方がよいでしょう。（3）の関係者は、道路事業の発注者や受注者、自治体、河川管理者、住民や環境の専門家になります。

もう1問は生活環境の分野からの出題で、トンネル工事における「自然由来重金属」などの拡散防止がテーマです。Ⅱ-2では14年度や21年度に類似のテーマが出題されたこと

があります。トンネル工事の経験者にとっては容易なレベルですが、「建設環境」の受験者には難しかったとみられます。小問（1）の調査すべき事項としては、例えばトンネル工事に伴う土地の形質変更の範囲や発生する土砂量などの工事内容、自然由来重金属の種類や範囲、地下水の状況が考えられます。検討すべき事項としては、汚染土壌の保管方法や搬出、封じ込めのほか、汚染水の遮水や浄化などの対策が挙げられます。（2）では調査から分析・検討、対策案の作成までの手順を示し、汚染土壌を搬出する際の仮置き時や運搬時の飛散防止などを留意点として示せばよいでしょう。（1）や（2）では、モニタリングについても触れながら説明する必要があります。（3）の関係者には自治体や鉄道事業者、施工者、環境の専門家や地域住民のほか、河川管理者も含まれます。

25年度も1問は環境影響評価法を基にしたテーマが取り上げられると思われます。23年度までのように生態系や大気環境、水環境、土壌環境について、事業の種類を変えて問われる可能性があります。主務省令などを参考に、事業ごとの環境要素や環境要因の区分を確認しておいてください。Ⅱ-1の欄で述べたように、今後は景観もⅡの重要な分野になりそうです。景観法や歴史まちづくり法など、関連する法制度を理解しておきましょう。

生活環境の分野では、「建設環境」で定番の建設リサイクルも重要な施策です。社会資本整備審議会の建設リサイクル推進施策検討小委員会などの資料をチェックし、リサイクルの課題や方向性を押さえてください。ⅢやⅡ-1の出題にも役立つはずです。

(4)「問題解決能力と課題遂行能力」を問う論文の傾向

「問題解決能力と課題遂行能力」を問うⅢの論文は、2023年度までと同様に2つの問題から1問を選択し、600字詰めの用紙3枚に記述する形です。小問は23年度に続いて全11科目とも（1）〜（3）の3つに分かれています。（1）で課題の数を「3つ」または「3つ以上」などと指定している点も23年度と同じですが、解答にあたって具体的な条件を示す傾向が見られます。出題文をよく読み、題意や条件を誤解しないように注意してください。

例えば「土質基礎」の1問は、（1）で「技術面あるいは制度面に関する多面的な観点」から課題を示す形に変わりました。「鋼コンクリート」の1問は「設計、製作・製造、施工、維持管理、改修、解体」を対象として述べる必要があります。「河川砂防」では、1問が3つの災害について説明してから対策を2つ以上、示す内容となり、観点や課題の記載はなくなりました。もう1問は、従前の対策とともに課題をそれぞれ挙げる形です。

「鋼コンクリート」と「鉄道」の（2）では、最も重要と考える課題を理由とともに述べたうえで、複数の解決策を示すよう求めています。「トンネル」では、調査・計画から施工までの各段階における課題に対して複数の解決策を挙げる形です。小問の内容は25年度も少し変わる可能性がありますが、（2）で述べる最も重要な課題と複数の解決策や対策が解答の中心である点は同じです。多面的な観点や課題を基に重要な課題と複数の解決策を示し、リスクと対策へと展開する形が基本になると思われます。

第1章●出題傾向と受験科目の選び方

防災・減災の施策の方向性を理解

24年度の個々の出題内容を見ると、23年度までと同様に時流や最新の施策を踏まえた問題が多くを占めています。例えば「施工計画」の1問は、24年に改正された法律や23年に公表された中央建設業審議会の中間取りまとめを意識した出題です。「道路」でも1問は、国土交通省の国土幹線道路部会が23年10月に公表した中間取りまとめに基づく内容とみられます。「都市計画」の1問は、政府が23年10月に決定した「対策パッケージ」に要点が記されています。さらに、全11科目のうちの4科目が維持管理・更新の分野から出題したほか、環境やエネルギーに関するテーマも複数の科目が取り上げています。

なかでも、24年1月の能登半島地震や昨今の豪雨災害を受けて、防災・減災の分野からの出題が増えています。24年度は8科目を占めており、その半数は地震への対策について尋ねています。豪雨災害では気候変動を背景として問う形が定着してきました。25年度も施策の進展とともに時事性の高い出題は続くと思われます。特に防災・減災は多くの科目で出題される可能性が高い分野です。能登半島地震や24年の豪雨災害を受けて国交省が公表する取りまとめなどに目を通し、施策の方向性を理解しておきましょう。25年度の必須科目で問われる可能性もあります。技術基準が改定されたら確認しておいてください。

DX（デジタルトランスフォーメーション）の進展を受けたテーマも押さえておきましょう。DXを含め、自身の選択科目に関わる新技術の活用策や動向を理解しておいてください。担い手や働き方改革のほか、生産性の向上に関する施策は今後も重要です。Ⅲの論文への具体的な対応法は、各小問の捉え方なども含めて本書の第4章で説明します。

以下では、主要な7科目の24年度の出題内容について、もう少し詳しくみていきます。

土質基礎 「観点」の問われ方が変更

2問のうちのⅢ-1は、盛り土などの地盤構造物の維持管理がテーマです。「土質基礎」で頻出している維持管理の分野からの出題で、19〜21年度に取り上げられたことがあります。対象とする地盤構造物を受験者が選定して記述する形です。解答にあたって詳細な条件は設けられていませんが、地盤構造物は膨大な数に及ぶことから「選択と集中」を意識して記述することが欠かせません。例えば解決策としては、性能や重要度による優先順位の設定のほか、国土交通省が22年12月に公表した「地域インフラ群再生戦略マネジメント」に基づく「群」としての管理、包括的民間委託の採用、長寿命化などの予防保全への移行が考えられます。効率化の面からは、センサーによる観測、データベースの構築やデータプラットフォームの整備、3次元データやBIM/CIMの活用なども挙げられます。

もう1問のⅢ-2のテーマは、盛り土の豪雨や地震に対する被害の軽減策です。防災・減災も「土質基礎」で頻出している分野ですが、盛り土だけを対象とした設問は最近では初めてです。24年の能登半島地震や23年に施行された盛り土規制法を背景とした時事性の高い内容です。一方、小問（1）で述べる観点が「技術面あるいは制度面に関する多面的

な観点」となり、従来とは問われ方が変わりました。技術面や制度面の中からもう少し具体的な観点を示すよう求めています。例えば、「事前対策の観点」や「災害時の監視の観点」、「災害後の保全の観点」のように時系列で述べる形が考えられます。技術面または制度面の観点から示す各課題が多面的であればよいと思われます。

解決策としては、出題文の記述を基に、沢埋め盛り土などの滑動崩落の防止や液状化対策、盛り土規制法に基づく対策についてそれぞれ示せばよいでしょう。例えば、地下水の排除や地下水位の低下、表面水の浸透防止、滑動の抑止杭の設置や擁壁の補強、基礎地盤の改良や液状化対策、危険な盛り土の包括的な規制や安全対策などが挙げられます。

維持管理・更新や防災・減災は25年度も重要な分野です。防災・減災では、能登半島地震を受けて国交省が設けた委員会などの資料を通して対策の方向性を理解しておきましょう。基準が改定されたらチェックしておいてください。維持管理の分野を含め、膨大な地盤構造物への対策は今後も取り上げられるとみられます。「土質基礎」では定番の生産性の向上のほか、デジタルトランスフォーメーション（DX）や地盤情報のデータベース化に関わる施策を理解しておきましょう。環境負荷の低減策も再び問われる可能性があります。温室効果ガスの削減に役立つ新技術の動向を把握してください。このような時事性の高いテーマのほか、地盤の不確実性への対応や品質の確保といった普遍的なテーマも重要です。最新の施策とともに、過去の出題内容も確認しておくとよいでしょう。

コンクリート　設計から解体までが対象

「鋼コンクリート」のⅢは、Ⅱ-2と同様に20年度以降は「鋼コンクリート」全体で2問となり、そのうちの1問を選択する形に変わりました。24年度も鋼構造とコンクリートに共通する内容で、Ⅲ-1は維持管理に配慮した計画や設計がテーマでした。「鋼コンクリート」では定番の維持管理の分野からの出題です。小問（1）の計画・設計段階で配慮すべき課題の例としては、維持管理を担う人材の確保や維持管理費の抑制、持続可能なメンテナンスや効率的・効果的なメンテナンスの実現、初期品質の確保などが挙げられます。

（2）の解決策は、耐久性に優れた材料の活用、耐久性の高い構造の採用、交換が容易な支承や伸縮継ぎ手、点検や部材の交換のための空間の確保などについて、具体的な取り組みをそれぞれ示せばよいでしょう。例えばコンクリートでは、高耐久性コンクリートや被覆鉄筋の採用、鉄筋のかぶりの確保、応力の集中を避けた構造、劣化部の"見える化"などが考えられます。出題の条件を踏まえ、課題も含めて計画や設計の内容に特化して記述することが必要です。（2）では、23年度に続いて最も重要な課題とした理由も述べるよう求めています。（2）で取り上げた課題の現状や背景を基に説明すればよいでしょう。

もう一つのⅢ-2はCO_2削減の推進がテーマです。16年度や19年度に温室効果ガスの削減について問われたことがあります。24年度は出題文の「設計、製作・製造、施工、維持

管理、改修、解体」の全体を対象として述べる必要があります。例えば（2）の解決策としては、プレキャスト化や部材点数の削減、高強度化、CO_2吸収コンクリートや環境配慮型コンクリートなどの新技術や新材料の採用、ICTの活用やBIM/CIMの導入、維持管理を考慮した設計や初期品質の確保による長寿命化などが考えられます。これらを、出題文の記載に合わせて、設計から解体までの各段階に分けてそれぞれ記述してもよいでしょう。

　25年度も鋼構造とコンクリートに共通するテーマが対象になると思われます。大きな分野としては、まずは耐震化と長寿命化、地球温暖化や脱炭素化、働き方改革、生産性の向上を押さえておきましょう。地震への対策は、24年1月の能登半島地震を受けて出題される可能性があります。国土交通省の委員会などが公表する資料のうち、主に道路に関わる施策をチェックして方向性を理解しておきましょう。基準が改定されたら確認しておいてください。デジタルトランスフォーメーション（DX）の活用も重要なテーマです。24年度の必須科目のように、上記の分野から一つを取り上げて問われる場合も考えられます。

　最近の事故やトラブルを背景に、労働災害の防止策や品質の確保について問われるケースも想定されます。鋼構造とコンクリートからそれぞれ2問ずつ出題されていた19年度までの内容を基に、両分野に共通する課題やテーマを整理しておくことも有効です。

都市計画　時事性の高いテーマが継続

　Ⅲでは時事性の高いテーマが対象になる傾向が続いており、24年度も同様でした。1問目のテーマはオーバーツーリズムへの対策です。出題文の「旅行者の受け入れと住民の生活の質の確保が両立した持続可能な観光地域づくり」を踏まえ、オーバーツーリズムの抑制だけでなく、旅行者の受け入れも意識して論述することがポイントです。政府の観光立国推進閣僚会議が23年10月に決定した「オーバーツーリズムの未然防止・抑制に向けた対策パッケージ」が参考になります。例えば解決策としては、道路空間の再編による歩行空間の拡大、交通結節点や歩道の整備、無電柱化や路肩の活用、観光施設や駐車場での予約システムの導入、混雑状況の可視化と発信、多言語での情報提供などが挙げられます。

　もう1問は、密集市街地の改善がテーマです。13年度や17年度のⅡで取り上げられたことがありますが、能登半島地震での大規模な火災など、時流を意識したテーマと言えます。国土交通白書でも地震対策の欄に掲載しており、同白書2023や同2024では「関連リンク」で具体的な対策を示しています。例えば解決策としては、沿道建築物の不燃化や既存住宅の建て替えによる不燃化、広域避難場所や道路の整備、避難路の確保、老朽建築物の除却、公園や「空地」の整備のほか、ソフト面の対策として防災設備の設置や防災マップの作成、地区ごとのカルテの作成、防災訓練による地域防災力の向上などが考えられます。これらを「空間の整備」や「建物の耐火」、「ソフト対策」などの項目ごとに整理して述べればよいでしょう。ハードとソフトの両面から記述するようにしてください。

「都市計画」では、このように25年度も時流を意識した時事性の高いテーマが取り上げられるとみられます。都市の防災・減災では能登半島地震を受けて、市町村の復興まちづくりは重要なテーマです。豪雨なども対象とした事前の対策として、防災集団移転促進事業の動向もチェックしておきましょう。ソフト面のテーマでは、19年度のⅡで問われた復興事前準備について出題される可能性があります。国土交通省が23年7月に定めた「事前復興まちづくり計画検討のためのガイドライン」に目を通しておくとよいでしょう。Ⅱの対策にも役立つはずです。人口減少や少子高齢化を背景としたテーマも想定されます。国土交通白書2024の第Ⅰ部で取り上げているまちづくり関連の項目に目を通したうえで、本書の5章を参考に最新の施策をチェックしてください。地球温暖化対策などの他の分野も含め、25年4月までに改正または制定される法律や中間取りまとめは重要です。

河川砂防　防災・減災以外の施策も理解

2つの問題のうち、Ⅲ-1のテーマは地震による水害や土砂災害、津波災害のハード対策です。23年度に続いて防災・減災の分野からの出題ですが、地震が起因または影響して発生する災害を対象としており、「河川砂防」のⅢではこれまで見られなかった内容です。さらに小問（1）で上記3つの災害について説明した後、（2）で一つの災害を挙げて事前防災対策（ハード対策）を2つ以上示すよう求めています。課題や解決策の記載はなくなりましたが、一般的な対策を述べればよく、題意を間違えなければ容易なレベルです。例えばハード対策として、水害では河川堤防の液状化対策や耐震化、土砂災害では砂防関係施設の整備や法面の補強、津波では粘り強い構造の海岸堤防の整備や河川堤防のかさ上げなどが考えられます。国土交通白書でも地震対策や津波対策の欄で主な施策を挙げています。

もう一つのⅢ-2も防災・減災の分野からの出題で、流域治水の推進がテーマです。Ⅲでの出題は初めてで、時事性の高いテーマです。小問（1）で従前の対策と比べて課題を挙げる必要はありますが、流域治水の特徴を理解していれば容易なレベルです。従来は過去の降雨などの実績に基づいて、河川や下水道の担当者が集水域や河川区域で主に取り組んできました。一方、流域治水では気候変動の影響を考慮したうえで、あらゆる関係者が氾濫域も含めて一つの流域として捉え、流域全体で取り組むことが特徴です。国土交通白書にも記載されています。（2）の解決策としては、例えば気候変動を踏まえた治水計画への見直し、「流域治水プロジェクト2.0」への更新、特定都市河川の拡大、デジタル技術の活用といった項目ごとにハードやソフトの対策について述べればよいでしょう。

21〜23年度に続いて24年度の2問も、「河川砂防」で定番の防災・減災の分野からの出題でした。25年度も1問は、同分野から出題される可能性があります。ハードとソフトの両面の施策を把握するようにしてください。災害関連では、19年度や23年度のⅡ-2で取り上げられた自然環境に配慮した災害復旧事業も重要です。防災・減災以外の分野では、河川環境の保全や生態系ネットワークの形成などの環境関連のテーマが考えられます。老

第1章◉出題傾向と受験科目の選び方

朽化対策も重要です。さらに、複数の分野に共通するものとして、デジタルトランスフォーメーション（DX）の推進策も旬のテーマです。国土交通白書や国交省のウェブサイトをチェックし、水管理・国土保全分野におけるDXの推進策を理解しておきましょう。

道路　審議会の中間取りまとめなども確認

2問のうちの1問は、次世代の高規格道路ネットワークの実現がテーマです。21〜23年度に続いて高速道路を対象とした設問で、時事性の高い内容です。社会資本整備審議会の国土幹線道路部会が23年10月にまとめた中間取りまとめを意識した出題です。課題も含めて同中間取りまとめに記載されています。例えば、国際競争力の強化や安定的な物流の維持、低炭素な交通の実現などを課題としたうえで、「WISENET」（ワイズネット）と呼ぶネットワークの構築を基本方針として示しています。さらに、高規格道路が果たすべき役割に対する技術的な要点として、拠点機能の高度化や高規格道路の利便性の向上、都市内の道路空間の再配分、暫定2車線区間の解消、インフラの機能の維持を挙げています。これらの項目ごとに、主な施策を解決策としてそれぞれ述べればよいでしょう。

もう1問は防災・減災の分野からの出題で、大規模な災害時における迅速な道路啓開がテーマです。国土交通白書では道路防災対策の欄で取り上げています。出題文にも記されているように24年の能登半島地震を背景としており、時流を意識した内容です。小問（2）の解決策の例としては、UAV（無人航空機）や人工衛星の画像、CCTVの映像を活用した被災状況の把握、センシング技術の活用による通行可否の判断、沿道との連携による撤去車両の移動先の確保、道路管理者や災害協定会社との連携による啓開体制の確保のほか、優先する道路啓開ルートの選定、タイムラインの整備などが考えられます。平時の対策も重要で、道路の老朽化対策や無電柱化、河川に隣接する構造物の流失防止対策、「道路リスクアセスメント」を用いたリスクの推定などにも触れるとよいでしょう。

このように「道路」では、最新の政策や施策などを基にした時事性の高いテーマを押さえておくことが欠かせません。25年度も同様の傾向は続くとみられます。設問は多くが容易なレベルですが、該当する政策などの内容を知らなければ的確な解答は困難です。国交省が公表する答申や取りまとめのほか、審議会や委員会の最近の配布資料に目を通しておいてください。例えば23年度のⅢでも、先述の国土幹線道路部会が公表した検討会の中間取りまとめなどにポイントが記されていました。高速道路に関する出題は今後も続く可能性があることから、本書の5章を参考に同部会の最新の話題を押さえておいてください。

25年度は防災・減災や維持管理・更新のほか、道路におけるカーボンニュートラルなどの地球温暖化対策も重要な分野です。防災・減災では、能登半島地震を受けて国交省が設けた委員会などの配布資料を通して、被害の軽減や抑制、災害時の応急対応に向けた方策を把握しておきましょう。観光需要の回復とともに、観光地の渋滞対策や交通マネジメ

ントについて問われる可能性もあります。24年度の「都市計画」で出題されたオーバーツーリズムの抑制策を理解しておいてください。「道路」では19年度に、東京オリンピックでの大幅な交通需要に対する交通マネジメントが取り上げられたことがあります。

複数の分野に共通するものとして、デジタルトランスフォーメーション（DX）の活用も大切です。国交省のウェブサイトをチェックして動向を確認しておきましょう。

施工計画　雇用・労働環境の改善は今後も重要

Ⅲ-1のテーマは、建設工事従事者への適切な水準の賃金の支払いです。19年度に、賃金を含めて技能労働者の労働条件の改善について問われたことがあります。最近の「施工計画」でよく取り上げられる処遇の改善や働き方改革に関わる内容です。テーマが賃金に絞られていますが、容易なレベルです。24年に改正された建設業法や入札契約適正化法のほか、中央建設業審議会の23年の中間取りまとめを基に解答すればよいでしょう。例えば（2）の解決策としては、「標準労務費」の作成と勧告、著しく低い労務費などによる見積書の作成の禁止、受注者による不当に低い請負代金での契約の禁止、建設会社に対する処遇確保の努力義務化、資材価格が変動した際の対応の明確化や資材の高騰に伴う労務費へのしわ寄せの防止、建設キャリアアップシステムの普及などが考えられます。

もう1問のⅢ-2のテーマは、災害の応急対策における契約です。Ⅲでは17年度に民間の能力を発揮できる契約方式について問われたことがありますが、応急対策を対象とした設問は初めてです。国土交通白書では「発注関係事務の運用に関する指針」の説明の中で、災害対応として随意契約などの適切な入札・契約方式の活用、現地の状況を踏まえた積算の導入、災害協定の締結など建設業団体や他の発注者との連携を挙げています。国土交通省が21年5月に改正した「災害復旧における入札契約方式の適用ガイドライン」や22年5月にまとめた「市町村における災害復旧事業の円滑な実施のためのガイドライン」では、事業促進PPPやCM方式も必要に応じて活用するよう求めています。（2）の解決策としては、これらの中から例えば災害協定を対象に、協定の対象や範囲の決定、実施内容や方法の取り決め、体制や情報伝達、費用負担などについてそれぞれ述べてもよいでしょう。

このように「施工計画」でも、時流を意識したテーマが取り上げられる傾向は25年度も続く可能性があります。例えば、担い手の確保も含めた雇用・労働環境の改善は今後も重要なテーマです。24年に改正された公共工事の品質確保の促進に関する法律や建設業法などを踏まえた設問も想定されます。改正法のポイントを押さえるとともに、中央建設業審議会などの資料をチェックし、関連する施策の方向性を把握するようにしてください。

建設業の働き方に影響を与えるi-Constructionやデジタルトランスフォーメーション（DX）の動向も確認しておきましょう。国交省は24年4月に新たな生産性の向上策として「i-Construction2.0」を制定しました。施工や施工管理、データ連携の「オートメーショ

第1章●出題傾向と受験科目の選び方

ン化」を柱として取り組む考えを示しています。さらに、最近の重大災害や事故を背景とした建設現場の安全管理のほか、建設リサイクルやカーボンニュートラルの推進も重要な分野やテーマです。施工に関わる制度や施策の方向性を押さえておきましょう。

建設環境　過去の出題テーマと時流を踏まえて出題

Ⅲ-1のテーマは生態系の健全性の回復です。出題文にも記されているように23年3月に定められた「生物多様性国家戦略2023-2030」に基づく設問で、時事性の高い内容です。国土交通白書2023や同白書2024でも取り上げています。「建設環境」では定番のテーマの一つで、17年度や21年度、22年度に生態系ネットワークについて出題されたことがあります。14年度のⅡ-1では同国家戦略（2012-2020）について問われました。

小問（1）の「河川、道路、都市の緑地、海岸、港湾」のすべてを対象として解答することが大切です。例えば解決策としては、生態系の再生や生態系ネットワークの形成、汚染や外来種への対策、「30by30」などの施策について、それぞれ説明すればよいでしょう。これらの施策を河川や道路、海岸などの対象ごとに整理して述べる形でもかまいません。

もう1問のⅢ-2は、防災・減災に寄与するグリーンインフラの普及がテーマです。グリーンインフラも「建設環境」でよく取り上げられており、18年度や20年度に出題されたことがあります。この設問も時事性の高い内容です。出題文に記されているように国土交通省が23年9月に制定した「グリーンインフラ推進戦略2023」を意識した出題です。

解答では、同推進戦略2023の防災・減災に関する施策を基に述べればよいでしょう。小問（2）の解決策としては、例えば自然環境が有する機能を活用した流域治水の推進、都市公園における雨水貯留・浸透施設の整備、延焼防止に資する公園緑地の整備、「ダイナミックSABOプロジェクト」の推進、グリーンベルトの整備などが挙げられます。

24年度は、いずれも23年に閣議決定または制定された施策に基づく出題で、時事性の高いテーマでした。さらに2問とも、過去に取り上げられた分野やテーマです。25年度も同様の傾向が続く可能性があることから、過去の出題分野やテーマとともに関連する最新の施策も確認しておきましょう。例えば、過去に出題されたテーマの中では、脱炭素型のまちづくりや都市の緑化、生態系、再生可能エネルギー、建設リサイクルが重要です。

建設リサイクルに関しては、Ⅱ-2の欄で述べた建設リサイクル推進施策検討小委員会がリサイクルの方向性について検討しています。同小委員会の資料をチェックするとともに、中間取りまとめなどが公表されたら目を通しておいてください。最近の地震や豪雨などの自然災害を受けて、災害廃棄物の処理や再利用がテーマになる可能性もあります。リサイクルの関連では、Ⅱ-1の欄で示した「資源の有効な利用の促進に関する法律」の省令などの改正内容も理解しておきましょう。昨今の猛暑を受けたヒートアイランド対策も押さえておくべきテーマの一つです。Ⅲでは20年度に出題されたことがあります。

1-4 受験科目選定時の注意点

（1）受験科目選定の考え方

　2024年度までの出題内容を見ると、筆記試験では専門知識と実務経験が重視される傾向にあります。さらに、受験者の専門性によっては問題を選択しづらい科目も珍しくありませんでした。この傾向は今後も大きく変わらないと考えられますので、25年度も受験科目の選定には注意が必要です。技術士試験では、筆記試験と口頭試験を通じて複数の項目が試験されます。それらの項目と各試験におけるウエートを**表1.10**に示します。

表1.10　各試験における試験項目とウエート

項目	各試験でのウエート		対応科目
	筆記試験	口頭試験	
A. 経験や経歴など、技術士としての実務能力	—	AとCで合計60点	科目ごと
B. 「選択科目」に関する専門知識および応用能力	30点	—	科目ごと
C. 「選択科目」に関する問題解決能力および課題遂行能力	30点	AとCで合計60点*	科目ごと
D. 「技術部門」全般にわたる専門知識、応用能力、問題解決能力および課題遂行能力	40点	—	建設部門共通
E. 技術者倫理、継続研さん	—	40点	建設部門共通

（注）配点などは2024年度試験のもの。口頭試験では他の記述式問題についても問われる場合がある

　表1.10からわかるように、項目のDやEは建設部門共通ですので、受験科目の選定には影響しません。影響を及ぼすのはA～Cの項目で、Aは口頭試験での比重が大きい「経験や経歴などの実務能力」です。Bは、筆記試験の中では各論的な位置付けの選択科目に関する「専門知識と応用能力」です。Cの「問題解決能力および課題遂行能力」はBに比べると総論的ですが、専門性は必要です。BとCは「体系的専門知識」と呼ばれるものです。

　建設分野の職務や業務は多岐にわたっており、Aの「経験や経歴」を基に明確に表1.6の11科目に線引きすることは困難です。経験などは複数の科目に適用できるからです。

　例えば、道路橋の下部工の設計をしているとしましょう。そうすると、「土質基礎」や「鋼コンクリート」、「道路」または「建設環境」での受験がそれぞれ可能です。下部工の設計を基礎的な観点から書けば「土質基礎」ですし、コンクリート構造物と捉えれば「鋼コンクリート」、道路事業としてみれば「道路」、建設廃材の発生抑制の観点から設計すると考えれば「建設環境」に該当します。しかし、BとCの「体系的専門知識」は上記の4つの受験科目で全く異なります。したがって、受験科目を選定する基準は「選択科目に関する

専門知識と応用能力、問題解決能力および課題遂行能力」になります。筆記試験で言えば、「選択科目ごとに問われるⅡやⅢの論文」です。口頭試験でも、Ｃの問題解決能力と課題遂行能力の論文などを基に試問されますので、体系的専門知識の確認は欠かせません。

（2）専門知識と応用能力から選ぶ

　選択科目ごとに問われる筆記試験では、専門知識と応用能力に加えて問題解決能力と課題遂行能力も求められます。とはいえ、まずは専門知識がなければ話になりませんので、専門知識の有無をチェックしてみてください。次に、応用能力や24年度までの選択科目Ⅲの出題例などを参考にして、それらに対する自身の能力がどの程度のレベルなのかをみてみます。ただし、応用能力などについては今後の勉強を通して力量を上げることができますから、受験科目を選定する段階では完璧でなくてもかまいません。

　以上の選定の基準をフローにすると、図1.3のようになります。次ページ以降のチェックリスト（表1.11～1.22）は、24年度までの出題内容を基に押さえておくべき専門知識や応用能力を整理したものです。これらの項目などを参考に受験科目を選んでください。

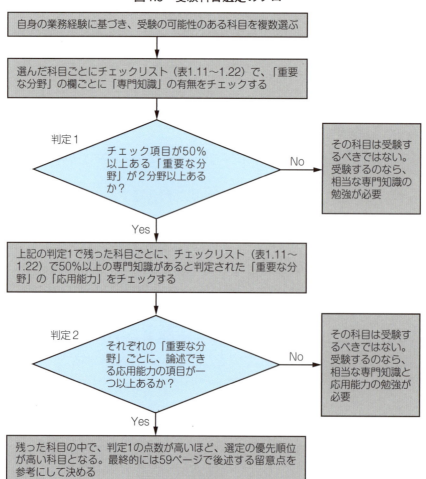

図1.3　受験科目選定のフロー

1-4 受験科目選定時の注意点

表1.11　土質基礎のチェックリスト

重要な分野	専門知識	応用能力
土質の基本的な性状	□土の種類を踏まえたUUとCU、CDの3種類の三軸圧縮試験の利用方法 □砂地盤の液状化評価に適用する繰り返し非排水三軸試験の試験手順と利用方法 □各種の物理試験（ふるい分け試験、土粒子の密度試験） □標準貫入試験（N値） □せん断試験（一軸、三軸）で求まる定数と各試験方法 □圧密試験で求まる定数（mv、Cc、Cv）と試験方法 □透水試験や揚水試験の方法 □載荷試験（変形係数、ひずみレベルや支持力） □盛り土材料（軟岩など）のスレーキング試験とその利用方法 □地中内応力の求め方 □液状化判定の調査と試験、判定方法 □橋台背面の流動化の判定方法 □テルツァーギの支持力公式、一次元圧密理論 □ひずみ依存性と関連する土質試験	□大規模掘削による底面地盤の変形とせん断強さの変化を予測する土の力学試験、せん断強さの変化の時間経過について □地下水のくみ上げによる圧密沈下のメカニズム □現場で行うことができる透水試験や揚水試験から得られる透水係数 □現場で行う載荷試験の留意点 □各定数の関連性。例えばN値からC、Φ、変形係数を求める方法 □土の変形係数のひずみレベル依存性 □砂の相対密度の利用方法と留意点 □堤防の耐震化や地すべり危険地の安定解析の目的を踏まえた地盤調査計画 □堤防や盛り土の浸透破壊のメカニズム □地下構造物の浮力対策
軟弱地盤と地盤改良	□圧密対策（圧密促進、排水、強制圧密、固化） □盛り土の計測計画と管理手法 □軟弱地盤上の盛り土の情報化施工 □軟弱地盤（粘性土や砂質土）対策の種類と特徴、留意点 □切り土と盛り土にまたがるボックスカルバートの調査と試験 □浚渫盛り土上に築く建物基礎の設計における調査と試験 □盛り土による側方流動対策の種類と特徴、留意点	□住宅に近接した盛り土における基礎地盤のすべり対策の選定理由と地盤調査、試験項目、設計・施工上の留意点 □粘性土の圧密強度の増加 □盛り土材料（軟岩などの風化岩）の使用上の留意点と対策 □盛り土の計測で管理値を超えた際の調査と対策 □沢部盛り土の排水対策 □液状化対策の設計上の留意点 □橋台背面の流動化対策 □周辺地盤および建物の変状調査と対策 □切り土と盛り土にまたがるボックスカルバートの設計・施工上の留意点 □浚渫盛り土上の建物の不同沈下対策 □面積が広い軟弱地盤上に築く盛り土において、設計で想定した挙動と現地の挙動とが異なる場合の要因と対策 □面積が広い軟弱地盤上に築く盛り土において、圧密を均一にするための対策 □最新の地盤改良工法（液状化対策や補強工法）などの概要や特徴、適用条件 □追加盛り土による影響
基礎杭	□基礎杭に頼らない基礎の採用の可否を判断するための検討項目と地盤調査、試験 □施工方法別の先端支持力と周面摩擦力の算定方法 □ネガティブフリクションの定義と特徴 □基礎杭の杭種や施工方法、設計や施工上の留意点 □既製杭の種類と特徴、適用地盤	□基礎杭に頼らない基礎を採用することになった場合の具体的な基礎形式と判断理由 □施工法で想定される施工上の不具合と杭の品質や性能への影響と対処方法 □ネガティブフリクションが作用するケースと対応策 □基礎杭の障害物の対処法 □市街地で行う載荷試験

43

第1章●出題傾向と受験科目の選び方

	□既製杭の施工法の種類と特徴、適用地盤 □場所打ち杭の種類と特徴、適用地盤 □河川内に設ける基礎の種類と特徴 □直接基礎の支持力や施工法 □場所打ち杭のヒービングやボイリング、盤ぶくれの対策 □建物基礎の不同沈下の予測 □最新の基礎杭工法（中掘り先端拡大根固め工法や無載荷オープンケーソン工法など）	□鉛直支持力や水平支持力が不足している基礎杭の補強方法と設計・施工上の留意点 □支持地盤に傾斜が判明したときの対策 □精密機械工場が隣接する場合の計測計画 □施工中に近隣の建物が変状したときの調査と対策 □建物基礎の不同沈下対策 □山岳地における深礎杭の設計・施工上の留意点 □河川内に築くケーソンの設計・施工上の留意点
法面対策	□切り土によって崩壊が発生しやすい地盤の種類 □想定される崩壊形態、安定に関する地盤調査と試験項目 □地すべり地の調査と試験 □法面の維持管理 □崩積土や強風化岩、砂質土、斜面の切り土対策 □風化が速い岩（泥岩、凝灰岩、蛇紋岩）の切り土対策 □深層崩壊のメカニズムと対策工 □切り土法面における抑制工の種類と特徴 □切り土法面における抑止工の種類と特徴 □補強土の種類と特徴 □補強土壁の種類と特徴 □斜面の安定計算の手法（無限、有限） □抗土圧構造物（逆T型擁壁や重力式擁壁、ブロック積みやもたれ式擁壁）の種類と特徴 □最新の法面対策（永久アンカー工法や法枠工法、リサイクル材による緑化工法、切り土補強土工法など）の種類と特徴 □法面の豪雨対策 □盛り土の情報化施工	□供用中の道路における切り土法面の崩壊に対する復旧対策の概要、選定理由、施工上の留意点 □法面を維持管理する際の留意点 □用地の制約などによって法面勾配を変更するときの対策 □切り土法面に亀裂が生じた場合の調査計画や緊急対策、恒久対策 □市街地に築く掘割道路の抗土圧構造物の選定と留意点 □軟弱地盤上の堤防における腹付け盛り土の設計・施工上の留意点 □軟弱地盤上における補強土工法の設計・施工上の留意点 □周辺地盤および建物の変状調査と対策 □法面排水工の設計上の留意点 □盛り土の情報化施工時の留意点
耐震化	□模式図を基にした土構造物の地震の被害形態と発生原因 □耐震安定性の検討手法の特徴と留意点 □レベル1地震動やレベル2地震動の定義 □河川堤防の震災事例 □堤防の耐震性能の調査 □液状化判定の調査と試験、判定方法、F_L値 □液状化対策の原理 □液状化の対策工法（3つ程度） □耐震設計の地盤面や基盤面について □耐震設計上の地盤種別の調査と試験方法 □地盤構造物の災害リスクの評価	□液状化する砂質土層の耐震対策工の設計・施工上の留意点 □堤防の耐震調査と試験計画の立案、調査結果を取りまとめる際の留意点 □河川堤防におけるレベル2地震動の軽減対策 □直接基礎で支持された建物の不同沈下抑制対策の特徴と留意点 □液状化対策の設計上、施工管理上の留意点 □最新の耐震工法（液状化対策や強度補強工法など）について □地盤構造物を含むBCP制定時の留意点
大規模土留め	□土留め計測にあたっての土質調査の項目や必要な土質試験、土質定数 □土留め壁に作用する土圧や水圧 □被圧帯水層の影響 □底盤崩壊（ボイリングやヒービング、盤ぶくれ）のメカニズム □背面地盤の変形の種類と防止策	□掘削に伴う土留め壁の変形や地下水の異常出水など、緊急時を想定した対応策の立案 □ガス管や上下水道管などが掘削範囲内にある場合の防護策や緊急事態での対応策 □周辺地盤の沈下などに対して採用すべき補助工法の検討 □底盤崩壊防止策の設計・施工上の留意点 □中間杭の支持力や被圧対策

44

1-4 受験科目選定時の注意点

表1.12　鋼構造のチェックリスト

重要な分野	専門知識	応用能力
材料特性	□高性能鋼の種類と特徴 □高力ボルト □軟鋼や高張力鋼の特性と機械的性質	□橋梁の支間長大化や通行交通の大型化、形状の複雑化などに合わせた材料の選定と費用対効果（高強度鋼や耐ラメラテア鋼など） □LCCの削減と地域特性を考えた材料選定の根拠（耐候性鋼など） □高力ボルトの特性を生かす構造形式を選定して、その根拠を示す
破壊形態	□延性破壊 □脆性破壊 □疲労破壊 □遅れ破壊 □擬へき開破壊 □座屈	□左記の各破壊形態のメカニズムと対策
劣化	□疲労亀裂 □さび	□左記の各事象のメカニズムと対策
性能照査型設計	□性能照査型設計の概要と課題 □耐震設計 □耐震補強 □道路橋示方書の改定内容	□LCCの削減と新技術導入のために必要となる性能照査型設計を普及・定着させるうえで、各構造物の照査項目と照査方法、照査の妥当性を示す □構造物に適応した耐震性能と検討項目を明確に示すとともに、災害発生時に構造物の破壊を最小限に抑える □道路橋示方書の改定による耐震の考え方の変化を示す
継ぎ手	□溶接継ぎ手の特徴 □ボルト継ぎ手の特徴 □両者併用の得失	□溶接における施工不良の要因分析と溶接の品質を確保するための施工対策および検査対策（非破壊検査など） □検査実施時の留意点に対し、検査精度を高めるための具体策を挙げる □溶接継ぎ手とボルト継ぎ手の得失を理解し、併用継ぎ手とする場合の短所に対して処置方法を明確に示す
維持管理	□ストック効果の最大化 □メンテナンスサイクル □さび・塗装 □疲労の特徴 □経年劣化のメカニズム □道路橋示方書の改定内容	□低コストで長寿命化できる予防保全の重要性と具体的な実施方法 □未点検橋梁の現状把握と財源および技術者の不足に対する手法として、ICTの導入なども考える □防災の重要性などとリンクして強弱を付けて投資する □早期復旧を求められる構造物の対処法と対処後の長期性能に関する保証を明確にする □火災など特定の災害における損傷への対応を明示 □さびの調査や診断、防錆法について示す □疲労の調査や診断、対策法について示す □道路橋示方書の改定によって維持管理費の削減が可能になる点を示す
品質管理	□部材製作時の品質管理 □架設時の品質管理 □新技術導入時の品質管理 □非破壊検査 □i-Bridge	□製作におけるねじれや溶接不良などの不具合や発生要因と、製造管理や検査とを関連付けて効果的な対策を示す □市街地や交通量の多い主要道の上など、制約条件の多い場所で架設する際の安全性や施工精度を確保する方策、さらにその技術の今後の展開 □新技術や新工法の特徴を明確にしたうえで、製作や施工における検査の項目と手法、検査実施時の留意点に対する具体策を挙げる

45

第1章●出題傾向と受験科目の選び方

架設・施工	□架設工法の種類と特徴 □高速施工 □架設の安全確保 □省力化施工 □i-Bridge	□架設工法ごとの適性と採用する工法の合理性を具体的に □製作や施工における省力化技術の特徴に加え、性能確保のための確認方法と新技術の普及について □市街地の高架や夜間など、特に危険性の高い場所での架設作業における安全の確保について具体策を示す □省力化施工で留意すべき点を示す
複合構造	□鋼連続合成桁 □鋼とコンクリートの複合	□合成構造と非合成構造の特徴や課題を明示するとともに、具体的な対応策を挙げる □合成構造の設計と施工の留意点とそれぞれの具体的な対応策を示す □既設の合成構造物の評価から改善点を明確にし、技術開発や普及に対する具体的な方向性を示す □一部の部材交換時の安定性の検討
生産性の向上	□BIM／CIM、i-Bridge	□3次元データの活用のメリットや留意点

表1.13　コンクリートのチェックリスト

重要な分野	専門知識	応用能力
高性能コンクリート	□高性能コンクリートの種類とそれぞれの特徴 □高強度化（粉体量の増加） □高流動化（粉体量の増加） □配合設計による防止対策 □施工における防止対策 □UFC（超高強度繊維補強コンクリート）	□温度ひび割れを防止するため、構造物の形状や配合強度などから事前に温度解析を行い、最高温度の低減や温度履歴の改善、養生方法について検討する □低発熱型セメントや高炉スラグの使用、プレクーリングによる水和発熱量の低減やパイプクーリングの採用で、コンクリート温度の制御を図る □外気との温度差を考慮した養生期間を設定するほか、パイプクーリングや保温・保湿養生によって内外温度差を小さくする対策を実施する □適切な誘発目地を効果的な位置に設ける □施工性を確保するためのスランプロスの対策 □生コン車の配車に加え、打設人員の確保と配置など、適切な打設計画を立てる
環境負荷低減型コンクリート	□環境負荷低減型セメントの種類と特徴、使用の現状 □JIS規格化による普及拡大 □コンクリートの性状や構造物の性能に及ぼす影響 □高炉セメントとフライアッシュセメントの特徴 □カーボンリサイクル技術を用いたコンクリート	□綿密な配合と養生計画を立てることで、長所を生かした利用が図れる □性状や性能は、事前試験の結果を適切に評価して判断
経年劣化	□塩害 □中性化 □凍害 □アルカリシリカ反応	□左記の各劣化現象の調査方法、対策と予防策
長寿命化、品質管理	□設計時の配慮事項（被覆鉄筋、かぶり、塗布、部材の交換のしやすさ、作業スペースの確保） □配合（減水、低発熱、収縮低減、膨張など）	□設計時に配慮する長寿命化策と効果や留意点 □構造物や打設環境に合わせて必要な配合を計画し、打設時にそれらを確認する方法を提案する □打設の速度や間隔、出来形（かぶりや間隔、寸法）、コールドジョイント対策、支保工の沈下対策、ブリージング水の処理などを計画し、実行できる方法を提案する

	□施工管理（打設管理、鉄筋のかぶりと間隔、コールドジョイント、ブリージング、沈下など） □養生（暑中時、寒中時、マスコンクリート、スラブコンクリートなど） □マスコンクリート対策 □スラブコンクリート対策 □寒中・暑中コンクリート対策 □水中コンクリート対策	□構造物や打設環境に合わせて必要な養生を計画し、打設当日の気象条件に適した方法を提案する
性能照査型設計	□性能照査型設計（照査方法、照査項目） □耐震設計の解析手法（時刻歴応答スペクトル法、応答スペクトル法） □性能照査で検証すべき使用材料の特性 □道路橋示方書の改定内容	□性能照査型設計では照査方法が重要だが、現状では確立された基準が整備されていない。照査の妥当性を証明するためには実物大試験や供試体による試験を実施する □構造物に適応した耐震性能と検討項目を明確にし、解析手法を適切に選定することが重要になる。例えば、時刻歴応答スペクトル法と応答スペクトル法の使い分け □基準類の整備では、地震発生の確率を基にした設計地震動の設定やレベル2地震動を考慮すべき構造物の特定など、現実に即した基準とする □新材料などを使用する構造物の場合は、地震動によって影響を受ける特性とその検証方法を検討
プレキャスト化	□適応事例（橋梁やセグメントなど） □設計・施工時の留意点 □プレキャスト化の課題（コストなど） □部材の標準化	□形状の単純化や規格化による製造原価の低減を進める □運搬や架設の回数を少なくすることによって、運搬や架設に関わるコスト削減に取り組む □運搬や架設が伴うことより運搬車両と架設重機の乗り入れや設置が制約となり、適応箇所が限定される □分割の細分化や組み立ての単純化によって取り扱いを簡易にする □現場打ちとの比較では初期コストだけでなく、LCCで評価する □部材の標準化に伴うメリットやデメリット、留意すべき点を示す
維持管理	□更新費用の増大 □予防保全や機能診断 □調査や点検の現状と課題 □非破壊検査の種類と特徴 □劣化のメカニズム □複合劣化 □補修工法や補修材料の選定 □メンテナンスサイクル □新技術 □道路橋示方書の改定内容 □ストック効果の最大化	□中性化や凍害などの劣化はコンクリート表面からの劣化因子の浸入が主な原因であるため、密実なコンクリートの施工や適切な養生などの初期対応が重要 □構造物の長寿命化では定期的な調査や点検が重要であり、初期調査を簡易なものにする □目視調査から始まる一連の調査や点検に用いられる非破壊検査の精度と簡便性を向上 □構造物の立地環境や使用環境、劣化の特徴から複合劣化の要因を特定する □劣化の進行度を的確に判断し、適切な補修工法を選定する。例えば、初期段階の注入工法や進行が進んでいる場合の断面修復工法など □補修材料の選定では、試験施工などによって効果を確認し、再劣化の防止に努める □道路橋示方書の改定によって維持管理費の削減が可能になる点を示す
耐震補強	□免震や制震 □構造系の変更 □補強や打ち増し	□左記の各手法の手順と留意点

第1章◉出題傾向と受験科目の選び方

生産性の向上	□BIM／CIM、i-Bridge □プレキャスト化 □部材の標準化 □高流動化、機械式継ぎ手	□技術者不足への対策 □品質の向上策 □データプラットフォームの活用
非破壊検査	□非破壊検査の種類と目的	□各非破壊検査の実施時の留意点

表1.14　都市計画のチェックリスト

重要な分野	専門知識	応用能力
集約型都市構造と都市の再構築	□集約型都市構造の前提となる都市環境の変化 □都市と環境の問題 □集約拠点の都市機能 □集約拠点内や拠点間の交通ネットワーク □低密度市街地の活用 □「コンパクト＋ネットワーク」化 □立地適正化計画 □低炭素まちづくり計画 □都市のスポンジ化 □「新しい生活様式」に基づく暮らし方	□集約拠点は中心市街地活性化と必ずしも一致しない。複数の拠点での機能分担も重要 □高齢社会への対応や低炭素社会の形成に寄与する交通機関のあり方 □集約化によって発生する新たな低密度市街地に環境の側面などから積極的な位置付けを与え、新たな問題の解決を図る □立地適正化計画による集約化の手法 □低炭素まちづくり計画のメリットや効果、手順 □居住誘導区域の見直しの背景と留意点
ユニバーサルデザイン	□バリアフリー法 □ユニバーサルデザイン政策大綱 □公共の施設や空間のユニバーサル化技術と手法	□中心市街地と集約拠点整備との関連において、その属性から求められるユニバーサルデザインのあり方 □観光などの国際・地域間交流を前提に、コミュニケーション上のバリアーを排除するユニバーサルデザインの具体策（ハード、ソフトとも） □心のバリアフリー化の具体的な展開のための施策
中心市街地活性化	□都市構造の変化と背景 □中心市街地の商業施設や商店街の機能 □空き地や低・未利用地 □空き家対策 □木造密集地 □都市公園の機能 □エリアマネジメント	□中心市街地の典型的なイメージから脱却し、都市の実情や属性に対応した中心市街地の機能を展開する □経済や商業以外の都市機能の再整備に関する課題を明示 □郊外と中心市街地の関係について明確にし、中心市街地に必要とされる都市機能とその集約の具体策を示す □見直し以前のTMOによらない持続的な中心市街地マネジメントのあり方を具体的に示す □空き地や低・未利用地の具体的な解決策を示す □空き家や木造密集地に対策を講じて、土地を効率的に活用する方法を示す
都市景観	□景観法 □景観緑三法 □都市緑化の手法 □古都関連法群と歴史まちづくり法	□一般的な市町村における景観計画の作成の背景や手順、留意点を示す □都市における公園や緑地と民地内緑地の役割分担を明確にし、民地内緑地の保全活用の方法を具体化する □伝統的な景観を美観上の視点だけでなく、産業の育成やコミュニティーの形成・維持の視点から必要性を明確にする。併せて、持続的な展開に関する具体策を法律に基づいて展開する
都市環境	□ヒートアイランドなど □ゲリラ豪雨 □都市の生態系や生物多様性 □都市緑化、都市公園、都市内農地	□ヒートアイランド現象を緩和するための緑地や都市公園の整備 □ゲリラ豪雨に対応するためのインフラ整備の内容と、豪雨時に対応するためのソフト施策、 □生態系や生物多様性の定義と重要性、これらの視点から

	□低炭素まちづくり □都市公園の機能 □グリーンインフラ □まちづくりGX	みた都市の属性と課題、今後求められる具体的な施策 □都市緑化の課題と今後のあり方 □今後の「住み方」を踏まえた低炭素社会の構築方法 □グリーンインフラの導入の課題と解決策
市街地再開発	□地区計画制度（各地区計画の概要） □土地区画整理事業の現況（社会・経済情勢の変化と関連して） □市街地再開発事業の現況 □都市再生特別措置法 □防災集団移転促進事業 □建物のリノベーション	□特定の属性を持つ地区の地区計画手続きにおける住民合意の形成方法 □デフレーションなどの事業外の要因による資産価値減少への対応策 □市街地の属性に適合した市街地開発（市街地再開発事業と土地区画整理事業の適用の適合性） □集約型都市構造の形成における区画整理事業の有効性と留意点 □災害復興事業の手法と留意点
都市交通	□交通政策基本法 □モーダルシフト □交通結節点の整備 □歩道の整備 □自転車道の整備 □道路空間の再配分	□交通政策基本法の目的と実施方法を示す □モーダルシフトの背景や整備方法、留意点を示す □交通結節点や歩道、自転車道の整備の背景や目的、実施方法、留意点を示す □にぎわいのある道路空間の創出のあり方
都市の安全	□都市の防災総合推進事業 □密集市街地緊急リノベーション事業 □スーパー堤防 □流域治水	□密集市街地などにおける公園や道路の課題と改善方法 □密集市街地などで防災まちづくりを進めるうえでの住民支援のあり方と支援方法 □災害リスクの大きい場所からの移転の促進 □帰宅難民発生の可能性と対策

表1.15　河川砂防のチェックリスト

重要な分野	専門知識	応用能力
治水	□上流での治山・砂防対策 □中流でのダム・遊水地対策 □下流における堤防のかさ上げや浚渫 □河川内の樹木対策 □ゲリラ豪雨への対策 □水防災意識社会の再構築 □ハザードマップ □新たなステージ □タイムライン □ダム再生 □スーパー堤防 □流域治水 □事前放流 □DXの推進	□総合的な治水対策 □ダムに頼らない治水対策 □「流域治水」への転換 □緊急度と重要度に応じて効果的で効率的な施設整備をどのように推進していくか □ソフト対策による減災をどのように推進していくか □利水ダムの活用方法 □データプラットフォームの活用方法 □流域関係者（農林水産や都市計画、下水）との連携 □DX（デジタルトランスフォーメーション）を用いた防災・減災や事後の復旧・復興支援
利水	□ダム再生 □ハイブリッドダム	□治水との関連を生かした利水の効率化
河川環境	□土砂の供給不足による影響 □多自然川づくり □常時水量を確保する方法 □親水 □低水護岸 □景観設計 □グリーンインフラ	□総合的な土砂管理 □生態系の保全方法 □治水・利水との共存方法と留意点 □親水施設の設計時の留意点 □低水護岸の計画時の留意点 □景観設計時の留意点

河川構造物の耐震設計	□河川構造物の耐震性能照査指針 □レベル1地震動とレベル2地震動の違い □堤防の液状化判定 □液状化対策工法の種類と特徴 □粘り強い構造 □スーパー堤防	□仮定したモデルと実際の挙動とを検証する □過去の地震発生の事例と解析モデルとの整合性による検証方法 □堤防の液状化対策の考え方 □液状化対策の施工上の留意点
ダム	□ダムの維持管理 □ダム再生 □堆砂対策 □ダムの種類 □事前放流	□「選択と集中」やライフサイクルコストの低減、省力化 □ダム再生による効果と留意点 □堆砂対策の種類と留意点 □利水ダムの活用方法
砂防施設	□形式や種類と特徴 □透過型砂防堰堤のメリット □砂防構造物の種類と特徴 □流木対策	□形式選定時の条件と留意点 □透過型砂防堰堤の計画・設計時の留意点 □砂防構造物の計画の手順と設計時の留意点 □流木対策計画時の留意点
大規模な土砂災害	□急傾斜地の定義 □地すべりの種類と各メカニズム □法面対策 □計測計画 □天然ダム（河道閉塞）	□急傾斜地対策の手順と設計時の留意点 □各地すべり対策の設計時の留意点 □法面対策の留意点 □法面対策時の計測計画における留意点と結果の評価方法 □天然ダム形成時の留意点と解消方法
維持管理	□点検・診断の方法 □メンテナンスサイクル □ストック効果の最大化	□補修・補強の方法と留意点 □メンテナンスサイクルからストック効果の最大化へ進行する際の留意点 □防災の重要性などとリンクして強弱を付けて投資する

表1.16　港湾空港のチェックリスト

重要な分野	専門知識	応用能力
整備コストの縮減	□整備の現状 □大型船舶や大型航空機への対応 □耐震化の現状 □選択と集中	□防災機能との関連で重要性を考慮して優先順位を付ける □性能設計の導入で民間活力を取り入れる □バックヤードとの連携 □事業評価方法の検討
施設の維持管理	□施設などの更新時期 □増大する維持管理費 □メンテナンスサイクル □ストック効果の最大化	□予防保全をすれば低コストで長寿命化できる □既存ストックの調査やデータベース化は専門技術者だけでは難しいので、一般技術者や携帯端末などのICTを使う方法も考える □防災の重要性などとリンクして強弱を付けて投資する
観光立国の推進	□大水深岸壁 □耐震岸壁 □クルーズ船の誘致 □LCC航空やビジネスジェットの受け入れ □アクセスの整備 □バスタプロジェクト	□観光客を受け入れるためのハード・ソフト対策と留意点 □観光客が移動するための交通結節点の整備方法 □観光の拠点としての整備方法

物流の効率化	☐3PL ☐モーダルシフト ☐民営化 ☐24時間化 ☐アクセス道路の整備 ☐コンテナの取扱能力や離着陸の処理能力	☐モーダルシフトの背景や整備方法、留意点を示す ☐物流の効率化を図るための整備の背景や目的、実施方法、留意点を示す
環境保全	☐閉鎖水域の水質改善 ☐空港の騒音対策 ☐省エネルギー化 ☐脱炭素化 ☐エコポート、エコエアポート	☐閉鎖水域の水質を改善するための調査や対策、留意点を示す ☐空港の騒音対策のための調査や対策方法、留意点を示す ☐省エネルギー化のための調査や対策方法、留意点を示す
港湾の重点整備	☐国際コンテナ戦略港湾 ☐国際バルク戦略港湾 ☐日本海側拠点港 ☐クルーズ振興	☐港湾整備の方向性と整備方法、留意点を示す ☐クルーズ振興策の方法と留意点を示す
拠点空港の国際化	☐国際航空ネットワークの現状 ☐国際貨物に占める航空輸送の増大 ☐ハブ空港へのアクセス問題 ☐ビジネスジェット	☐東京国際空港（羽田空港）と成田国際空港のアクセス改良に向けた整備 ☐着陸料の軽減措置や発着枠の配分などソフト施策の推進 ☐航空サービスの高度化のために、国際貨物などの物流機能を向上。さらに、観光目的の旅客の誘致なども
施設の耐震化	☐施設の耐震化の現状 ☐重要施設の耐震化技術 ☐津波対策 ☐液状化対策	☐すべての施設を耐震化するのは難しい ☐災害時の物資輸送の拠点として必要な機能を確保する ☐津波対策や液状化対策の設計・施工上の留意点を示す
軟弱地盤上の盛り土や構造物	☐圧密沈下やクリープ変形 ☐施設機能の維持 ☐地盤改良工法 ☐液状化対策 ☐ケーソン式護岸の築造	☐地盤改良および沈下に対する維持管理を考慮 ☐工費と工期との関係を整理する ☐水環境に配慮する ☐東京国際空港D滑走路の桟橋構造の例を挙げる ☐液状化対策の手順と留意点 ☐ケーソン式護岸の施工方法と留意点、地震対策 ☐滑走路の地震対策

表1.17 電力土木のチェックリスト

重要な分野	専門知識	応用能力
電力の自由化	☐電力の自由化による影響 ☐資源枯渇化の現状と見通し ☐エネルギーミックスの役割	☐石炭や石油への依存からの脱却、新エネルギーや省エネルギー対策 ☐クリーンエネルギー開発の今後の見通し
地球温暖化	☐二酸化炭素削減の取り組み ☐ヒートアイランド対策 ☐都市問題の現状と課題 ☐脱炭素化	☐国際的な動きや公約などと関連した地球温暖化対策 ☐加速するヒートアイランド現象への対策 ☐電力問題と都市問題を関連付けて意見を記述できる ☐電力土木施設の調査や計画の段階における環境面への留意事項
自然災害への対策	☐自然災害に対するリスク ☐自然災害への対応の現状 ☐対策の限界	☐自然災害に対する電力土木施設の設計上や建設段階、維持管理上の留意事項 ☐自然災害に対する危機管理の方策

第1章◉出題傾向と受験科目の選び方

耐久性や耐震性確保の対策	□全国の既存電力設備における耐震化率の現状 □耐震化技術の例 □電力土木施設の維持管理の現状と課題 □安定供給	□コスト面の対応 □重要度の評価方法と判定 □電力土木施設のうち、自分が得意とする分野を例に、具体的な耐震化を提案する □耐久性を向上させるための対策など □電力土木施設の劣化対策と劣化診断の技術 □電力土木施設の維持管理における性能評価の要点
電力施設の必要性	□水力発電所のメリットとデメリット □ダムの発電や治水、利水の効果 □原子力発電所のメリットとデメリット □風力発電のメリットとデメリット □ハイブリッドダム	□電力施設の建設計画に関して、初期コストや維持コストなどの総合的な費用対効果に対する考え □水力発電所や原子力発電所の必要性とエネルギーや環境面との関係 □電力施設を想定して新設以外の方策（延命化や代替案など）をまとめる □立地に関する必要な要件
省力化、省人化対策	□施設の維持管理における省力化や省人化の技術 □ICT活用の現状 □DXの推進	□電力土木施設の維持管理面における情報通信技術や省力化対策の課題や対策 □構造物の遠隔モニタリング技術の課題と将来展望 □情報通信技術を向上させるための電力土木技術者の役割
施設の維持管理	□施設などの更新時期 □増大する維持管理費 □メンテナンスサイクル □ストック効果の最大化 □ダムの堆砂対策	□予防保全をすれば低コストで長寿命化できる □既存ストックの調査やデータベース化は専門技術者だけでは難しいので、一般技術者や携帯端末などのICTを使う方法も考える □防災の重要性などとリンクして強弱を付けて投資する

表1.18　道路のチェックリスト

重要な分野	専門知識	応用能力
道路の機能や価値	□交通機能（通行やアクセス、滞留） □空間機能（市街地形成、防災空間、環境空間、道路地下の利用、にぎわい空間） □便益分析（走行時間の短縮や走行経費の減少、交通事故の減少） □空間の再配分 □歩行者利便増進道路 □カーブサイドマネジメント	□道路に求められるニーズは多様化しているので、求められる機能と価値は地域ごとに異なる □都市部では、歩行者や自転車のための空間が求められる □市街地では防災空間としても価値が高い □多様な利用者に道路空間を再配分する □にぎわいのある道路空間の創出のあり方
渋滞対策	□立体交差化、交差点改良、環状線の整備 □TDM（交通需要マネジメント）	□「選択と集中」で都市部のハード対策を行う □モーダルシフトを推進するために、交通結節点や自転車道、歩道を整備する □ソフト対策としてロードプライシングとモーダルシフトを行う
維持管理	□道路橋などの更新時期 □増大する維持管理費 □メンテナンスサイクル □選択と集中 □包括的民間委託 □ストック効果の最大化 □群マネ	□予防保全をすれば低コストで長寿命化できる □既存ストックの調査やデータベース化は専門技術者だけでは難しいので、一般技術者や携帯端末などのICTを使う方法も考える □防災の重要性などとリンクして強弱をつけて投資する □インフラを群としてマネジメントするための具体策

52

ネットワーク化(物流、観光)	□ミッシングリンクの解消 □本線直結型のスマートインターチェンジ □アクセス道路の整備 □物流モーダルコネクトの強化 □通過交通の迂回 □重要物流道路 □4車線化や6車線化 □バスタプロジェクト □SAやPAの高度化	□ネットワーク化の体系と整備方法、留意点を示す □費用対効果に3便益以外の便益を盛り込んで提案する □物流拠点や観光拠点としての「道の駅」の活用法
交通安全	□交差点の改良 □自転車道と歩道の分離 □ITSの活用 □プローブデータの活用 □ゾーン30、ハンプや狭さく	□交通安全対策の種類と効果、留意点を提案する □ITS(高度道路交通システム)や新技術を用いた新しい交通安全対策と留意点を示す □生活道路の交通安全対策
ITS	□ETC2.0 □双方向カーナビ、VICS □プローブデータ □自動運転とセンサーの技術 □MaaS	□渋滞解消に対するITSの効果や整備時の留意点を示す □交通需要マネジメント(TDM)に対するITSの効果や整備時の留意点を示す □双方向の情報伝達に対するITSの効果や整備時の留意点を示す □交通安全に対するITSの効果や整備時の留意点を示す
環境保全	□渋滞対策 □振動や騒音、大気汚染への対策 □ヒートアイランド対策 □緑化	□環境への負荷を低減するための渋滞対策の手法と効果、留意点を示す □騒音や振動への対策を発生源や伝搬路、受音側または受信側に分けてそれぞれ挙げたうえで、各対策の効果と留意点を示す □大気汚染への対策を発生源と伝搬路に分けて挙げたうえで、対策の効果と留意点を示す □ヒートアイランド対策の種類とそれぞれの効果、対策時の留意点を示す □緑化の複数の効果とそれぞれの留意点を示す
道路緑化	□環境の保全と創出 □防災 □交通安全	□環境の保全や創出に貢献する道路緑化の方法と具体的な効果、留意点を示す □防災に貢献する道路緑化の方法と具体的な効果、留意点を示す □交通安全に貢献する道路緑化の方法と具体的な効果、留意点を示す
低炭素まちづくり	□渋滞解消 □TDM □緑化 □ヒートアイランド対策 □脱炭素化	□低炭素まちづくりに貢献する渋滞解消の方法と効果、留意点を示す □低炭素まちづくりに貢献するTDMの方法と効果、留意点を示す □低炭素まちづくりに貢献する道路緑化の方法と効果、留意点を示す □低炭素まちづくりに貢献するヒートアイランド対策の方法と効果、留意点を示す
生産性革命	□i-Construction □物流 □渋滞解消 □交通安全	□施工の生産性を向上させる方法と効果、留意点を示す □物流の効率性を高める方法と生産性の観点から捉えた具体的な効果、留意点を示す □渋滞を解消する方法と渋滞の解消が生産性に与える具体的な効果、留意点を示す □交通の安全性を向上させる方法と安全性の向上が生産性に与える効果、留意点を示す

第1章●出題傾向と受験科目の選び方

歩道や自転車道の整備	□自転車道の整備率 □交通事故の数値 □バリアフリー化の現状	□ネットワーク化を進める □都市部や地方部の生活様式とリンクして考える □コンパクトシティー化の中での位置付け □少子高齢化社会の形成と関連付ける □道路空間を再配分する
法面対策	□切り土によって崩壊が発生しやすい地盤の種類 □想定される崩壊形態 □崩積土や強風化岩、砂質土、斜面の切り土対策 □風化が速い岩（泥岩や凝灰岩、蛇紋岩）の切り土対策 □切り土法面における抑制工の種類と特徴 □切り土法面における抑止工の種類と特徴 □最新の法面対策（永久アンカー工法や法枠工法、リサイクル材による緑化工法、切り土補強土工法など）の種類と特徴 □補強土の種類と特徴 □斜面の安定計算の手法（無限、有限） □抗土圧構造物（逆T型擁壁や重力式擁壁、ブロック積みやもたれ式擁壁）の種類と特徴	□供用中の道路における切り土法面の崩壊に対する復旧対策の概要、選定理由、施工上の留意点 □用地の制約などによって法面勾配を変更するときの対策 □切り土法面に亀裂が生じた場合の調査計画や緊急対策、恒久対策 □市街地に築く掘割道路の抗土圧構造物の選定と留意点 □切り土法面の崩壊対策工の設計・施工上の留意点 □補強土の設計・施工上の留意点
土構造物の耐震化	□土構造物の耐震化の現状 □土構造物の耐震化技術 □耐震設計における性能設計 □法面のリスク評価	□すべての土構造物を耐震化するのは難しい □駿河湾を震源とする地震で生じた東名高速道路の盛り土崩壊の原因と今後の対策事例を挙げる □性能評価導入の背景とあり方を記述する
舗装の機能の多様化	□排水性舗装の特徴 □環境保全技術 □性能規定化 □ICT舗装	□維持管理と環境保全とが両立できるよう解決する □環境保全は低炭素社会の構築の一つになる □性能規定時の留意点 □ICTを用いた省力化や品質確保の手順と留意点

表1.19　鉄道のチェックリスト

重要な分野	専門知識	応用能力
鉄道の社会的な意義	□少子高齢化の現状と将来 □雇用状況やアウトソーシングの現状と問題点 □中心市街地の空洞化の現状 □世界の鉄道整備の状況	□人口減少社会における鉄道事業のあり方について □鉄道整備に関する技術開発や技術の伝承の課題と方策 □鉄道整備技術の海外展開についての課題と対応策
防災・減災	□施設の耐震化 □河川内橋脚の洗掘防止 □法面の崩壊対策 □液状化対策	□対策の優先順位 □災害時の輸送を確保する方策 □計画運休の留意点 □耐震対策や洪水対策の設計・施工上の留意点を示す

安全性	□鉄道事故の原因や背景、影響 □地震や豪雨による土砂崩れや冠水などの例、被害の程度 □鉄道高架化の現状と効果 □化成品を積んだタンク車両の地震発生時の緊急措置 □駅における旅客の安全確保策 □ホームドア □踏切事故	□事故やインシデント防止対策の課題と方策 □自然災害対策について、災害別の課題と対策 □安全性の向上や渋滞解消などに有効な高架化について □恒久的な安全対策だけでなく、緊急時の対策についても考え方をまとめる □駅のバリアフリー化の効果など
鉄道に関するネットワーク	□駅の整備の現状 □鉄道の利便性 □都市鉄道の混雑解消 □ネットワークの拡充の必要性	□駅のもたらす価値から周辺施設の活性化や開発を考える □駅の存在価値や街づくりとの関連など □主要駅の混雑解消のための課題と対応策 □ICカードシステムなどのさらなる活用による利便性の向上策 □幹線との接続や路線の延長などの拡充策の課題や方策
鉄道の近接工事	□高架橋工事における設計と施工上の考慮事項 □営業活線下のトンネル工事における設計と施工上の考慮事項 □杭打ち作業における設計と施工上の考慮事項 □計測管理	□列車運行の確保策とその課題について □起こりうる軌道変状のメカニズムについて理解し、対応策を考える □既設構造物の変状の抑止方法だけでなく、建設機械の転倒防止についても検討する
維持管理	□鉄道のコンクリート構造物の劣化や変状 □鉄道構造物の補修と補強 □鉄道構造物のコスト削減および品質確保 □鉄道構造物の建設に関する環境面の留意事項 □メンテナンスサイクル □ストック効果の最大化	□一般の構造物に比べ、鉄道構造物は歴史が古い。振動を受けるなどの特色も考慮する □アセットマネジメントと関連させて考える □ストック効果の最大化によって優先順位をつけ、維持管理の手順を記述する □状態監視保全の手順や注意点
軌道	□レール張り出しの原因と対策 □列車走行時の騒音と振動への対策 □レールに関する事項（溶接や継ぎ目、損傷など） □分岐器の構造の特徴 □軌道の変位	□春季や夏季の軌道工事における軌道変状の防止対策。道床安定剤の散布などを考慮する □ロングレール化やレールの重量化が騒音対策として有効 □レール以外の軌道の付帯設備などに関して特徴や保守管理の方策をまとめる

表1.20　トンネルのチェックリスト

重要な分野	専門知識	応用能力
NATM工法	□切り羽の状態 □吹き付けの目的 □鋼製支保工の種類 □都市NATM	□切り羽の状態を把握して施工法を検討する □吹き付けの手順や施工時の留意点 □鋼製支保工の施工時の留意点 □都市NATMの施工時の留意点

山岳トンネルの掘削方式	□全断面工法やベンチカット工法、中壁分割工法、導坑先進工法のそれぞれの特徴	□それぞれの工法における掘削からずり出し、吹き付け、支保工、覆工までの特徴と留意点を整理する □湧水や変位、切り羽崩壊などの異常時の対応を整理する □事例を記述する
山岳トンネルの特殊地山	□観察、計測 □膨張地山 □山はね □高い地熱や温泉、有害ガス □湧水対策	□地山の事前調査や試験、施工中の観察と計測、特殊地山の分布状態および性状を把握し、早期に断面閉合する □解析手法を用いて設計し、地山モデルや支保材などの妥当性を検討して対策工を立案する □繊維補強による吹き付け、支保工のじん性を上げる □必要な検知装置や換気設備、防護設備などを設置する □施工上の留意事項を、経験を踏まえて記述 □補助工法の特徴と留意点を説明する
道路トンネルの付属施設	□防災設備の基準 □通報や警報設備、消火設備、避難誘導設備、その他設備（給水栓、無線通信補助設備、ラジオ再送設備、拡声放送設備、水噴霧設備、監視装置）	□初期消火とトンネル内の煙コントロールについて記述 □一方通行と対面通行とでは、対処方法が違う □非常設備を1ユニットとして、等間隔に設置する □定点方式で消火する。情報システムと連動して監視し、表示させる □トンネル内の運転者の安全誘導方法について □後続車がトンネル内に入らないような、情報伝達や表示の方法などを記述する
シールドトンネル工事の調査項目	□立地条件の調査 □支障物件の調査 □地形および地質の調査 □環境保全調査 □初期掘進 □鏡切り時の止水	□路上の交通流が多く、たて坑基地の確保が難しい □都市部では埋設物が集中し、位置がより深くなっている □開発による地形変化で、地下水と地質を想定しにくい □振動や騒音、地盤変状、地下水、有害ガスなどの影響調査について □初期掘進を考慮したたて坑の形状や土留めの形式、初期掘進の際の留意点について
シールド工法の自動化や長距離化、地中接合、断面変化	□道路を考慮したトンネル内空と断面、線形、勾配、分岐や合流、セグメント □「シールドトンネル設計・施工指針」（日本道路協会） □ビット交換 □土砂の排出方法	□都市の過密化や交通事情から用地の取得が困難 □技術の向上によって自動化や長距離掘進、地中接合、急曲線施工、断面変化、拡幅施工の需要が高まっている □地中で分岐し、さらに角度をもって接合することから、地山の十分な安定処理が必要 □耐火構造や非常通路の高度な施工技術について □「シールドトンネル設計・施工指針」の背景
都市部の大規模な開削工事における水処理	□地下水位の低下工法 □遮水、止水工法 □水圧	□開削施工の難敵は水。施工性に大きな影響を与えるので、近接構造物の構造形式や基礎構造、根入れ深さ、構造物の利用状況を調査し、適切な処置（地下水位を下げるか、遮水・止水で対応するか）を行う □排水時の環境保全対策について
開削トンネルにおける地下埋設物の保全措置	□事前調査の項目 □地下埋設物ごとの特徴	□ガス管や上下水道管、電力、通信ケーブルなどの事前調査と防護、切り回し、敷設替え、管理者との協議の徹底 □許容値に合わせた吊り防護工と受け防護工について、施工方法ごとに留意点を記述 □計測と異常時の対応について
トンネル構造物の維持管理	□メンテナンスサイクル □ストック効果の最大化 □ICTを活用した点検や診断	□車両の通行など維持管理上の問題点や新技術などによる解決策を説明 □ストック効果を算出して「選択と集中」を図り、優先順位を設ける □ICTを用いて省力化を図る
大深度地下	□高水圧への対策 □乗降設備 □労働安全	□大深度山岳トンネルの補助工法と留意事項 □大深度シールドの発進・到達時の高水圧への対策 □大深度たて坑の切削用仮壁

| 大規模掘削の計画 | □土留め壁の種類（鋼矢板や鋼管矢板、柱列杭地下連続壁、鉄筋コンクリート地下連続壁など）
□埋設物防護（吊り防護工、補強工法、迂回工など）
□地盤要素（ボイリングやヒービング、盤ぶくれ）
□補助工法（薬液注入工法やウエルポイント工法、噴射かくはん工法など）
□近接物の事前調査
□計測管理 | □掘削に伴う土留め壁の変形や地下水の異常出水など、緊急時を想定した対応策の立案
□ガス管や上下水道管などが掘削範囲内にあるケースでの防護対策および緊急事態での対応策を示す
□周辺地盤の沈下などに対して採用すべき補助工法の検討
□近接物の種類によって事前調査の項目が変わるため、上下水道管や地下鉄、近接建物などの対象物ごとに調査項目を整理する
□計測箇所や計測機器、計測項目、管理値などについて、異常時を想定した計測管理の体制を確認する |

表1.21　施工計画のチェックリスト

重要な分野	専門知識	応用能力
コンクリートの特性	□劣化 □耐久性 □ひび割れ □鉄筋のかぶり □養生方法 □アルカリシリカ反応 □塩害 □暑中・寒中コンクリート □マスコンクリート □施工時の初期品質	□コンクリートの温度ひび割れが発生する原因と発生を防止するための対応策 □劣化の防止や耐久性の確保に関する対応策 □塩害や中性化が認められるコンクリート構造物に対し、補修や補強の方法を確認する □養生方法の選定は、施工計画上の留意点として検討 □鉄筋の腐食と塩害などとの関連についての検討 □暑中・寒中コンクリートやマスコンクリートなどの施工計画時に考慮すべき点
工事中の安全管理	□労働安全衛生マネジメントシステム □リスクアセスメントの手法 □緊急時の対応策 □三大災害	□労働安全衛生マネジメントシステムの概念 □安全管理を進めるうえでの基本方針を確立するほか、安全衛生目標の展開など安全サイクル（PDCA）を確認 □リスクアセスメントの概念の確認 □橋梁架設時の安全管理
大規模掘削の計画	□土留め壁の種類（鋼矢板や鋼管矢板、柱列杭地下連続壁、鉄筋コンクリート地下連続壁など） □土留め支保工、中間杭 □埋設物防護（吊り防護工、補強工法、迂回工など） □地盤要素（ボイリングやヒービング、盤ぶくれ） □補助工法（薬液注入工法やウエルポイント工法、噴射かくはん工法など） □近接物の事前調査 □計測管理	□掘削に伴う土留め壁の変形や地下水の異常出水など、緊急時を想定した対応策の立案 □ガス管や上下水道管などが掘削範囲内にあるケースでの防護対策および緊急事態での対応策を示す □周辺地盤の沈下などに対して採用すべき補助工法の検討 □近接物の種類によって事前調査の項目が変わるため、上下水道管や地下鉄、近接建物などの対象物ごとに調査項目を整理する □計測箇所や計測機器、計測項目、管理値などについて、異常時を想定した計測管理の体制を確認する □中間杭の支持力や被圧対策
建設リサイクルの進め方	□建設副産物の現状 □リサイクルの現状 □循環型社会形成推進基本法の概要 □環境保全技術の現状 □3R	□廃棄物の発生抑制や再使用、再生利用、適正処分を中心とした施策を着実に進める □負荷を低減するための計画段階での取り組み

第1章●出題傾向と受験科目の選び方

基礎杭の計画	□既製杭（打撃工法や圧入工法、プレボーリング工法、中掘り工法） □場所打ち杭（オールケーシング工法やリバース工法、アースドリル工法、人力掘削工法） □ケーソン基礎（オープンケーソン工法やニューマチックケーソン工法）	□既製杭や場所打ち杭で施工する場合の長所や短所 □予期せぬ玉石の出現や計画通りに施工できないなど、場所打ち杭の施工現場でのトラブル事例と対応策について □杭の支持力不足が明らかになったときの対応策など □例えば河川内に橋脚基礎杭を施工するときの周辺環境への影響など、基礎杭本体以外の要素について
道路施工の計画	□軟弱地盤対策（表層処理工法やプレロード工法、置換工法、サンドコンパクションパイル工法など） □動態観測方法 □高盛り土の注意点 □圧密や沈下の概念	□側方流動や周辺地盤の隆起、沈下など盛り土の施工時に発生する現象への対応策 □軟弱地盤の現況に対し、どの軟弱地盤対策工法を選定するかの応用能力 □周辺環境に与える影響を考慮した動態観測方法や盛り土、切り土の監視方法
公共工事の入札・契約方式	□一般競争入札方式 □総合評価落札方式 □設計・施工一括発注方式 □施工パッケージ型積算方式 □CM方式 □事業促進PPP方式 □ECI方式	□それぞれの入札・契約方式の特徴や長所、短所および今後の進め方などについて考えをまとめる □積算方法の改善や施工管理方法など、公共工事を進めるうえでの手法 □建設工事の従事者に適切な賃金の支払いを進める方法
施工管理	□品質管理の項目と管理方法 □工程管理の手法	□品質管理上の留意点 □工程短縮の必要性と方法
生産性革命	□i-Construction □ICT土工 □コンクリート部材の標準化 □施工時期の平準化 □BIM／CIMの導入	□i-Constructionの種類と効果、留意点を示す □ICT土工の手順と留意点を示す □コンクリート部材の標準化の内容と施工手順、標準化に伴う留意点を示す □施工時期の平準化を可能とする施策の内容と発注から着工までの手順、平準化に伴う留意点を示す
情報化施工	□省力化・機械化施工 □ロボット化 □計測施工	□省力化・機械化施工の種類と目的、留意点を示す □ロボットによる施工の種類と目的、留意点を示す □計測施工の種類と目的、留意点を示す
原価管理	□実行予算の役割と目的 □実行予算と施工計画との関連 □支払い管理と収支管理 □原価低減の手法	□実行予算の単価構成を把握し、どの項目に注視して原価管理するかの判断基準 □実行予算の位置付けと利益確保のための対応策 □施工途中における原価管理の進め方や利益を追求するために何に着目するかをまとめる

表1.22　建設環境のチェックリスト

重要な分野	専門知識	応用能力
自然エネルギーの利用	□国産エネルギーの現状 □再生可能エネルギーの現状 □再生可能エネルギーの種類（風力やバイオマス、太陽光など）	□無尽蔵な自然エネルギーは、安定供給に不可欠 □発電施設の建設に伴う環境問題への対応 □発電コストを抑えることが重要になるため、当面は限定した使用で普及や促進を図る

環境影響評価	□環境影響評価法 □環境影響評価方法書、準備書、評価書 □配慮書、報告書 □スコーピング □スクリーニング □フォローアップなどの事後調査	□環境影響評価法の施行から10年以上がたち、早期の段階に環境アセスメントを位置付けることが重要に □開発許認可制度においては、防災より優先して環境施策を検討する □利害関係者との合意形成手法の確立
低炭素都市づくりと緑化	□二酸化炭素の排出量の現状 □低炭素都市づくりガイドライン □産業や運輸、民生部門の取り組み □エコまち法 □グリーンインフラ	□低炭素化の施策は限界があり、緑化が重要に □緑の基本計画などによる街づくり □ヒートアイランド対策として吸収源を確保する □再生可能な資源の利用を促進 □発生抑制では生活様式の見直しも □グリーンインフラの活用方法
生物多様性の確保における留意点	□生物多様性の危機の現状 □生態系の概念 □多様性の概念 □SDGs □GX	□生物の種の絶滅を防ぐ □生態系の食物連鎖の重要性を認識する □貴重種でなくても、生息環境を保全 □多様性の評価の妥当性を長期間にわたって確認する
道路騒音や振動などの道路環境問題	□騒音や振動、大気汚染、景観などの環境要素の現状 □都市および地方部の道路利用の現状 □運輸部門の低炭素化	□環境負荷の低減のために道路の渋滞などを改善 □環境負荷を低減するための技術開発 □発生抑制のための生活様式の見直しについて □道路をめぐる施策の動向にからめて記述する
都市における環境問題の留意点	□建築制度の現状 □都市景観の問題 □歴史的景観の活用 □都市構造の問題（集約型都市構造など） □都市緑化の現状	□景観については、利害関係者との合意形成手法を確立 □公園緑地の多方面での活用の仕方 □周辺環境との調和を評価する手法のあり方
災害や自然を考慮した河川環境の整備の問題	□河川法の概要 □多自然川づくり基本指針 □河川の自然環境の現状 □河川の維持管理の現状 □グリーンインフラ	□河川環境の整備と保全のために、地域の暮らしと融合 □治水対策との兼ね合いが大切になり、防災空間と環境空間の兼用も □グリーンインフラを活用した防災・減災
建設リサイクルの進め方	□建設副産物の現状 □リサイクルの現状 □環境保全技術の現状	□廃棄物の発生抑制や再使用、再生利用、適正処分を中心とした施策を着実に進める □負荷を低減するための計画段階での取り組み

（3）その他の留意事項

　前項の（2）で述べた「専門知識と応用能力から選ぶ」判定方法以外に、よくあるケースを挙げて受験科目を選定するときの留意事項について説明します。例えば、河川の施工管理に長く携わっている技術者が、「河川砂防」か「施工計画」のどちらの科目で受験するべきか迷ったとします。表1.15のチェックリストでもわかるように、「河川砂防」では施工管理に関する出題はまず見られませんので、「施工計画」で受験するしかありません。

　「道路」や「都市計画」のような計画系の科目も同じです。道路では、「工事」について

第1章◉出題傾向と受験科目の選び方

問われることもありましたが、施工の経験だけでは解答は困難です。同様に「土質基礎」や「港湾空港」、「鉄道」でも、Ⅱで施工や施工計画が対象になったことがありましたが、これらの科目の他の設問は施工管理の業務経験だけでは解けないものが多くを占めています。応用能力などが求められるⅡの論文ほどではありませんが、2024年度の問題解決能力と課題遂行能力が問われる論文も、「施工計画」の科目以外は計画や設計の知識を必要とするものが少なくありませんでした。設計なども含めた自身の専門知識のレベルをチェックしたうえで、受験科目として適切か否かを判断してください。

　施工の知識も必要とする設問が増える傾向はみられますが、全体では計画や設計の分野を対象とした設問が中心です。つまり、施工管理が業務の主体になっている受験者は工事の内容にかかわらず、まずは「施工計画」での受験を考えるべきです。工種が異なっていても、共通する項目について出題される傾向にあります。例えば施工計画を立てる際の調査項目や留意点、工期短縮や品質確保の方法、施工中の計測計画などです。出題される確率も高いと思われます。開削トンネルを専門とする受験者も、「施工計画」を選んだ方がいいかもしれません。「トンネル」では開削の専門性を求める設問が少ないからです。

　ほかにも、土壌汚染の浄化を扱っている業務もよく間違えられるケースの一つです。「建設環境」での受験を考える人が多いのですが、この場合は「土質基礎」または「施工計画」になります。「建設環境」はあくまで「建設事業に伴う環境負荷を下げて、環境を保全すること」が主な業務です。例えば、工場跡地の土壌汚染は建設事業で汚染されたわけではないので、浄化計画の場合は「土質基礎」、その施工方法なら「施工計画」です。

　「鋼コンクリート」のコンクリートの受験者にありがちなのが、コンクリート構造物を設計しているだけの経歴で受験するケースです。コンクリートには設計ももちろん含まれますが、技術士の第二次試験では単に構造計算の知識や能力が問われるわけではありません。24年度のⅡ-1を見ても、1問はコンクリート構造物の変状の調査と補修の方法について述べる内容でした。もう1問も温度ひび割れに関する知識が必要な出題となっています。Ⅱ-2やⅢも設計の経験だけでは解答しづらい内容です。実務経験が複数の工種や分野にまたがっている人の場合も、基本的にはこの1-4節の（2）で示した方法で選定してください。経験年数の長さだけで、受験する科目を選ばないよう気をつけてください。

第2章

国土交通白書の構成とポイント

第2章●国土交通白書の構成とポイント

2-1 国土交通白書2024の構成

　国土交通白書2024は前年の同白書2023と異なり、第Ⅰ部と第Ⅱ部に特集を加えた3部構成になっています。特集は「令和6年能登半島地震への対応」です。災害の状況や地震発生直後の対応、インフラの復旧支援などについて概説しています。一読しておくとよいでしょう。2025年度の技術士試験に参考になりそうな箇所を下の**表2.1**に抜粋しました。

　国土交通省では道路や港湾といった主な分野ごとに、委員会などを設けて応急対応や事前の対策について検討しています。本書の第5章や国交省のウェブサイトを参照して委員会の資料や取りまとめなどの最新の話題を押さえるようにしてください。25年度は能登半島地震を踏まえた防災・減災のあり方について出題される可能性があります。

　第Ⅰ部は毎年、内容が異なり、その年の重要なテーマに関して国交省の取り組みが書かれています。白書の総論にあたる部分です。24年は「持続可能な暮らしと社会の実現に向けた国土交通省の挑戦」がテーマです。深刻な少子高齢化と人口減少の現状や課題を整理するとともに、国土交通分野における主な施策について述べています。24年度の必須科目などでは「人員や予算に限りがある」ことを前提とした解答が求められました。人口減少によって担い手の確保などが容易でないなか、いかに社会資本整備を進めていくかは今後も様々な出題テーマの背景として意識しておく必要があります。人口減少などの影響は多くの分野に及んでいますが、担い手不足や災害への対応、地域の活性化や移動手段の確保といった建設部門や社会資本整備に関わる箇所を中心に、目を通すとよいでしょう。

表2.1　特集「令和6年能登半島地震への対応」の概要

項目		概要
災害の状況		・2024年1月1日午後4時10分に発生。マグニチュードは7.6、最大震度は7 ・金沢市で80cmの津波を観測するなど、日本海沿岸を中心に広範囲で津波を観測 ・液状化による被害も広範囲で発生したほか、輪島市では大規模な火災も
地震発生直後の対応		・リエゾン（災害対策現地情報連絡員）によって自治体の被災情報などを把握 ・TEC-FORCE（緊急災害対策派遣隊）が被害状況の調査を代行 ・ヘリコプターや航空機、人工衛星などを活用して被災状況や地殻変動を把握
インフラ復旧の支援	道路	・自衛隊などとも連携しながら、内陸と海側の両方からくしの歯状に緊急復旧
	港湾や空港	・港湾施設の一部を国土交通省が管理。大規模災害からの復興に関する法律に基づき、港や海岸の復旧を代行。同法律によって能登空港の復旧も代行
	砂防や河川など	・石川県では6河川の14カ所で「土砂ダム」（河道閉塞など）を確認。監視カメラなどによる監視体制を構築。緊急の対策工事を国土交通省が権限代行などで実施 ・海岸では地域の復興まちづくり計画との整合を図りながら本復旧
生活などへの支援		・被災状況の調査や資料の収集など、復興まちづくり計画の制定に向けて支援 ・液状化に伴って地表面が横方向に移動する「側方流動」が発生し、効率的な対策工法を検討。「宅地液状化防止事業」によって面的に対策するなど再発を防止

（注）2024年5月時点の国土交通省の対応状況などから主な箇所を抜粋

62

第Ⅱ部は「国土交通行政の動向」として、23年度の各分野の施策や動向がそれぞれ記されています。章立てなどが変更された前年の白書2023と同じ全9章の構成ですが、24年も政策や施策の進展に伴って加筆されたり、施策の内容や数値などが更新されたりした箇所が多く見られます。新たに設けられた項目もあります。出題テーマになりそうな旬の話題を見つけるとともに、最新の施策の動向を押さえるうえで、このような変化を理解することは大切です。第Ⅱ部は本書の2-3節や2-5節で改めて説明します。

2-2 第Ⅰ部の概要

第Ⅰ部は白書2023と同様に、2つの章に分かれています。第1章では少子高齢化や人口減少の状況や課題を整理するとともに、政府の施策と国土交通分野における動きについて述べています。第2章では技術の活用や地域の持続性などの項目ごとに国土交通分野に関わる主な施策の現状や方向性を示した後、インフラや交通などの将来をそれぞれ展望する流れになっています。施策の背景や現状、課題や方向性を理解するうえで役立つ内容です。各「コラム」にも重要な施策や取り組みがそれぞれ記載されています。

（1）建設部門に関わる基本的な専門知識を習得

第1章の1節では、少子高齢化や人口減少（次ページの**図2.1**）の中でも、15〜64歳の生産年齢人口や高齢化について述べている箇所が重要です。それぞれの現状や課題、社会に与える影響などを確認しておきましょう（次ページの**図2.2**）。建設部門全般にわたる問題を対象とした必須科目に役立つ内容です。他の欄も含めて目を通し、基本的な専門知識を習得してください。課題などを受けて示している「期待される取り組み」の欄も大切です。例えば生産年齢人口の減少に対して、女性や高齢者の労働参加の拡大、外国人の受け入れの強化、新技術の活用による生産性の向上などについて概説しており、問題解決能力と課題遂行能力が問われる必須科目の論文などで、解決策を記述する際の参考になります。

高齢社会と地域の活力について述べている項目も同様です。人口減少や高齢化の進行によって公共交通の衰退やインフラの老朽化への対応、空き地や空き家の増加などが懸念されることに対し、デジタル技術の活用や「自家用有償旅客運送」などによる移動手段の確保、「関係人口」の創出と拡大、インフラの集約や再編などによるストックの適正化、既存の行政区域にこだわらない広域的な視点でのマネジメントなどを例示しています。

第2節の中では、「政府の施策」として挙げている国土強靱化基本計画と国土形成計画の欄は必読です。防災・減災の分野からの出題に役立つ内容で、国交省のウェブサイトなどに両計画の詳細が掲載されています。チェックしておいてください。事前防災や事前復興、地域防災力の向上は重要なキーワードです。「国土交通分野における動き」の中では、地域の需要に応じた移動手段の確保やデジタル技術の活用による地域防災力の向上の欄の

第2章 ● 国土交通白書の構成とポイント

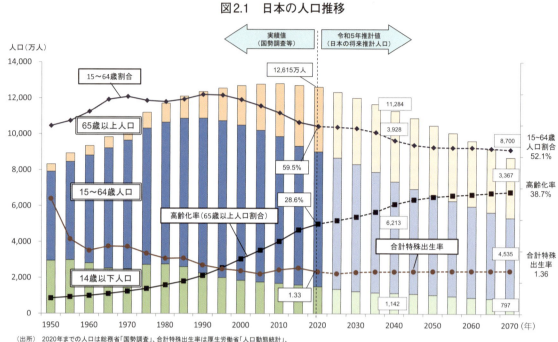

図2.1　日本の人口推移

（資料：国土交通白書2024、4ページ）

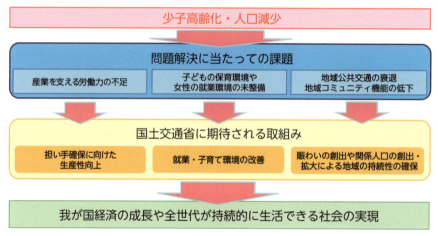

図2.2　直面する課題と期待される取り組み

（資料：国土交通白書2024、5ページ）

ほか、コラムの「ドローンによる災害時対応」にも目を通しておきましょう。国交省の調査結果をまとめた項目では、「担い手不足の解消に必要な技術」のグラフ（次ページの**図2.3**）を一読し、選択肢として挙げている各技術の名称を確認しておいてください。

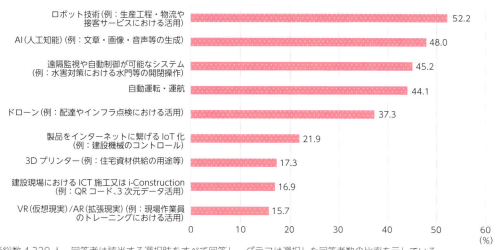

図2.3 担い手不足の解消に必要な技術

(注) 回答者総数4,320人。回答者は該当する選択肢をすべて回答し、グラフは選択した回答者数の比率を示している。

(資料：国土交通白書2024、52ページ)

(2) 担い手不足への対処法を整理

　少子高齢化や人口減少の現状や課題を踏まえ、第2章では担い手不足に対する主な施策を取り上げています。必須科目や選択科目Ⅲで「解決策」を記述する際に参考になる箇所です。なかでも、第1節の冒頭の「技術活用による持続可能な社会に向けた取り組み」は重要です。ICT施工やBIM／CIMなどのi-Construction、連節バス、サイバーポートなどに関する取り組みに続いて、建設機械の自動施工やAIの活用についてそれぞれ説明しています。コラムの「インフラ分野のDX」や「NORTH-AI／Eye」などにも目を通して、生産性の向上につながる施策のポイントや現状、方向性を理解してください。

　子供や子育てについて取り上げている項目の中では、後半の女性などの就労やワークライフバランスの実現に関わる取り組みを押さえておきましょう。持続可能な建設業の実現に向けて、担い手の確保や育成、建設キャリアアップシステムの活用、建設業法などの改正についてそれぞれ述べています。外国人材の確保や育成も欠かせなくなってきました。コラムの「担い手不足の解消」で新たな在留資格を取り上げて説明しています。自身の選択科目に関係する箇所を中心に、各施策のポイントを把握してください。

　続く「地域の持続性につなげる取り組み」の項目では、地域の公共交通やインフラなどを対象に、公共交通の再構築（リ・デザイン）や関係人口の創出と拡大、高齢者を取り巻く環境の整備、「地域インフラ群再生戦略マネジメント」（群マネ）（次ページの図2.4）についてそれぞれ説明しています。「群マネ」は23年度の必須科目で問われましたが、これからの維持管理・更新にとって重要な施策です。選択科目での出題も想定されます。例えば「鋼コンクリート」や「道路」の受験者は、コラムの「群マネモデル地域について」に

図2.4　地域インフラ群再生戦略マネジメントの全体イメージ案

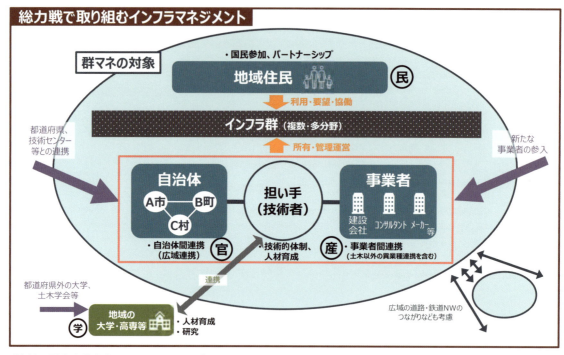

(資料：国土交通白書2024、95ページ)

も目を通したうえで、関連する最新の施策や動向を押さえるようにしてください。

　第2節は国交省の調査結果を基に、後半で国土・インフラ整備、交通、暮らしの3つの分野ごとに将来を展望しています。次世代のインフラメンテナンスや新しい防災のかたち、デジタルツインなどのコラムも重要です。施策の方向性を把握しておきましょう。

　次ページの**表2.2**に第Ⅰ部の概要を示します。さらに、第Ⅰ部の各欄やコラムがどの科目の論文に役立つのかも含め、より詳細なポイントを本章の2-4節「国土交通白書2024の分析」にまとめました。白書を活用して効率的に勉強する際の参考にしてください。ただし、少子高齢化や人口減少を受けて、今後も新しい政策や施策が打ち出されると思われます。25年度の試験までに各施策の内容が更新される可能性がありますので、本書の第5章や国交省のウェブサイトも活用し、最新情報の収集も並行して進めてください。

表2.2　白書の第Ⅰ部の概要

第1章　人口減少と国土交通行政			
第1節　本格化する少子高齢化・人口減少における課題	我が国の経済社会と人口減少	生産年齢人口の減少における課題	15歳から64歳までの生産年齢人口が減少する一方、女性や高齢者の就業者は増加。建設業では高齢化が進行しており、担い手不足が深刻化。労働生産性の向上が課題
		期待される取り組み	女性や高齢者の労働参加をさらに促進するとともに、外国人材の受け入れも強化。新技術で省人化や省力化を図ることも重要に
	将来の生産年齢人口の減少	出生率や出生数の向上における課題	日本の2023年の合計特殊出生率は1.20と過去最低に。女性の育児負担や子供の生活環境に関わる調査結果などを基に解説
		期待される取り組み	男女共に子育てしやすい就業環境や住環境を整備。公園の機能の向上にも期待
	高齢社会と地域の活力の維持	高齢化の進行と地域の人口減少	高齢化はこの30年で急速に進行しており、人口が減少する都道府県は増え続けている
		地域の活力低下による懸念	公共交通の衰退など生活の利便性が低下。インフラの老朽化や空き家などの増加、地域コミュニティーの機能の低下に懸念
		期待される取り組み	デジタル技術を活用。インフラの集約・再編や広域的なマネジメントなどによって予防保全型に転換し、維持管理を効率化
第2節　未来につながる変革と持続可能で豊かな社会を目指して	海外と比較した我が国の現状	労働生産性の動向	日本の労働生産性は先進国と比べて低い
		出生率の動向	日本の現在の出生率は諸外国と比べて低い
		高齢化率の動向	欧米の先進諸国と比べて最も高い水準
	政府の施策と国土交通分野における動き	政府の施策	「新しい資本主義のグランドデザインおよび実行計画」や「こども未来戦略」、国土強靱化基本計画と国土形成計画（全国計画）
		国土交通分野における動き	イノベーションと生産性の向上、男性の育児休業の取得、物流の効率化、地域の移動手段の確保、交通体系の整備、デジタルを活用した地域防災力の向上など
	今後の社会課題の解決への期待		生産年齢人口の減少や移動、高齢社会や地域の活力の維持に対する意識のほか、担い手不足の解消に向けた取り組みや国土交通分野の施策への調査結果を整理
第2章　国土交通分野における取り組みと今後の展望			
第1節　国土交通分野の現状と方向性	技術の活用による持続可能な社会に向けた取り組み	省人化や省力化の推進	i-Constructionや連節バス、ダブル連結トラック、自動運転、ドローン（無人航空機）、空飛ぶクルマ、サイバーポート、AIターミナル、AIオンデマンドバスの取り組みを記述
		技術やイノベーションのインフラ分野	期待される取り組みとして建設機械の自動施工のほか、被災状況などの把握やインフラの維持管理におけるAIの活用を例示

	子供や子育てなどにやさしい社会に向けた取り組み	「こどもまんなかまちづくり」などの推進	2023年に閣議決定した「こども未来戦略」や「こども大綱」を踏まえ、子供のために近隣地域の生活空間を形成する施策「こどもまんなかまちづくり」を加速
		子育てなどの当事者向けの輸送サービス	親が子供を連れて気軽に外出できる環境の整備に向けて取り組んでいる公共交通の例を記載。地域の公共交通の維持や活性化を目的として、複数の主体が連携する実証プロジェクトを2022年度から開始
		新規の就労や就業継続への取り組み	建設業への女性の定着促進に向けて環境を整備。運送事業者の職場環境も改善
		ワークライフバランスの実現	建設業の「2024年問題」の解決などに向けて、処遇の改善や働き方改革を推進。建設キャリアアップシステムの活用も拡大。建設業法などを改正して持続可能な産業に
	地域の持続性につなげる取り組み	地域の公共交通の再構築	「交通DX」や「交通GX」、多様な関係者の連携と協働で再構築（リ・デザイン）
		「関係人口」の創出と拡大	二地域居住も含め、特定の地域に継続して多様な形で関わる人々を拡大。法律も改正
		高齢者などが安心して暮らせる社会	公共交通機関をバリアフリー化。幅の広い歩道の整備や段差の改善、無電柱化などで歩行空間のユニバーサルデザインも推進。交通空白地での交通システムを再構築
		地域インフラ群再生戦略マネジメント	体制や予算の面での課題に対し、広域で複数のインフラを「群」としてマネジメント
		地域の活力の維持	産業の立地の促進やまちなかの再生、「道の駅」の整備や「地域生活圏」の形成など
第2節　望ましい将来への展望	国民が願う将来の社会像（2050年代以降の新たな暮らしと社会）		少子高齢化がさらに進み、産業の担い手が不足するなか、持続可能な社会を実現するための技術やそれらの技術の活用が期待される分野について調査。高齢者などにやさしい社会の実現に向けて重視する要素や地域の活性化のために必要な対策も整理
	持続可能で豊かな社会が実現する将来の展望	国土・インフラ分野	新技術を組み合わせたインフラの点検のほか、建設や維持管理、物流の進化、新しいインフラや防災の形について予想
		交通	自動運転の進化やドローンによる配送、需要に応じた輸送ルートの実現に期待
		暮らし	住宅建築での3Dプリンターの普及や多様な働き方、観光による地域の活性化など

2-3 第Ⅱ部の概要

　国土交通白書2024の第Ⅱ部は、前年の同白書2023と同じ全9章の構成ですが、政策や施策の進展とともに新しい内容に更新されたり、大幅に加筆されるなどした項目が少なくありません。国土交通行政のトレンドを押さえる意味で、これらの変化は重要です。

　特に必須科目では、建設部門全般にわたる専門知識などが問われます。その場合、テーマは国土交通白書から出題される可能性が高いと思われます。選択科目に関する論文への対策でも、押さえておくべき分野やテーマが白書には多く掲載されています。以下に、主な5点を例示しておきます。カッコ内は国土交通白書2024のうち、関連する第Ⅱ部の主な掲載ページ数です。例えば、2024年度に必須科目で出題された国土形成計画や防災・減災は、今後も多くの科目にとって重要です。DX（デジタルトランスフォーメーション）の活用を含め、25年度以降も出題が続くと考えられます。さらに、巨大地震や風水害、維持管理、観光などに対して政府や国が講じる政策や施策も押さえておきましょう。

①観光立国の推進（144ページ、153～168ページ）

　コロナ禍を経て訪日外国人が大幅に増えるなど、我が国の観光需要は一気に回復しました。経済効果も増大していますが、それに伴って生じる課題の解決も必要になります。国土交通白書2024の第1章の6節「交通政策の推進」や第2章「観光立国の実現と美しい国づくり」の2節と3節に加え、第3章の「地域活性化の推進」の1節と2節にそれぞれ目を通しておいてください。

②防災・減災（211～234ページ）

　毎年のように豪雨による水害と土砂災害が発生しており、各地で甚大な被害が生じています。2024年1月には能登半島地震が発生しました。南海トラフ地震などの大規模な地震の発生リスクも高まっています。国土交通白書2024の第6章の2節「自然災害対策」の全体に目を通し、防災・減災対策を整理しておきましょう。

③維持管理・更新（139～143ページ、151ページ）

　老朽化インフラへの対応で重要な、予防保全への本格的な転換に向けた政策や施策を理解しておきましょう。さらに、体制や予算の面で課題を抱える小規模な自治体を中心に、「地域インフラ群再生戦略マネジメント」（群マネ）に基づく取り組みが進んでいます。大量更新時代を迎えて、いかに優先順位を定めて維持管理するかが欠かせなくなっており、ストック効果を踏まえた「選択と集中」も求められています。国土交通白書2024の第1章の4節と5節、10節を参考に、関連する政策や施策を押さえてください。

第2章●国土交通白書の構成とポイント

④生産性の向上（300～311ページ、205～206ページ）

　国土交通白書2024の第Ⅰ部でも取り上げているように、人口減少と少子高齢化が進行するなか、建設産業の担い手不足は深刻です。DX（デジタルトランスフォーメーション）の推進による省力化などの生産性の向上だけではなく、建設業法などの改正による労働環境の改善策も整理しておきましょう。DXの活用は24年度の必須科目で防災・減災の分野を対象に出題されましたが、今後も重要なテーマです。DXなどの推進について述べている9章だけでなく、第5章の3節の中の「持続可能な建設産業の構築」にも目を通しておいてください。併せて、同白書の第Ⅰ部の内容も理解しておきましょう。

⑤環境対策（159ページ、255～275ページ）

　気候変動などへの対策は環境だけでなく、経済の面からも様々な政策や施策が講じられています。なかでも、カーボンニュートラルや地球温暖化対策、「ネイチャーポジティブ」などの生態系の保全に向けた取り組みが進展しており、これらに関する最近の施策について25年度の選択科目で問われる可能性があります。国土交通白書2024の第7章「美しく良好な環境の保全と創造」の1～6節に目を通しておいてください。第2章の3節で取り上げている「グリーンインフラの推進」も重要な施策です。

　論文の解決策などの中に上記の項目を記述するときに、参照してください。数字を書くなら正確に覚えましょう。国土交通白書2024から上記の①～⑤に関連する主な図を取り上げて、以下に示します。白書の本文やコラムのほか、各ページの「関連リンク」や「関連データ」の中に掲載されています。さらに、第Ⅱ部の詳細は2-5節「この3年間にみる白書の変遷」にまとめました。左の欄の「該当する科目」に沿って学習してください。

図2.5 バスタプロジェクトマップ（2024年4月1日時点）

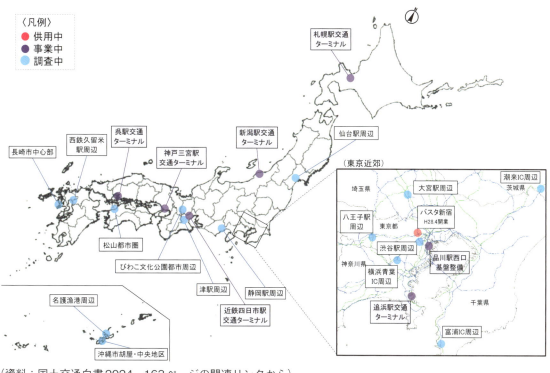

（資料：国土交通白書2024、163ページの関連リンクから）

図2.6 土砂災害警戒区域などのイメージ図

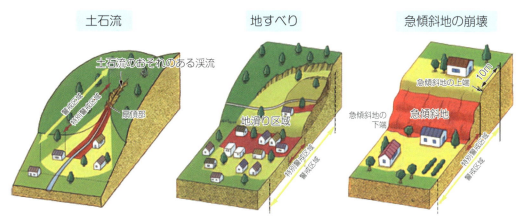

（資料：国土交通白書2024、219ページ）

第2章 ●国土交通白書の構成とポイント

図2.7 ストック効果

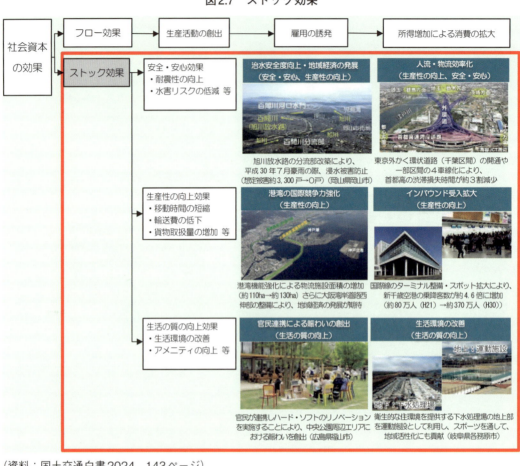

（資料：国土交通白書2024、143ページ）

図2.8 地理空間情報を活用した「建築・都市のDX」の推進

（資料：国土交通白書2024、304ページ）

図2.9 建設投資、許可業者数および就業者数の推移

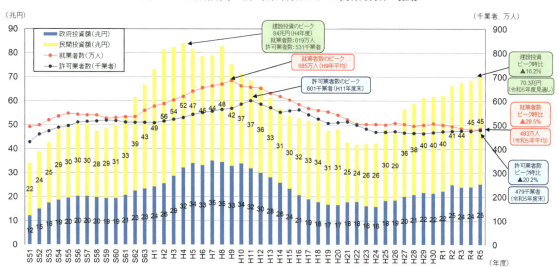

（資料：国土交通白書2024、205ページの関連データから）

図2.10 総合的な土砂管理と流砂系

総合的な土砂管理とは

山地から海岸まで土砂が移動する場全体を「流砂系」という概念で捉え、流砂系一貫として、総合的に土砂移動を把握し、土砂移動に関する問題に対して、必要な対策を講じること。

＜　土砂移動に関わる課題の例　＞
　ダム貯水池の堆砂による機能低下、海岸侵食、河床材料の粗粒化による環境への影響、河床低下による河川構造物への影響　など

（資料：国土交通白書2024、265ページの関連リンクから）

第2章●国土交通白書の構成とポイント

2-4 国土交通白書2024の分析

　国土交通白書2024の中から、第Ⅰ部の「持続可能な暮らしと社会の実現に向けた国土交通省の挑戦」を取り上げ、技術士の試験対策に活用できるポイントを以下の**表2.4**にまとめました。表中の「目次」の欄には国土交通白書2024の見出しや項目を、「ページ数」の欄には同白書の掲載ページ数を、「ポイント」の欄には各施策や項目の要点をそれぞれ示しています。右欄の「該当する科目」に、必須科目の論文で押さえておくべき箇所や該当する主な選択科目の名称をそれぞれ記しました。どの勉強に利用するかを整理して参考にしてください。この第Ⅰ部には、国土交通行政の最新の話題が掲載されています。それだけに重要ですが、更新もされますので、今後の最新情報にも注目しておいてください。

表2.3　「該当する科目」の見方

凡例	該当する試験や科目	凡例	該当する科目
■	必須科目の論文	電	電力土木
土	土質及び基礎	道	道路
鋼	鋼構造及びコンクリート	鉄	鉄道
都	都市及び地方計画	ト	トンネル
川	河川、砂防及び海岸・海洋	施	施工計画、施工設備及び積算
港	港湾及び空港	環	建設環境

表2.4　第Ⅰ部のポイントと対象になる試験や科目

目次			ページ数	ポイント	該当する科目
第1章 人口減少と国土交通行政					
第1節　本格化する少子高齢化・人口減少における課題					
1 我が国の経済社会と人口減少	（1）生産年齢人口の減少における課題	労働力の減少	5	・日本の生産年齢人口は1995年の8726万人をピークに、2023年10月時点で7395万人に減少。総人口に占める比率は69.5%から59.5%に ・女性や65歳以上の就業者の増加が寄与し、2023年時点の就業者数は1990年代後半を上回っている ・建設業では全産業に比べて55歳以上の割合が高く、29歳以下は低い。担い手不足の深刻化が懸念	■
		経済成長の抑制	7	・生産年齢人口の減少によって労働投入量（1人当たりの労働時間×就業者数）の減少が懸念 ・建設業は1人当たりの労働生産性の向上が課題	■

	（2）期待される取り組み	ダイバーシティの推進	8	・女性の労働参加を拡大させるには、多様な働き方の推進やキャリア形成のサポート体制が重要に ・高齢者の雇用継続を促進するには、リカレント教育や高齢者の経験などを生かした配置が重要に ・「特定技能」などで外国人の受け入れも強化	■
		生産性の向上	13	・ドローンや3Dプリンターなどの新技術を活用することで省人化や省力化を図り、生産性を向上 ・イノベーションの創出につながる取り組みを加速	■
2 将来の生産年齢人口の減少			16	・2023年の合計特殊出生率は過去最低の1.20 ・2023年の出生数は約73万人で過去最少を更新	
	（1）出生率・出生数の向上における課題	女性の育児負担	16	・共働き世帯の増加、未婚率や出産後の女性の就業継続率の上昇、男性の家事や育児の時間など	
		子どもの生活環境	21	・子供の安全や安心に資する居住環境の整備や通学路などの安全性の確保も求められる ・公園などの子供が遊べる施設へのニーズも高い	
	（2）期待される取り組み		23	・柔軟な働き方や男性の育児休業の取得を推進 ・歩道や防護柵の整備で通学路の安全性を確保 ・公園のバリアフリーや防犯、防災・減災、老朽化対策によって安全・安心に利用できる環境を整備	
3 高齢社会と地域活力の維持			27	・2050年の日本の高齢化率は37.1％に上昇。高齢化率が40％を超す都道府県は20年のゼロから25に ・規模が小さい市区町村ほど人口の減少率が高い	■
	（1）地域活力の低下による懸念	生活利便性の低下	29	・人口減少で生活サービスの提供機能が低下 ・地域鉄道や路線バスの輸送人員は減少傾向にあり、廃線などが発生。移動手段の確保が課題に	■
		地域維持・存続の困難化	31	**インフラの老朽化** ・人口減少や高齢化が進んでいる地方では、8割以上が「インフラの老朽化への対応が重要」と回答 ・「事後保全」から「予防保全」への転換にあたって、自治体では財政や体制の面が課題に **空き地や空き家の増加** ・空き家の総数はこの30年間で約2倍に、長期にわたって不在の住宅などは約2.5倍にそれぞれ増加 **地域コミュニティーの機能低下** ・高齢化の進行によって地域社会の維持に支障	■
	（2）期待される取り組み	生活利便性の改善	33	・近隣地域を含めて利用者を確保。デジタルも活用 ・過疎地域では「自家用有償旅客運送」やデマンド型の乗り合いタクシーを活用して移動手段を確保	■
		地域の持続性	33	**関係人口の創出と拡大** ・都市部から地方への人の流れを促進 **インフラの維持管理の効率化** ・新技術の活用や官民連携を促進 ・集約や再編によってインフラのストックを適正化 ・多分野のインフラを群として捉えてマネジメント **にぎわいの創出** ・例えば、インフラなどのストックが整備されている中心市街地では空き家や空き地、既存の施設を活用	■

第2章●国土交通白書の構成とポイント

第2節　未来につながる変革と持続可能で豊かな社会を目指して				
1 海外と比較した我が国の現状	（1）労働生産性の動向	35	・日本の就業者1人当たりの労働生産性はOECD加盟の38カ国で31位、時間当たりの生産性は30位	
	（2）出生率の動向	36	・日本の出生率は諸外国と比較すると低い水準にあり、1990年代以降は1.5を下回っている	
	（3）高齢化率の動向	36	・欧米の先進諸国と比べ、2005年以降は最も高い	
2 政府の施策と国土交通分野における動き	（1）政府の施策	37	・2023年に改訂した「新しい資本主義のグランドデザイン及び実行計画」や23年の「こども未来戦略」 **国土強靱化基本計画** ・ライフラインの強靱化や地域防災力の強化を推進 ・以下の国土形成計画と一体で取り組みを強化 **第3次国土形成計画（全国計画）** ・「地域生活圏」を形成して地域の課題を解決 ・事前防災や事前復興の観点から地域づくり ・デジタル技術を活用した地域防災力の向上も図る	■
	（2）国土交通分野における動き	38	・イノベーションで課題を解決。例えば防災の分野では、自然災害によって住まいを失った被災者に「テントシート」を活用した住空間を短時間で提供 ・物流の効率化によって生活の利便性を維持 ・地域の公共交通の再構築を進めるとともに、「自家用有償旅客運送」などの移動サービスを提供 ・「関係人口」の拡大に加え、移住や定住も促進 ・ドローンやセンサーで災害時の情報を収集するなど、デジタル技術を活用して地域防災力を向上。ドローンで物資の円滑な配送に取り組む動きも	■
コラム	ドローンによる災害時対応	51	・2023年3月、大分県と「大分県ドローン協議会」はドローンを活用した被災状況の調査で協定を締結 ・2023年6月の豪雨の際には、ドローンで被災状況の緊急調査と救援物資の輸送を実施。機体のカメラと送信機の画面で目視外飛行が可能 ・上記の豪雨災害時には3分で救援物資を配送したほか、孤立世帯に無線電話も届けた	■ 都 川 港
3 今後の社会課題解決への期待		52	・人手不足への対応方法として、民間では「採用活動の強化」と答えた割合が高く、省人化や省力化、多様な人材の活躍の推進に取り組む割合は低い ・担い手不足の解消に必要な技術として、5割以上が「ロボット技術」と回答。AIや遠隔監視にも期待 ・公共交通を維持できなくなった場合、「自動運転などによる省人化・省力化」と答えた人が最多 ・国土交通分野におけるこれからの施策では、「インフラの老朽化対策」に期待する割合が最も高い	■

第2章 国土交通分野における取り組みと今後の展望					
第1節　国土交通分野の現状と方向性					
1 技術活用による持続可能な社会に向けた取り組み	(1) 省人化・省力化の推進	i-Construction	57	・オートメーション化などで建設現場の生産性を向上させる「i-Construction2.0」を2024年4月に制定 ・ICT建設機械による施工などICTを全面的に活用 ・小規模なものは除き、2023年度からすべての直轄土木の業務と工事にBIM／CIMを原則として適用 ・インフラ分野のDXによって業務を変革。生産性の向上だけでなく、安全・安心の確保やインフラサービスの向上など新たな価値の創出を目指している	■
		連節バス	59	・従来の路線バスの車両を2連以上つなげて走行 ・BRT（バス高速輸送システム）と組み合わせて速達性と定時性の確保や輸送能力の増大も可能に	■
		ダブル連結トラック	60	・ダブル連結トラックに対応した駐車マスや高速道路のインターチェンジ近傍での物流拠点を整備	■
		自動運転	60	・交差点のセンサーやカメラなどで検知した道路の状況を自動運転の車両などに提供。今後は道路インフラによる「路車協調システム」の実証実験で検証	■
		無人航空機（ドローン）	65	・改正航空法によって、有人地帯における補助者なしでの目視外飛行（レベル4飛行）が可能に ・「レベル3.5飛行」制度を新設	
		空飛ぶクルマ	66	・都市部のほか、離島や山間部での移動手段や災害時の救急搬送などへの活用が期待	
		サイバーポート	67	・港湾の物流と管理、インフラの3つの分野の情報を一元的に扱うデータプラットフォーム ・2024年1月から港湾管理分野の運用を開始	港
		AIターミナル	67	・AIなどを活用したターミナルオペレーションの最適化や荷役機械の高度化、コンテナ搬出入の処理能力の向上など。労働環境も改善	
		AIオンデマンドバス	68	・スマートフォンなどで予約すると、出発地から目的地までの最適な経路を抽出して利用者を搬送	
	(2) 技術・イノベーションのインフラ分野	建機の自動施工	69	・建設機械施工の自動化や遠隔化に向けて2024年3月、「自動施工における安全ルールVer.1.0」を制定	■
		AIの活用	69	・災害時の被災状況の把握やインフラの維持管理を効率化かつ高度化。例えば、防災ヘリコプターの映像から浸水範囲や土砂の崩壊部を自動的に抽出	■
コラム	インフラDXの推進		58	・国土交通省の中国地方整備局では、ICT建設機械の活用やドローンによる点群測量、3次元モデルの活用、レーザースキャナーによる出来形管理などによって土工や舗装の工事で延べ作業時間を従来に比べて3割以上短縮。作業人員も削減	■
コラム	自動運転・隊列走行BRT		62	・東広島市はJR西日本と連携し、連節バスと大型バスを用いて自動運転レベル2で実証運行 ・上記の実証運行では、道路に設置した通信装置が車両の死角情報を補完し、情報を車両側へ伝達する「路車協調システム」も取り入れている	道

コラム	NORTH-AI／Eye	70	・国土交通省の北海道開発局と北海道大学によるAIを活用したインフラ管理のイノベーション ・車載カメラやドローンで撮影した画像をAIで解析し、施設の劣化や変状の診断、評価を行っている ・北海道の長大な河川や道路の管理を効率化	土川鋼電港道ト
2 子ども・子育て等にやさしい社会に向けた取り組み	（1）こどもまんなかまちづくり等の推進	71	・子育て世帯などに対する住宅の支援を強化 ・子供が安全に自然環境に触れられる河川空間の整備や通学路の交通安全対策の推進など ・「居心地が良く歩きたくなる」まちなかの形成を目指す区域のメーンストリートなどに、路外駐車場の出入り口の設置を規制し、車両の流入を抑制	
	（2）子ども・子育て当事者向け輸送サービス	78	・親が子供を連れて気軽に外出できる環境を整備 ・地域の公共交通の維持と活性化を目的として複数の主体が連携して行う「地域交通共創モデル実証プロジェクト」を2022年度から実施	
	（3）女性等の新規就労・就業継続への取り組み	80	・建設業への女性の定着促進に向けて環境を整備し、魅力的な産業とすることで担い手を確保 ・女性の入職促進などに向けて、2020年に「女性の定着促進に向けた建設産業行動計画」を制定	
	（4）ワークライフバランス実現への取り組み	建設業の担い手確保・育成に向けた取り組み	80	・2024年度からの時間外労働規制を踏まえて推進 ・社会保険への加入の徹底や公共工事設計労務単価の引き上げなどで、技能労働者の処遇を改善 ・週休2日の実現に向けて、「工期に関する基準」の周知・徹底を図るほか、施工時期を平準化 ・ICTの活用やインフラ分野全体のDXを推進	施
		建設キャリアアップシステムの概要・活用拡大	81	・担い手の技能や経験の見える化や、適正な能力評価を進めるための業界共通のインフラとして促進 ・技能労働者の技能と経験に応じて能力を評価 ・キャリアパスを見える化し、能力に応じた処遇に ・事務の効率化や書類の削減で生産性も向上	施
		制度のあり方の検討	82	・2023年9月の中間取りまとめを受けて、建設業法と入札契約適正化法の改正案を国会に提出	施
		持続可能な物流業の実現	82	・担い手不足やカーボンニュートラルへの対応が課題。物流が停滞しないような対策が必要 ・DXやモーダルシフトなどで物流を効率化。荷主や消費者の行動変容のほか、商慣行の見直しも	港道
コラム	担い手不足の解消	85	・建設業で働く外国人労働者数は2023年10月時点で前年比24％増の約14.5万人。増加率は最も高い ・2019年に外国人の在留資格として「特定技能」を導入。24年6月には新たな在留資格の「育成就労」を創設する法律が成立。技能実習制度は廃止	施
3 地域の持続性につなげる取り組み	（1）地域公共交通の再構築（リ・デザイン）	86	**地域公共交通の課題** ・路線バスなどの利用者は長期的に減少し、運転者などの不足も深刻化。移動手段の確保に不安が **地域における「連携と協働」** ・デジタル技術の実装を目指す「交通DX」や車両の電動化などの「交通GX」、地域の多様な関係者との連携と協働を推進 ・2024年5月に施策の方向性を取りまとめ	■

	（2）関係人口の創出・拡大	89	・「二地域居住」へのニーズが高まっている ・改正「広域的地域活性化のための基盤整備に関する法律」が2024年5月に成立。二地域居住の普及を通じて、地方への人の流れを創出・拡大 ・2022年度からの「第2のふるさとづくりプロジェクト」で国内観光の需要を掘り起こして活性化	■
	（3）高齢者等が安心して暮らせる社会	92	**バリアフリーの推進** ・公共交通機関のバリアフリー化や段差の改善などによる歩行空間のユニバーサルデザインを推進 **交通システムの再構築** ・人材や車両など地域にある資源を最大限に活用するほか、自家用車を用いた旅客輸送サービスのさらなる活用や自動運転の提供などに取り組む	■
	（4）地域インフラ群再生戦略マネジメント（群マネ）	94	・予防保全への転換が不十分な自治体が多い ・広域で複数かつ多分野のインフラを「群」として捉えてマネジメント。新技術の活用や官民連携も促進 ・2023年12月に11件のモデル地域を選定	■
	（5）地域の活力維持に向けた取り組み	97	**産業立地の促進** ・地域の雇用の創出と地域経済の底上げを図る **まちなかの再生** ・にぎわい空間の整備や空き家の改修などで再生 **地域における「道の駅」の役割** ・近年は地域再生に加え、防災や交流の拠点にも **地域生活圏の形成** ・市町村界にとらわれない官民のパートナーシップとデジタルの活用で暮らしに必要なサービスを提供 ・交通ネットワークの統合や再編も実施	■
コラム	群マネモデル地域について	96	・広島県と安芸太田町、北広島町は道路管理業務の全般を対象に県と町の一括発注なども検討 ・秋田県大館市では包括的民間委託のエリアや分野を拡大、DXや民間のノウハウの活用も進める	鋼 道

第2節　望ましい将来への展望

1 国民の願う将来の社会像 （2050年代以降の新たな暮らしと社会）		101	**技術の活用による持続可能な社会** ・持続可能な社会を実現するための技術として、半数以上が「AI（人工知能）やロボット、ドローン、自動運転などによる省人化・省力化」に期待 ・AIなどの活用が期待される分野として、最多はインフラの老朽化対策。次いで防災・減災対策 **高齢者などにやさしい社会** ・2023年10月時点の高齢化率は29.1% ・地方では「高齢者の移動手段の確保」を重視	■
コラム	2050年代以降に向けた持続可能で活力ある暮らしと社会	102	・デジタル技術を活用した災害リスクや被災状況の推定と可視化、予測情報の精度の向上、早期の情報発信と周知によって災害のリスクを低減 ・自動運転によって事故のリスクを低減。省人化も ・「居心地が良く歩きたくなる」まちづくりで活性化 ・工事現場の完全無人化やドローンによるインフラ点検で事故のリスクを低減。担い手不足も解消	土 都 港 道 ト　鋼 川 電 鉄 施
コラム	人口減少局面でも持続可能な都市構造へ	109	・立地適正化計画と地域公共交通計画の連携を強化。併せて、身近なエリアにも生活拠点を形成 ・近隣の生活圏内における移動サービスの質を高めるために「モビリティハブ」と呼ぶ拠点を整備	都

2 持続可能で豊かな社会が実現する将来の展望	（1）国土・インフラ整備	115	・AIやロボットなどを活用することで、インフラをより安全に、効率良く維持管理することが可能に ・BIM／CIMによって建設や維持管理の全体が一元管理され、3次元データの活用や共有が容易に ・技術の進歩で精度の高い気象の予測が可能に	■
	（2）交通	118	・高度な自動運転技術が確立され、移動のニーズに応じた公共交通の輸送ルートが実現 ・子供の送迎はオンデマンドバスや自動運転に	■
	（3）暮らし	121	・建築現場では、住宅用の3Dプリンターを用いて短期間でより安価に建設する方法が普及	■
コラム	AI・ロボット・ドローンによる次世代のインフラメンテナンス	115	・MR（Mixed Reality）ゴーグルのカメラで現実世界を捉え、遠隔地のオペレーターの指示を点検員のレンズに表示。インフラの状態はAIで診断 ・高所や狭所の目視点検をドローンやカメラで代替 ・点検の結果を情報システムに蓄積することで、整備の優先順位をより詳細に検討	土川 鋼電 港鉄 道施 ト
コラム	BIM／CIMを活用した建設生産プロセス全体のデータの連携	115	・詳細設計において構造計算やコストの比較などを自動で実施し、適切な構造や形状を決定 ・数量を自動で算出し、積算や設計変更を効率化 ・登録された属性情報で維持管理も効率的に	鋼施
コラム	新しい防災のかたち	117	・災害時の人の流れや避難経路のシミュレーションの精度が高まり、被災状況を高精度で予測 ・衛星画像やAIなどで土砂災害の発生リスクが高い箇所を広範囲で抽出。予兆の観測も可能に ・地すべりが発生する地域と時期のほか、浸水エリアや洪水の到達時間を予想するシステムが整備	土川 港
コラム	デジタルツイン実現プロジェクト	117	・東京都では2024年の能登半島地震において、災害が発生する前の点群データなどに、災害後の斜面崩落と堆積分布のデータを重ね合わせて表示 ・水害のシミュレーションにも活用	土川 港
コラム	モビリティハブ	120	・様々な交通モードの接続と乗り換えの地点となる「モビリティハブ」が道路ネットワーク上に整備 ・住民の多様な移動ニーズに対応	都道
コラム	未来の働き方	121	・多くの人が働き方を自律的に決められるように ・テレワークの普及に加え、仕事と休暇を組み合わせた滞在旅行の「ワーケーション」が進む	都
コラム	パーク・アンド・ライド等を活用した観光地域づくり	122	・交通ターミナルの機能性などを強化して域外からの訪問者を集積。併せて、観光地への移動には連節バスなどの公共交通機関の利用を促すことで、環境問題を防ぎながら持続可能な観光を実現	都道

2-5 この3年間にみる白書の変遷

　83ページからの**表2.6**は、国土交通白書の第Ⅱ部「国土交通行政の動向」を基に、この3年間の国土交通白書の変遷を比較したものです。同白書2024の目次を基準に、過去2年間の白書の構成や内容の変化をまとめました。この第Ⅱ部は、章立てなどが変更された前年の白書2023と同じ全9章の構成ですが、政策や施策の進展に伴って新しい施策や数値に更新された箇所が多く見られます。加筆された項目もあります。これらは施策などの優先順位や動向を読むのに適しています。出題テーマを予測するうえでも役立ちます。

　例えば2024年度の出題テーマを見ると、「土質基礎」のⅢで問われた盛り土の被害軽減策は国土交通白書2023の第6章の2節「自然災害対策」の中に記載されており、盛り土による災害の防止に向けて、出題文の盛り土規制法や新しい施策を交えて更新されています。この2節は、昨今の豪雨や地震などを受けて更新された箇所が多く、地震対策や津波対策の欄では、「河川砂防」のⅢで出題された地震による水害や土砂災害などの対策について触れています。「港湾空港」のⅡ-2で出題された脱炭素化推進計画や「建設環境」のⅡ-1のCNP（カーボンニュートラルポート）の形成は、7章の1節「地球温暖化対策の推進」の中で取り上げており、いずれも新しい内容に更新されています。

　国土交通白書2024でも、同白書2023と同様に新たな施策に更新されたり加筆されるなどした箇所が多く見られます。第5章の1節「交通ネットワークの整備」の項目に追記された「高規格道路ネットワークのあり方」は、すでに24年度の道路のⅢで出題されました。「建設環境」のⅢでは、7章の3節で加筆された「生物多様性の保全のための取り組み」の中の「生物多様性国家戦略」について問われています。数値が変化している項目も大切です。これらは論文で数値を記述する際や動向を理解するのに役立ちます。

　同白書2024では「関連データ」や「関連リンク」にもグラフや施策などが掲載されています。例えば「都市計画」のⅢで出題された密集市街地の改善は第6章の関連リンク「密集市街地の整備改善」の図表にポイントが記されています。関連リンクにはポータルサイトなど、より詳細な情報を掲載しているものもあります。先述のカーボンニュートラルポートも、関連リンクの「カーボンニュートラルポート（CNP）」のページに詳しく書かれています。自身の選択科目に関連する資料に目を通しておくとよいでしょう。

　白書2024に掲載された項目を基に、白書が発行されてからの情報もチェックしておきましょう。最新の動向の調べ方や情報の入手方法は、本書の第5章を参考にしてください。必須科目だけではなく、受験科目によっては選択科目の論文の材料にもなりますので、国土交通白書2024の欄の左に示した「該当する科目」を参考にして、目を通す部分の的を絞って読んでください。「-」で示した欄は、白書から削除されたり、別の項目に含まれるなどして該当する項目がないものです。

第2章●国土交通白書の構成とポイント

表2.5 「該当する科目」の見方

凡例	該当する試験や科目	凡例	該当する科目
■	必須科目の論文	電	電力土木
全	建設部門の全11科目が対象	道	道路
土	土質及び基礎	鉄	鉄道
鋼	鋼構造及びコンクリート	ト	トンネル
都	都市及び地方計画	施	施工計画、施工設備及び積算
川	河川、砂防及び海岸・海洋	環	建設環境
港	港湾及び空港		―

図2.11 比較表の見方

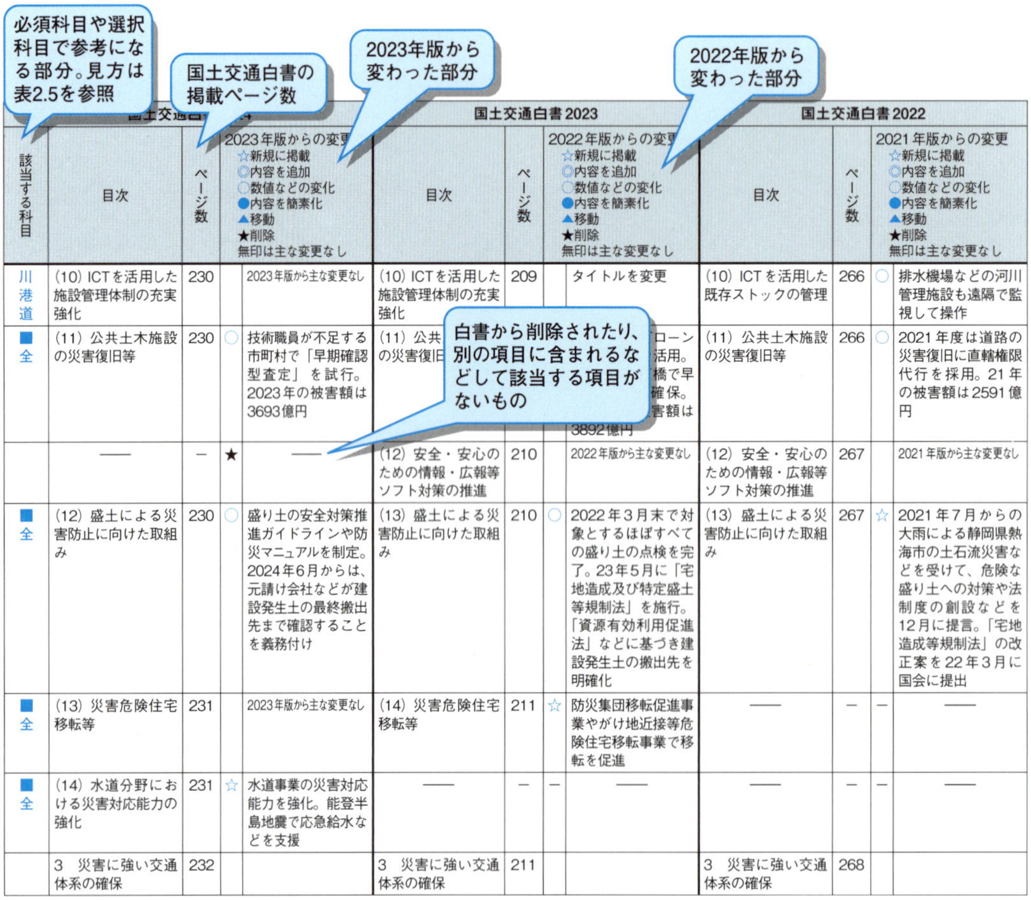

必須科目や選択科目で参考になる部分。見方は表2.5を参照

国土交通白書の掲載ページ数

2023年版から変わった部分

2022年版から変わった部分

該当する科目	目次	ページ数	2023年版からの変更 ☆新規に掲載 ◎内容を追加 ○数値などの変化 ●内容を簡素化 ▲移動 ★削除 無印は主な変更なし	目次	ページ数	2022年版からの変更 ☆新規に掲載 ◎内容を追加 ○数値などの変化 ●内容を簡素化 ▲移動 ★削除 無印は主な変更なし	目次	ページ数	2021年版からの変更 ☆新規に掲載 ◎内容を追加 ○数値などの変化 ●内容を簡素化 ▲移動 ★削除 無印は主な変更なし
川港道	(10) ICTを活用した施設管理体制の充実強化	230	2023年版から主な変更なし	(10) ICTを活用した施設管理体制の充実強化	209	タイトルを変更	(10) ICTを活用した既存ストックの管理	266	○排水機場などの河川管理施設も遠隔で監視して操作
■全	(11) 公共土木施設の災害復旧等	230	技術職員が不足する市町村で「早期確認型査定」を試行。2023年の被害額は3693億円	(11) 公共土木施設の災害復旧等		○ローンを活用。橋で早確保。害額は3892億円	(11) 公共土木施設の災害復旧等	266	○2021年度は道路の災害復旧に直轄権限代行を採用。21年の被害額は2591億円
	―	―	★　　　―	(12) 安全・安心のための情報・広報等ソフト対策の推進	210	2022年版から主な変更なし	(12) 安全・安心のための情報・広報等ソフト対策の推進	267	2021年版から主な変更なし
■全	(12) 盛土による災害防止に向けた取組み	230	○盛り土の安全対策推進ガイドラインや防災マニュアルを制定。2024年6月からは、元請け会社などが建設発生土の最終搬出先まで確認することを義務付け	(13) 盛土による災害防止に向けた取組み	210	○2022年3月末で対象とするほぼすべての盛り土の点検を完了。23年5月に「宅地造成及び特定盛土等規制法」を施行。「資源有効利用促進法」などに基づき建設発生土の搬出先を明確化	(13) 盛土による災害防止に向けた取組み	267	☆2021年7月からの大雨による静岡県熱海市の土石流災害などを受けて、危険な盛り土への対策や法制度の創設などを12月に提言。「宅地造成等規制法」の改正案を22年3月に国会に提出
■全	(13) 災害危険住宅移転等	231	2023年版から主な変更なし	(14) 災害危険住宅移転等	211	☆防災集団移転促進事業やがけ地近接等危険住宅移転事業で移転を促進	―	―	―
■全	(14) 水道分野における災害対応能力の強化	231	☆水道事業の災害対応能力を強化。能登半島地震で応急給水などを支援	―	―		―	―	―
	3 災害に強い交通体系の確保	232		3 災害に強い交通体系の確保	211		3 災害に強い交通体系の確保	268	

白書から削除されたり、別の項目に含まれるなどして該当する項目がないもの

82

2-5 この3年間にみる白書の変遷

表2.6 「国土交通行政の動向」の比較

凡例（各白書とも共通）：☆新規に掲載　◎内容を追加　○数値などの変化　●内容を簡素化　▲移動　★削除　無印は主な変更なし

該当する科目	国土交通白書2024 目次	ページ数	2023年版からの変更	国土交通白書2023 目次	ページ数	2022年版からの変更	国土交通白書2022 目次	ページ数	2021年版からの変更
	―	―	―	―	―	★	第1章 東日本大震災からの復旧・復興に向けた取組み	114	
	―	―	―	―	―	▲ 1章の1節へ移動	第1節 復旧・復興の現状と対応策	114	○ 2022年1月末時点の進捗率に更新。多くが100%に
	―	―	―	―	―	★	第2節 福島の復興・再生等	115	○ 避難者数が減少
	―	―	―	―	―	★	第3節 インフラ・交通の着実な復旧・復興	115	● 海岸や河川などの分野ごとの進捗を削除し、総論のみに
	―	―	―	―	―	★	第4節 復興まちづくりの推進・居住の安定の確保	115	2021年版から変更なし
	―	―	―	―	―	▲ 1章の2節へ移動	第5節 東日本大震災を教訓とした津波防災地域づくり	116	○ 2022年3月末で38道府県が津波浸水想定を公表。17市町が推進計画を作成。20道府県が津波災害警戒区域を指定
第1章 時代の要請にこたえた国土交通行政の展開	第1章 時代の要請にこたえた国土交通行政の展開	138	―	第1章 時代の要請にこたえた国土交通行政の展開	120		第2章 時代の要請にこたえた国土交通行政の展開	117	―
第1節 東日本大震災からの復旧・復興の現状と対応策	第1節 東日本大震災からの復旧・復興の現状と対応策	138	○ 2024年3月に復興の基本方針を見直し。23年度にすべての特定復興再生拠点区域における避難	第1節 東日本大震災からの復旧・復興の現状と対応策	120	○ 2022年度に双葉町などの避難指示が解除。ALPS処理水の海洋放出による風評に対策。観光復興も	―	―	―

第2章●国土交通白書の構成とポイント

該当する科目	国土交通白書 2024 目次	ページ数	2023年版からの変更 ☆新規に掲載 ◎内容を追加 ○数値などの変化 ●内容を簡素化 ▲移動 ★削除 無印は主な変更なし	国土交通白書 2023 目次	ページ数	2022年版からの変更 ☆新規に掲載 ◎内容を追加 ○数値などの変化 ●内容を簡素化 ▲移動 ★削除 無印は主な変更なし	国土交通白書 2022 目次	ページ数	2021年版からの変更 ☆新規に掲載 ◎内容を追加 ○数値などの変化 ●内容を簡素化 ▲移動 ★削除 無印は主な変更なし
			指示を解除			促進。22年版の1章の1節から移動して更新		—	—
	第2節 東日本大震災を教訓とした津波防災地域づくり	138	○ 2024年3月末時点で40都道府県が津波浸水想定を設定。22市町村が推進計画を作成、26道府県が津波災害警戒区域を指定	第2節 東日本大震災を教訓とした津波防災地域づくり	120	○ 2023年3月末時点で40都道府県が津波浸水想定を設定。19市町が推進計画を作成、25道府県が津波災害警戒区域を指定。22年版の1章の5節から移動して更新	—	—	—
■都	第3節 国土政策の推進	139	◎ 2023年7月に第3次国土形成計画と第6次国土利用計画（全国計画）を閣議決定。二地域居住も促進	第3節 国土政策の推進	121	○ 2023年夏の新たな国土形成計画（全国計画）と国土利用計画（同）の制定に向けて検討	第1節 国土政策の推進	117	○ 2021年6月に国土の長期展望の最終取りまとめを公表。22年夏に国土形成計画の中間取りまとめを公表
■全	第4節 社会資本の老朽化対策等	139	○ ［地域インフラ群再生戦略マネジメント］を推進。2023年12月に11件のモデル地域を選定。橋やトンネルなどの定期点検要領を見直し、24年度からの3巡目の点検でも新技術を活用	第4節 社会資本の老朽化対策等	121	○ 2022年12月に今後のメンテナンスのあり方に関する提言［地域インフラ群再生戦略マネジメント］を取りまとめ。メンテナンスサイクルなどの図表を削除。老朽化の現状は［関連リンク］に	第2節 社会資本の老朽化対策等	117	○ 2021年6月に第2次の長寿命化計画（行動計画）を策定。老朽化の図表を更新。21年3月に公表した新技術導入の手引（案）の改訂に向けて検討
■全	第5節 社会資本整備の推進	141	2023年版から主な変更なし	第5節 社会資本整備の推進	123	● 第5次社会資本整備重点計画の重点目標の記載を簡略化	第3節 社会資本整備の推進	120	○ 2021年5月に第5次社会資本整備重点計画を閣議決定。21年8月に定めた地方ブロックごとの

区分	内容①	頁①	印①	変更点①	内容②	頁②	印②	変更点②	内容③	頁③	印③	変更点③
■全	コラム ストック効果を重視した社会資本整備の戦略的かつ計画的な推進	143	○	ストック効果の各効果を図表や事例で具体的に説明。タイトルも変更	コラム ストック効果最大化を目指して	124	○	図表の「インフラ経営」の取り組み事例にPark-PFIを記載	コラム ストック効果最大化を目指して	122	○	同重点計画では事業の見通しを明確化 図表を「インフラ経営」の取り組み事例に更新
	第6節 交通政策の推進	144		2023年版から変更なし	第6節 交通政策の推進	125			第4節 交通政策の推進	123		
■都道鉄	1 交通政策基本法に基づく政策展開	144	○	2023年版の交通政策を23年6月に閣議決定	1 交通政策基本法に基づく政策展開	125	●	第2次交通政策基本計画の図表を削除	1 交通政策基本法に基づく政策展開	123	○	図表も含め、2021年5月に閣議決定した第2次交通政策基本計画の内容に更新
	2 年次報告の実施	144	○	2023年版の交通政策を23年6月に閣議決定	2 年次報告の実施	125	○	2022年版の2章の14節の4から交通政策白書の記載を移動して更新	—	—	—	—
■道鉄	3 持続可能な地域旅客運送サービスの提供の確保に資する取組みの推進	144	○	改正「地域公共交通の活性化及び再生に関する法律」が施行。ローカル鉄道の再構築について協議会を開催したほか、2023年度末までに1021件の地域公共交通計画が作成。地域交通の現状と課題の図表を削除	3 持続可能な地域旅客運送サービスの提供の確保に資する取組みの推進	125	○	2023年4月に「地域公共交通の活性化及び再生に関する法律」などの改正法が再成立。地域交通を再構築。22年度末までに835件の地域公共交通計画が作成。地域交通の現状と課題の図表を更新。主なグラフは「関連データ」に	2 持続可能な地域旅客運送サービスの提供の確保に資する取組みの推進	124	○	2021年度末時点で地域公共交通計画の作成件数は714件。地域交通の現状と課題の図表も更新
	—	—	—		—	—	—		3 MaaS等新たなモビリティサービスの推進	125	★	2021年度に12の事業を選定。図表に同事業を追加
	—	—	—		—	—	—		4 総合的な物流政策の推進	127	★	2021年6月に「総合物流施策大綱(21〜25年度)」を閣議決定。物流DXや労働力不足への対策などが柱
	—	—	—		—	—	—		第5節 観光政策の推進	127	★	

第2章●国土交通白書の構成とポイント

該当する科目	国土交通白書 2024 目次	ページ数	2023年版からの変更 ☆新規に掲載 ◎内容を追加 ○数値などの変化 ●内容を簡素化 ▲移動 ★削除 無印は主な変更なし	国土交通白書 2023 目次	ページ数	2022年版からの変更 ☆新規に掲載 ◎内容を追加 ○数値などの変化 ●内容を簡素化 ▲移動 ★削除 無印は主な変更なし	国土交通白書 2022 目次	ページ数	2021年版からの変更 ☆新規に掲載 ◎内容を追加 ○数値などの変化 ●内容を簡素化 ▲移動 ★削除 無印は主な変更なし
	—	—	—	—	—	★	1「明日の日本を支える観光ビジョン」の着実な推進	127	○ 新型コロナウイルス感染症の拡大で旅行者数は大きく減少。2021年11月に「コロナ克服・新時代開拓のための経済対策」を閣議決定
	第7節 海洋政策(海洋立国)の推進	145	—	第7節 海洋政策(海洋立国)の推進	126	—	第6節 海洋政策(海洋立国)の推進	128	
	1 海洋基本計画の着実な推進	145	○ 2023年4月に閣議決定した第4期の計画に基づいて推進	1 海洋基本計画の着実な推進	126	● 海洋政策の推進の図表などを削除	1 海洋基本計画の着実な推進	128	2021年版から主な変更なし
	2 我が国の海洋権益の保全	146	2023年版から主な変更なし	2 我が国の海洋権益の保全	127		2 我が国の海洋権益の保全	130	2021年版から主な変更なし
	(1) 領海及び排他的経済水域における海洋調査の推進及び海洋情報の一元化	146		(1) 領海及び排他的経済水域における海洋調査の推進及び海洋情報の一元化	127	●	(1) 領海及び排他的経済水域における海洋調査の推進及び海洋情報の一元化	130	2021年版から主な変更なし
	(2) 大陸棚の限界画定に向けた取組み	146	◎	(2) 大陸棚の限界画定に向けた取組み	128	2022年版から主な変更なし	(2) 大陸棚の限界画定に向けた取組み	130	2021年版から主な変更なし
	(3) 沖ノ鳥島の保全、低潮線の保全及び活動拠点の整備等	147	● 沖ノ鳥島の保全・管理の「関連リンク」を削除	(3) 沖ノ鳥島の保全、低潮線の保全及び活動拠点の整備等	128	● 沖ノ鳥島の保全・管理などの図表は「関連リンク」に	(3) 沖ノ鳥島の保全、低潮線の保全及び活動拠点の整備等	130	2021年版から主な変更なし
	第8節 海洋の安全・秩序の確保	148	○ 海上保安能力の強化などに関する記載を更新	第8節 海洋の安全・秩序の確保	129	○ 海上保安能力の強化などに関する記載や図表を更新。中国海警局の船舶などによる侵入件数の図表などを削除	第7節 海洋の安全・秩序の確保	131	○ 中国海警局の船舶などによる侵入件数のグラフや海上保安体制の強化などの記載を更新
	—	—	—	—	—	▲ 7章の4節の1へ移動	第8節 水循環政策の推進	136	

86

部	前々版 節			頁		前版 節	頁	記号	移動・変更	新版 節	頁		主な政策動向
		—	—	—	—	—	—	▲	7章の4節の1の(1)へ移動	1 水循環基本法に基づく政策展開	136	○	2021年6月に水循環基本法を改正。地下水マネジメントを推進
		—	—	—	—	—	—	▲	7章の4節の1の(2)へ移動	2 流域マネジメントの推進	136	○	2021年12月時点で「流域水循環計画」は合計61に。公表状況の図表も更新。普及や啓発に向けた事例集を22年3月に作成
部	第9節 土地政策の推進	○	所有者不明土地と空き家等の対策を一体で推進するとともに、2024年中に「土地基本方針」を改定。23年版の土地白書を閣議決定	150	○	第9節 土地政策の推進	131	○	2022年に「所有者不明土地の利用の円滑化等に関する特別措置法」を改正。22年版の2章の14節の4から土地白書に関する記載を移動して更新	第9節 土地政策の推進	137	○	2022年2月に「所有者不明土地等の利用の円滑化等に関する特別措置法」の改正案を閣議決定
		—	—	—	—	—	—	▲	4章の3節へ移動	第10節 自転車活用政策の推進	139		
		—	—	—	—	—	—	▲	4章の3節の1へ移動	1 自転車活用推進法に基づく自転車活用推進計画の推進	139	○	2021年版から主な変更なし
		—	—	—	—	—	—	★	—	2 安全で快適な自転車利用環境の創出	140	○	「地方版自転車活用推進計画」の作成も進める
		—	—	—	—	—	—	▲	2章の2節の3へ移動	3 サイクリング環境向上によるサイクルツーリズムの推進	140	○	2021年5月に第2次ナショナルサイクルルートを指定
		—	—	—	—	—	—	▲	9章の1節へ移動	第11節 デジタル化による高度化・効率化	140		
		—	—	—	—	—	—	▲	9章の1節へ移動	1 国土交通行政のDX	140	○	2021年度末に定めたアクションプランの工程に基づき、取り組みを加速。21年版の2から移動

第2章◉国土交通白書の構成とポイント

該当する科目	国土交通白書 2024 目次	ページ数	2023年版からの変更 ☆新規に掲載 ◎内容を追加 ○数値などの変化 ●内容を簡素化 ▲移動 ★削除 無印は主な変更なし	国土交通白書 2023 目次	ページ数	2022年版からの変更 ☆新規に掲載 ◎内容を追加 ○数値などの変化 ●内容を簡素化 ▲移動 ★削除 無印は主な変更なし	国土交通白書 2022 目次	ページ数	2021年版からの変更 ☆新規に掲載 ◎内容を追加 ○数値などの変化 ●内容を簡素化 ▲移動 ★削除 無印は主な変更なし
	—	—	—	—	—	▲ 9章の1節の1の(1)（に集約）	2 i-Constructionの推進～建設現場の生産性向上～	141	○専門家の派遣や小規模な現場への導入、技術者の育成などICT施工の環境を整備。BIMやCIMもさらに活用。i-Constructionを「インフラ分野のDX」の取り組みに拡大。図表もDXとの関係に変更
	—	—	—	—	—	▲ 5章の3節の9へ移動	第12節 公共工事の品質確保と担い手の確保・育成	142	○歩切りの根絶を再度徹底。ダンピング対策の制度を未導入の自治体が減少。市区町村の対策状況を2021年10月に見える化
	第10節 新たな国と地方、民間との関係の構築	151		第10節 新たな国と地方、民間との関係の構築	132		第13節 新たな国と地方、民間との関係の構築	145	
■	1 官民連携等の推進	151	○「スモールコンセッション」の推進策を検討。支援した案件の件数を更新	1 官民連携等の推進	132	○採択した件数や対象などを更新	1 官民連携等の推進	145	○採択した件数や対象を更新
	第11節 政策評価・事業評価・対話型行政	151		第11節 政策評価・事業評価・対話型行政	132		第14節 政策評価・事業評価・対話型行政	145	
	1 政策評価の推進	151	○新たな「国土交通省政策評価基本計画」を制定	1 政策評価の推進	132	○評価の対象を更新	1 政策評価の推進	145	○評価の対象を更新
	2 事業評価の実施	151	2023年版から主な変更なし	2 事業評価の実施	133	2022年版から主な変更なし	2 事業評価の実施	145	2021年版から主な変更なし

符号	頁	項目	符号	頁	項目	符号	頁	項目	備考
○	152	3 国民に開かれた行政運営と対話型行政の推進	○	133	3 国民に開かれた行政運営と対話型行政の推進	○	146	3 国民に開かれた行政運営と対話型行政の推進	
	—		▲	—	1章の6節の2や9節の2、2章の1節の2へそれぞれ移動	☆	146	4 年次報告の実施	2021年版の交通政策白書や土地白書、首都圏白書、観光白書の概要を記載
	—		★	—			147	第15節 コロナ禍からの社会経済活動の確実な回復	
	—		★	—		☆	147	1 新型コロナウイルス感染症による影響	観光や交通関係の業界で利用者数や予約が大幅に減少
	—		★	—		☆	148	2 コロナ禍からの社会経済活動の確実な回復	デジタル化の推進やカーボンニュートラルなどに向けて投資を促進
○	153	第2章 観光立国の実現と美しい国づくり	○	134	第2章 観光立国の実現と美しい国づくり		149	第3章 観光立国の実現と美しい国づくり	タイトルを変更
○	153	第1節 観光をめぐる動向	○	134	第1節 観光をめぐる動向		149	第1節 観光をめぐる動向	
○	153	1 観光立国の意義 「持続可能な観光」の実現に向けて取り組む	○	134	1 観光立国の意義 新型コロナウイルス感染症に関わる記載を更新	◎	149	1 観光立国の意義	新型コロナウイルス感染症の拡大を受けて支援策を追記
	—		★	—			149	2 観光の現状	
	—		★	—			149	(1) 国内旅行消費額	2021年の宿泊は20年から10%減り、日帰りは横ばい
	—		★	—			149	(2) 訪日外国人旅行者数	2021年は前年比94%減の25万人
	—		★	—			150	(3) 訪日外国人旅行消費額	2021年は1〜9月の調査を中止。試算では1208億円
	—		★	—			150	(4) 訪日外国人旅行者に占めるリピーター数	2021年版から主な変更なし

■ 都道 港 鉄

第2章◉国土交通白書の構成とポイント

凡例：☆新規に掲載／◎内容を追加／○数値などの変化／●内容を簡素化／▲移動／★削除／無印は主な変更なし

該当する科目	国土交通白書2024 目次	ページ数	2023年版からの変更	国土交通白書2023 目次	ページ数	2022年版からの変更	国土交通白書2022 目次	ページ数	2021年版からの変更
	—	—		—	—	★	(5) 訪日外国人の地方部における延べ宿泊者数	150	○ 2021年は前年から83%減の130万人泊。20年に続いて大幅に減少
	—	—		—	—	★	(6) 日本における国際会議の開催状況	150	○ 2021年はオンライン形式の開催が最多。約3割は延期や中止に
	—	—		—	—	★	(7) 出国日本人数	151	○ 2021年は前年比84%減の51万人
	2 年次報告の実施	153	○ 2023年版の観光白書を閣議決定	2 年次報告の実施	134	○ 2022年版の2章の14節から4節から観光白書の記載を移動して更新	—	—	—
	第2節 観光立国の実現に向けた取組み	153	● 本文を削除し、タイトルのみに	第2節 観光立国の実現に向けた取組み	134	○	第2節 観光立国の実現に向けた取組み	151	● タイトルも変更
■都道	1 観光資源の魅力を極め、地方創生の礎に	153	○ 2023年3月に観光立国推進基本計画を閣議決定。「持続可能な観光」や「地方誘客推進」などをキーワードに取り組み	1 観光資源の魅力を極め、地方創生の礎に	134	● 東日本大震災からの観光復興に向けて風評対策。歴史的資源の活用やサイクリストの誘客に関する記載を削除	1 観光資源の魅力を極め、地方創生の礎に	151	○ テレワークの浸透も踏まえて「ワーケーション」を促進。新たな交流の市場も開拓。第2次ナショナルサイクルルートを指定
■都	2 観光産業を革新し、国際競争力を高め、我が国の基幹産業に	154	○ 水際措置の緩和以降、インバウンドが回復。観光人材の育成や観光地地域づくり法人、MICEなどの内容や数値を更新	2 観光産業を革新し、国際競争力を高め、我が国の基幹産業に	136	○ 2022年度に「ポストコロナ時代における観光人材育成ガイドライン」を制定。22年10月の水際措置のさらなる緩和やポストコロナを踏まえた内容に更新	2 観光産業を革新し、国際競争力を高め、我が国の基幹産業に	153	○ 「地域通訳案内士制度」や住宅宿泊事業の届け出出数、観光地域づくり法人などの数値を更新

2-5 この3年間にみる白書の変遷

区分	項目	頁		変更内容	項目	頁		変更内容	項目	頁		変更内容
■都港道鉄	3 すべての旅行者が、ストレスなく快適に観光を満喫できる環境に	155	○	2023年3月に閣議決定した観光立国推進基本計画で、25年までの目標として「訪日クルーズ旅客250万人」などを設定。国際観光振興法に基づいて実施している措置の区間数を更新	3 すべての旅行者が、ストレスなく快適に観光を満喫できる環境に	137	○	2022年12月から日本船による国際クルーズの運航が、23年3月から国際線が、それぞれ再開。国際観光振興法に基づく措置の数値を更新。22年版の2章の10節からサイクルツーリズムの項目を移動	3 すべての旅行者が、ストレスなく快適に観光を満喫できる環境に	156	○	バスタプロジェクトの全国展開ではコンセッション制度も活用。併せて多様な交通モード間の接続を強化し、MaaSにも対応可能な施設に。「地方空港のゲートウェイ機能強化」や「東京2020大会に向けたユニバーサルデザインの推進」などの項目を削除
	第3節 良好な景観形成等美しい国づくり	157			第3節 良好な景観形成等美しい国づくり	139			第3節 良好な景観形成等美しい国づくり	159		
	1 良好な景観の形成	157			1 良好な景観の形成	139			1 良好な景観の形成	159		
■都	(1) 景観法等を活用したまちづくりの推進	157	○	景観行政団体が818に、景観計画の制定は668に増加	(1) 景観法等を活用したまちづくりの推進	139	○	景観行政団体が806に、景観計画の制定は655に増加	(1) 景観法等を活用したまちづくりの推進	159	○	景観行政団体が799に、景観計画の制定は646に増加
	——	—			——	—	★		(2) 社会資本整備における景観検討の取組み	159	○	2021年版から主な更新なし
■都道	(2) 無電柱化の推進	157		2023年版から主な変更なし	(2) 無電柱化の推進	139		無電柱化の現状の図表は「関連データ」に。内容は2022年版と同じ	(3) 無電柱化の推進	159	○	2021年版から主な変更なし
	(3)「日本風景街道」の推進	158		2024年3月末時点で145ルートが登録	(3)「日本風景街道」の推進	139		2023年3月末時点で145ルートが登録	(4)「日本風景街道」の推進	160	○	2022年3月末で144ルートが登録
	——	—			——	—	★		(5) 景観に配慮した道路デザインの推進	160	○	2021年版から主な変更なし
■都川	(4) 水辺空間等の整備の推進	158	○	さらなる規制緩和に向けた「RIVASITE」を実施。かわまちづくりの図表を更新	(4) 水辺空間等の整備の推進	139	○	多自然川づくりの記載を削除し、かわまちづくりの図表を追加	(6) 水辺空間等の整備の推進	160	○	2021年版から主な変更なし
	2 自然・歴史や文化を活かした地域づくり	158			2 自然・歴史や文化を活かした地域づくり	140			2 自然・歴史や文化を活かした地域づくり	160		

国土交通白書 2024 / 国土交通白書 2023 / 国土交通白書 2022

凡例（各年版「○年版からの変更」）：
☆新規に掲載　◎内容を追加　○数値などの変化　●内容を簡素化　▲移動　★削除　無印は主な変更なし

該当する科目	目次（2024）	ページ数	2023年版からの変更	目次（2023）	ページ数	2022年版からの変更	目次（2022）	ページ数	2021年版からの変更
■都	(1) 我が国固有の文化的資産の保存・活用等に資する国営公園等の整備	158	○	(1) 我が国固有の文化的資産の保存・活用等に資する国営公園等の整備	140	○	(1) 我が国固有の文化的資産の保存・活用等に資する国営公園等の整備	160	○
	─	─	─	─	─	★	(2) 古都における歴史的風土の保存	160	2021年版から主な変更なし
■都	(2) 歴史的な公共建造物の保存・活用	158	歴史的砂防関係施設の件数を更新	(2) 歴史的な公共建造物の保存・活用	140	歴史的砂防関係施設の件数を更新	(3) 歴史的な公共建造物の保存・活用	161	2021年版から主な変更なし
■都	(3) 歴史文化を活かしたまちづくりの推進	159	95市町の「歴史的風致維持向上計画」を認定	(3) 歴史文化を活かしたまちづくりの推進	140	90市町の「歴史的風致維持向上計画」を認定	(4) 歴史文化を活かしたまちづくりの推進	161	87市町の「歴史的風致維持向上計画」を認定
	─	─	─	─	─	★	(5) ミズベリング・プロジェクトの推進	161	● 取り組みの箇所数を削除
■都 川 道 環	(4) グリーンインフラの推進	159	地域向けの「グリーンインフラ実践ガイド」を発行。企業による関連技術の地域実証を支援	(4) グリーンインフラの推進	140	2022年度も21年度と同様の取り組みを継続	(6) グリーンインフラの推進	162	2021年度も20年度同様の取り組みを継続
第3章 地域活性化の推進	**第3章 地域活性化の推進**	160		**第3章 地域活性化の推進**	141		**第4章 地域活性化の推進**	163	
■都 道 鉄	第1節 地方創生・地域活性化に向けた取組み	160	○ 国土形成計画を踏まえてデジタルを徹底活用、[地域生活圏]の形成を推進、「建築・都市のDX」を進めて新しいサービスを創出。観光や物流、国土の利用や管理でもDXを推進	第1節 地方創生・地域活性化に向けた取組み	141	○ 2022年は地域交通の再構築やまちづくりのDX、観光分野のDX、流域治水のソフト面の取り組みなどを推進。これらは新たな国土形成計画にも位置付け、デジタルとリアルが融合した地域生活圏を形成	第1節 地方創生・地域活性化に向けた取組み	163	◎ 政府の「デジタル田園都市国家構想」を受け、MaaSや地域の公共交通の再構築、ドローンやインフラ分野のDX、3次元の都市モデルの整備など地方の活性化策を追記

区分	2024年版 頁		第2節 地域活性化を支える施策の推進	備考	2023年版 頁		第2節 地域活性化を支える施策の推進	備考	2022年版 頁		第2節 地域活性化を支える施策の推進	備考
	161				142				164			
	161		1 地域や民間の自主性・裁量性を高めるための取組み		142		1 地域や民間の自主性・裁量性を高めるための取組み		164		1 地域や民間の自主性・裁量性を高めるための取組み	
■ 都	161	○	(1) 地方における地方創生・地域活性化の取組み支援	「手づくり郷土賞」や「地域づくり表彰」の記載を更新	142	●	(1) 地方における地方創生・地域活性化の取組み支援	「手づくり郷土賞」や「地域づくり表彰」の記載を更新	164	○	(1) 地方における地方創生・地域活性化の取組み支援	「手づくり郷土賞」や「地域づくり表彰」の記載を更新
■ 都道川鉄	161		(2) 民間のノウハウ・資金の活用促進	2023年版から主な変更なし	142	●	(2) 民間のノウハウ・資金の活用促進	立体道路制度の記載などを削除	165	●	(2) 民間のノウハウ・資金の活用促進	老朽ストックを活用してテレワークの拠点などを整備
	—			—	—	★		—	166		2 新型コロナ危機を契機としたまちづくりの方向性の検討	2021年版から主な変更なし
■ 都川道	162	○	2 コンパクトシティの実現に向けた総合的取組み	立地適正化計画の作成に取り組む市町村は2023年12月末で703に。地域公共交通計画は23年度末で1021件が公表	143	○	2 コンパクトシティの実現に向けた総合的取組み	スマート・プランニングの記載を多極連携型のまちづくりに変更。立地適正化計画の作成に取り組む市町村は22年度末で675に	167	○	3 コンパクトシティの実現に向けた総合的取組み	2020年の都市再生特別措置法などの改正に基づき、災害ハザードエリアでの開発を抑制。立地適正化計画の作成に取り組む市町村は21年度末で626に
	162		3 地域特性を活かしたまちづくり・基盤整備		143	○	3 地域特性を活かしたまちづくり・基盤整備		168		4 地域特性を活かしたまちづくり・基盤整備	
■ 都道	162	○	(1) 民間投資誘発効果の高い都市計画道路の緊急整備	2023年4月時点で[完了期間宣言路線]は136	143	○	(1) 民間投資誘発効果の高い都市計画道路の緊急整備	2022年4月時点で[完了期間宣言路線]は143	168	○	(1) 民間投資誘発効果の高い都市計画道路の緊急整備	2021年4月時点で[完了期間宣言路線]は162
■ 都道	162		(2) 交通結節点の整備	2023年版から主な変更なし	143		(2) 交通結節点の整備	図表は「関連リンク」に	168		(2) 交通結節点の整備	2021年版から主な変更なし
■ 都道鉄	163		(3) 交通モード間の接続（モーダルコネクト）の強化	2023年版から主な変更なし	144		(3) 交通モード間の接続（モーダルコネクト）の強化	2022年版から主な変更なし	168	●	(3) 交通モード間の接続（モーダルコネクト）の強化	シェアサイクルポートの特例措置の記載を削除
■ 都港道鉄	163		(4) 企業立地を呼び込む広域的な基盤整備等	2023年版から主な変更なし	144	○	(4) 企業立地を呼び込む広域的な基盤整備等	鉄道整備の役割を環境や効率面の記載に変更	169	○	(4) 企業立地を呼び込む広域的な基盤整備等	2021年版から主な変更なし

第2章●国土交通白書の構成とポイント

	国土交通白書 2024			国土交通白書 2023			国土交通白書 2022		
該当する科目	目次	ページ数	2023年版からの変更 ☆新規に掲載 ◎内容を追加 ○数値などの変化 ●内容を簡素化 ▲移動 ★削除 無印は主な変更なし	目次	ページ数	2022年版からの変更 ☆新規に掲載 ◎内容を追加 ○数値などの変化 ●内容を簡素化 ▲移動 ★削除 無印は主な変更なし	目次	ページ数	2021年版からの変更 ☆新規に掲載 ◎内容を追加 ○数値などの変化 ●内容を簡素化 ▲移動 ★削除 無印は主な変更なし
■都 川 港 道 鉄	(5) 地域に密着した各種事業・制度の推進	164	◎ 2022年12月に「みなと緑地PPP」(港湾環境整備計画制度)を創設。「道の駅」や道路協力団体、「かわまちづくり」、海岸協力団体、「みなとオアシス」、港湾協力団体の登録数を更新	(5) 地域に密着した各種事業・制度の推進	145	◎ 「道の駅」や道路協力団体「かわまちづくり」、海岸協力団体、港湾協力団体の登録数を更新。みなとオアシス。河川協力団体の記載を更新・削除。みなとオアシスの図表は「関連リンク」に	(5) 地域に密着した各種事業・制度の推進	169	◎ 「道の駅」や道路協力団体、「かわまちづくり」、海岸協力団体、港湾協力団体、みなとオアシスの登録数を更新
	(6) 地籍整備の積極的な推進	165	2023年版から主な変更なし	(6) 地籍整備の積極的な推進	146	2022年版から主な変更なし	(6) 地籍整備の積極的な推進	172	2021年版から主な変更なし
	(7) 大深度地下の利用	166	2023年版から主な変更なし	(7) 大深度地下の利用	146	2022年版から主な変更なし	(7) 大深度地下の利用	172	2021年版から主な変更なし
	4 広域圏の自立・活性化と地域・国土づくり	166	タイトルを変更	4 広域ブロックの自立・活性化と地域・国土づくり	147		5 広域ブロックの自立・活性化と地域・国土づくり	172	
■都 港 道 鉄	(1) 新時代に地域力をつなぐ国土・地域づくり	166	○ 2023年度は36府県が2~4府県ごとに協働。連携中枢都市圏の対象圏域は23年4月で38。タイトルも変更	(1) 対流促進型国土・形成のための国土・地域づくり	147	● 2022年度は38府県が2~4府県ごとに協働。連携中枢都市圏の対象圏域は22年4月で37。「スーパー・メガリージョン」に関する図表や記載を削除	(1) 対流促進型国土・形成のための国土・地域づくり	172	◎ リニア中央新幹線の開業で形成される「スーパー・メガリージョン」に関する図表や記載を追加。2021年度は37府県が2~4府県ごとに協働。連携中枢都市圏の対象圏域は21年4月で34
都	(2) 地域の拠点形成の促進等	166	2023年版から主な変更なし	(2) 地域の拠点形成の促進等	147	● 「国会等の移転の検討」などを削除	(2) 地域の拠点形成の促進等	173	2021年版から主な変更なし
	5 地域の連携・交流の促進	167		5 地域の連携・交流の促進	147		6 地域の連携・交流の促進	174	

分類	2024年版 項目	頁	印	2023年版からの主な変更	2023年版 項目	頁	印	2022年版からの主な変更	2022年版 項目	頁	印	2021年版からの主な変更
■	(1) 地域を支える生活幹線ネットワークの形成	167	○	2023年版から主な変更なし	(1) 地域を支える生活幹線ネットワークの形成	147		2022年版から主な変更なし	(1) 地域を支える生活幹線ネットワークの形成	174		2021年版から主な変更なし
■	(2) 都市と農山漁村の交流の推進	167		2023年版から主な変更なし	(2) 都市と農山漁村の交流の推進	148		2022年版から主な変更なし	(2) 都市と農山漁村の交流の推進	174	○	
■ 都	(3) 二地域居住等推進	167		2024年1月に移住や二地域居住に向けて中間取りまとめ	(3) 二地域居住等推進	148		2022年版から主な変更なし	(3) 二地域居住等推進	174	○	地方自治体向けにガイドラインを作成
	(4) 地方版図柄ナンバーの導入について	167	○	タイトルも変更	(4) 図柄ナンバーの導入について	148	○	タイトルも変更	(4) 地方版図柄ナンバーの導入について	174	○	
	6 地域の移動手段の確保	167			6 地域の移動手段の確保	148			7 地域の移動手段の確保	175	○	
都港道鉄	(1) 地域の生活交通の確保・維持・改善	167	○	2023年版から主な変更なし	(1) 地域の生活交通の確保・維持・改善	148	○	デジタル技術の活用事例などを調査。「地域公共交通確保維持改善事業」の図表を更新し、「関連リンク」に	(1) 地域の生活交通の確保・維持・改善	175	○	図表の「地域公共交通確保維持改善事業」の予算額を更新
	(2) 地域バス路線への補助	167		2023年版の (3) から移動して更新	—	—	—	—	—	—	—	—
	(3) 地域の自家用車・ドライバーの活用	168	☆	従来の「自家用有償旅客運送」に加えて、「自家用車活用事業」を2023年度に創設	—	—	—	—	—	—	—	—
	(4) 地域鉄道の活性化、安全確保等への支援	168		2023年版から主な変更なし	(2) 地域鉄道の活性化、安全確保等への支援	148	●	デジタル化や観光との連携策などへの支援を通して地域交通を再構築	(2) 地域鉄道の活性化、安全確保等への支援	176		2021年版から主な変更なし
	—	—	▲	(2) へ移動	(3) 地域バス路線への補助	149	○		(3) 地域バス路線への補助	176		2021年版から主な変更なし
	(5) 地方航空路線の維持・活性化	168	◎	地域空港で協業	(4) 地方航空路線の維持・活性化	149	○		(4) 地方航空路線の維持・活性化	176		2021年版から主な変更なし
	(6) 離島との交通への支援	169	○	離島航路の輸送需要は5年で21%減	(5) 離島との交通への支援	149	○	離島航路の輸送需要は5年で34%減	(5) 離島との交通への支援	177	○	離島航路の輸送需要は5年で38%減
	第3節 民間都市開発等の推進	169			第3節 民間都市開発等の推進	150			第3節 民間都市開発等の推進	177		

第2章◉国土交通白書の構成とポイント

該当する科目	国土交通白書2024 目次	ページ数	2023年版からの変更	国土交通白書2023 目次	ページ数	2022年版からの変更	国土交通白書2022 目次	ページ数	2021年版からの変更
			☆新規に掲載　◎内容を追加　○数値などの変化　●内容を簡素化　▲移動　★削除　無印は主な変更なし			☆新規に掲載　◎内容を追加　○数値などの変化　●内容を簡素化　▲移動　★削除　無印は主な変更なし			☆新規に掲載　◎内容を追加　○数値などの変化　●内容を簡素化　▲移動　★削除　無印は主な変更なし
	1 民間都市開発の推進	169		1 民間都市開発の推進	150		1 民間都市開発の推進	177	
都	(1) 特定都市再生緊急整備地域制度等による民間都市開発の推進	169	○ 特定都市再生緊急整備地域の指定状況などを更新	(1) 特定都市再生緊急整備地域制度等による民間都市開発の推進	150	○ 特定都市再生緊急整備地域の指定状況などを更新。図表は[関連リンク]に	(1) 特定都市再生緊急整備地域制度等による民間都市開発の推進	177	○ 特定都市再生緊急整備地域の指定状況などを更新
都	(2) 都市再生事業に対する支援措置の適用状況	169	○	(2) 都市再生事業に対する支援措置の適用状況	150	○	(2) 都市再生事業に対する支援措置の適用状況	178	○
都	(3) 大街区化の推進	170	2023年版から主な変更なし	(3) 大街区化の推進	150	2022年版から主な変更なし	(3) 大街区化の推進	178	2021年版から主な変更なし
	—	—	—	—	—	★	2 国家戦略特区の取組み	179	2021年版から主な変更なし
	第4節 特定地域振興対策の推進	170		第4節 特定地域振興対策の推進	151		第4節 特定地域振興対策の推進	179	
	1 豪雪地帯対策	170	2023年版から主な変更なし	1 豪雪地帯対策	151	○ 2022年3月に豪雪地帯対策特別措置法を改正。12月に同基本計画を変更	1 豪雪地帯対策	179	◎
	2 離島振興	170	2023年版から主な変更なし	2 離島振興	151	○	2 離島振興	179	2021年版から主な変更なし
	3 奄美群島・小笠原諸島の振興開発	170	2023年版から主な変更なし	3 奄美群島・小笠原諸島の振興開発	151	○	3 奄美群島・小笠原諸島の振興開発	179	◎
	4 半島振興	170	○ 半島振興対策実施地域は2024年4月時点で23地域	4 半島振興	151	○ 半島振興対策実施地域は2022年4月時点で23地域	4 半島振興	179	○ 半島振興対策実施地域は2021年4月時点で23地域
	第5節 北海道総合開発の推進	171		第5節 北海道総合開発の推進	152		第5節 北海道総合開発の推進	180	
	1 北海道総合開発計画の推進	171		1 北海道総合開発計画の推進	152		1 北海道総合開発計画の推進	180	

2-5 この3年間にみる白書の変遷

	項目	頁		備考	項目	頁		備考	項目	頁		図表を変更
	(1) 北海道総合開発計画について	171	○	—	(1) 北海道総合開発計画について	152	○	2024年3月に第9期北海道総合開発計画を閣議決定	(1) 北海道総合開発計画の推進	180	○	
	(2) 第9期北海道総合開発計画について	171		計画期間は2024年度からおおむね10年間。タイトルも変更	(2) 新たな北海道総合開発計画について	152	○	新たな北海道総合開発計画の策定に向けて2023年3月に中間整理を取りまとめ。タイトルも変更	(2) 現行の計画の実現を支える施策の推進	181	◎	流域治水の展開やグリーンカーボンと生態系の創出、温室効果ガスの削減対策などを追記。タイトルを変更
	2 特色ある地域・文化の振興	171			2 特色ある地域・文化の振興	152			2 特色ある地域・文化の振興	183		
	(1) アイヌ文化の振興等	171	○		(1) アイヌ文化の振興等	152	○	2022年版の(2)から移動	(1)	—	—	
	(2) 北方領土隣接地域の振興	172	○		(2) 北方領土隣接地域の振興	153	○	2022年版の(1)から移動	(1) 北方領土隣接地域の振興	183	○	2021年版から主な変更なし
	—	—	—			—	▲	(1)へ移動	(2) アイヌ文化の振興等	183	○	
	第4章 心地よい生活空間の創生	173			第4章 心地よい生活空間の創生	154			第5章 心地よい生活空間の創生	185		
	第1節 豊かな住生活の実現	173			第1節 豊かな住生活の実現	154			第1節 豊かな住生活の実現	185		
	1 住生活の安定の確保及び向上の促進	173	●	本文を削除し、タイトルのみに	1 住生活の安定の確保及び向上の促進	154	●	住生活基本計画の図表などは「関連リンク」に	1 住生活の安定及び向上の促進	185	○	2021年版から主な変更なし
都 環	(1) 目標と基本的施策	173	○	改正「空家等対策の推進に関する特別措置法」が2023年12月に施行。住宅の省エネルギー対策を強化	(1) 目標と基本的施策	154	○	2023年の通常国会に「空家等対策の推進に関する特別措置法」の改正案を提出。空き家への対策を強化	(1) 目標と基本的施策	186	○	2021年5月に「住宅の質の向上及び円滑な取引環境の整備のための長期優良住宅の普及の促進に関する法律」の改正法が公布
	(2) 施策の総合的かつ計画的な推進	175	○	2024年度の住宅税制の内容に更新	(2) 施策の総合的かつ計画的な推進	156	○	2023年度の住宅税制の内容に更新	(2) 施策の総合的かつ計画的な推進	188	○	住宅税制の内容を更新
	2 良好な宅地の供給及び活用	176	★		2 良好な宅地の供給及び活用	157	○		2 良好な宅地の供給及び活用	189	○	
	(1) 地価の動向	—			(1) 地価の動向	157	○		(1) 地価の動向	189	○	
	(2) 宅地供給の現状	176	—	2023年版から主な変更なし	(2) 宅地供給の現状	157	—	2022年版から主な変更なし	(2) 宅地供給の現状	189	○	タイトルを変更
	—	—	—			—	★		(3) 定期借地権の活用	189	●	

該当する科目	国土交通白書 2024 目次	ページ数	2023年版からの変更 ☆新規に掲載 ◎内容を追加 ○数値などの変化 ●内容を簡素化 ▲移動 ★削除 無印は主な変更なし	国土交通白書 2023 目次	ページ数	2022年版からの変更 ☆新規に掲載 ◎内容を追加 ○数値などの変化 ●内容を簡素化 ▲移動 ★削除 無印は主な変更なし	国土交通白書 2022 目次	ページ数	2021年版からの変更 ☆新規に掲載 ◎内容を追加 ○数値などの変化 ●内容を簡素化 ▲移動 ★削除 無印は主な変更なし
都	(2) ニュータウンの再生	176	2023年版から主な変更なし	(3) ニュータウンの再生	157	2022年版から主な変更なし	(4) ニュータウンの再生	189	2021年版から主な変更なし
	第2節 快適な生活環境の実現	177		第2節 快適な生活環境の実現	158		第2節 快適な生活環境の実現	189	
都	1 緑豊かな都市環境の形成	177	○ 1人当たりの都市公園の面積は2022年度末も10.8m²	1 緑豊かな都市環境の形成	158	● 2021年度末の1人当たりの都市公園の面積は10.8m²。図表も削除	1 緑豊かな都市環境の形成	189	○ 1人当たりの都市公園の面積は2020年度末も10.7m²
道	2 歩行者・自転車優先の道づくりの推進	177	○ 過去10年間で自転車関係の事故は減少傾向にあるが、自転車対歩行者の事故は近年、増加傾向に。改正道路交通法が2023年4月などに施行	2 歩行者・自転車優先の道づくりの推進	158	○ 2022年4月に公布された改正道路交通法などで新たにモビリティーも自転車も走行。通行空間を走行。「人中心の道路空間」の実現へ。通学路の記載は6章の4節の7の(1)に集約	2 歩行者・自転車優先の道づくりの推進	190	2021年6月の交通事故を受けて通学路を合同点検し、必要な箇所に対策。「地方版自転車活用推進計画」の作成を推進
	第3節 自転車活用政策の推進	178	▲ 2022年版の2章の10節から移動	第3節 自転車活用政策の推進	159		—	—	
道	1 自転車活用推進法に基づく自転車活用推進計画の推進	178	○ 2023年度にサイクルトレイン・サイクルバスの手引やシェアサイクル事業のガイドラインを公表	1 自転車活用推進法に基づく自転車活用推進計画の推進	159	● 第2次自転車活用推進計画の概要などは「関連リンク」に。2022年版の2章の10節の1から移動	—	—	
	第4節 利便性の高い交通の実現	178		第4節 利便性の高い交通の実現	160		第3節 利便性の高い交通の実現	192	
都道鉄	(1) 都市・地域における総合交通戦略の推進	178	○ 2024年3月時点で130都市が「都市・地域総合交通戦略」を制定または制定中	(1) 都市・地域における総合交通戦略の推進	160	○ 2023年3月時点で121都市が「都市・地域総合交通戦略」を制定または制定中	(1) 都市・地域における総合交通戦略の推進	192	○ 2022年3月時点が114都市が「都市・地域総合交通戦略」を制定または制定中

分類	項目	頁	印	備考	項目	頁	印	備考	項目	頁	印	備考
道鉄	(2) 公共交通の利用環境改善に向けた取組み	179		2023年版から主な変更なし	(2) 公共交通の利用環境改善に向けた取組み	160	●		(2) 公共交通の利用環境改善に向けた取組み	192	○	2021年7月に「東京圏における今後の地下鉄ネットワークのあり方」に関する答申を取りまとめ
鉄	(3) 都市鉄道ネットワークの充実	179		2023年版から主な変更なし	(3) 都市鉄道ネットワークの充実	160	○	2022年3月に東京メトロ有楽町線と南北線の延伸について事業許可	(3) 都市鉄道ネットワークの充実	192	○	2021年度の事業内容に更新
鉄	(4) 都市モノレール・新交通システム・LRTの整備	179	○	2023年8月に新規路線として芳賀・宇都宮LRTが開業	(4) 都市モノレール・新交通システム・LRTの整備	160	○	2023年度に芳賀・宇都宮LRTの全線開業を予定	(4) 都市モノレール・新交通システム・LRTの整備	193	○	
都道	(5) バス・タクシーの利便性の向上	179	◎	2023年10月にオーバーツーリズムの防止や抑制に向けた対策を取りまとめ。タイトルも変更	(5) バス・タクシーの利便性の向上	160	◎	タクシーの記載を加えてタイトルも変更	(5) バスの利便性の向上	193	●	
第5章 競争力のある経済社会の構築	第5章 競争力のある経済社会の構築	180			第5章 競争力のある経済社会の構築	162			第6章 競争力のある経済社会の構築	194		
	第1節 交通ネットワークの整備	180			第1節 交通ネットワークの整備	162			第1節 交通ネットワークの整備	194		
	1 幹線道路ネットワークの整備	180			1 幹線道路ネットワークの整備	162			1 幹線道路ネットワークの整備	194		
	(1) 幹線道路ネットワークの整備	180	◎	2023年10月に「高規格道路ネットワークのあり方」の中間取りまとめを公表。「WISENET2050・政策集」も作成。図表の新規開通箇所などを更新	(1) 幹線道路ネットワークの整備	162	○	図表のタイトルを「高規格道路ネットワーク図」に変更し、新規開通箇所などを更新	(1) 幹線道路ネットワークの整備	194	○	図表の新規開通箇所などを更新
道	(2) 道路のネットワークの機能を最大限発揮する取組みの推進	181		2023年版から主な変更なし	(2) 道路のネットワークの機能を最大限発揮する取組みの推進	163	●	その他の取り組みの記載や首都都市圏の新たな高速道路料金などの図表を削除	(2) 道路のネットワークの機能を最大限発揮する取組みの推進	195	○	2022年4月に首都圏の高速道路の料金を見直し。図表も新たな料金に変更。ビッグデータ混雑対策のポイント箇所を更新
	2 幹線鉄道ネットワークの整備	181			2 幹線鉄道ネットワークの整備	163			2 幹線鉄道ネットワークの整備	197		

該当する科目	国土交通白書2024 目次	ページ数	2023年版からの変更 ☆新規に掲載 ○内容を追加 ○数値などの変化 ●内容を簡素化 ▲移動 ★削除 無印は主な変更なし	国土交通白書2023 目次	ページ数	2022年版からの変更 ☆新規に掲載 ○内容を追加 ○数値などの変化 ●内容を簡素化 ▲移動 ★削除 無印は主な変更なし	国土交通白書2022 目次	ページ数	2021年版からの変更 ☆新規に掲載 ○内容を追加 ○数値などの変化 ●内容を簡素化 ▲移動 ★削除 無印は主な変更なし
鉄	(1) 新幹線鉄道の整備	181	○2024年3月に北陸新幹線（金沢－敦賀間）が開業。リニア中央新幹線で「日本中央回廊」を形成。23年にJR東海が名古屋－大阪間の環境影響評価に着手	(1) 新幹線鉄道の整備	163	○2022年9月に九州新幹線（武雄温泉－長崎間）が開業。22年12月に北海道新幹線（新函館北斗－札幌間）の事業費が6445億円増加すると試算。新幹線網の図表は「関連リンク」に	(1) 新幹線鉄道の整備	197	○未着工区間の北陸新幹線（敦賀－新大阪間）で環境影響評価の手続き。九州新幹線（武雄温泉－長崎間）は2022年9月に開業予定。新大阪駅に関する記載を削除
	(2) 技術開発の促進	182	2023年版から主な変更なし	(2) 技術開発の促進	164		(2) 技術開発の促進	198	2021年版から変更なし
	3 航空ネットワークの整備	183		3 航空ネットワークの整備	164		3 航空ネットワークの整備	199	
港	(1) 航空ネットワークの拡充	183	○成田国際空港で旅客ターミナルの再構築などを検討中。中部国際空港の代替滑走路を整備。北九州空港では滑走路の延長事業を実施。国際旅客便数は回復傾向に	(1) 航空ネットワークの拡充	164	○関西3空港の年間発着容量を50万回に。新型コロナウイルス感染症で激減した国際旅客便数は水際措置が大幅に見直された2022年10月以降、徐々に回復。図表の主なグラフは「関連リンク」に	(1) 航空ネットワークの拡充	199	○羽田空港へのアクセス鉄道の基盤施設など鉄道を整備。羽田空港の2020年度の旅客数が19年度から大幅に減少。21年の国際旅客便数は20年に続いて大幅に減少
港	(2) 空港運営の充実・効率化	185	○2023年6月に「空港業務の持続的発展に向けたビジョン」の中間取りまとめを公表。LCCの路線数などを更新	(2) 空港運営の充実・効率化	166	○LCCの路線数などを更新。LCCの推移のグラフは「関連データ」に	(2) 空港運営の充実・効率化	202	○2021年7月に広島空港の運営を委託。LCCの旅客数などを更新
港	(3) 航空交通システムの整備	186	○2023年版から主な変更なし	(3) 航空交通システムの整備	167	○	(3) 航空交通システムの整備	203	○

分野		頁	項目	変更点		頁	項目	変更点		頁	項目	変更点
港	○	186	(4) 航空インフラの海外展開の戦略的推進		○	168	(4) 航空インフラの海外展開の戦略的推進		○	203	(4) 航空インフラの海外展開の戦略的推進	
港	○	186	4 空港への交通アクセス強化	2023年6月に羽田空港アクセス線の工事に着手	○	168	4 空港への交通アクセス強化	羽田空港アクセス線で2023年3月に工事の施行を認可	○	204	4 空港への交通アクセス強化	羽田空港へのアクセス線の整備が進捗
	●	187	第2節 総合的・一体的な物流施策の推進	本文を削除し、タイトルのみに	○	169	第2節 総合的・一体的な物流施策の推進	2022年版から主な変更なし	○	204	第2節 総合的・一体的な物流施策の推進	総合物流施策大綱（2021～25年度）に基づいて推進
	○	187	1 物流DXや物流標準化の推進によるサプライチェーン全体の徹底した最適化	2023年版から主な変更なし	○	169	1 物流DXや物流標準化の推進によるサプライチェーン全体の徹底した最適化	2022年版から主な変更なし	☆	204	1 物流DXや物流標準化の推進によるサプライチェーン全体の徹底した最適化	上記の総合物流施策大綱の柱の一つ。物流の各要素の標準化と併せて機械化やデジタル化を推進し、物流DXを実現
	-	-	—	—	★	-	—	—	☆	205	(1) 物流DXとその前提となる物流標準化の推進	モーダルシフトや輸送網の集約と併せて自動化。AIやIoTの導入やドローンの実装も推進
	○	187	2 時間外労働の上限規制の適用を見据えた労働力不足対策の加速と物流構造改革の推進	2023年版から主な変更なし	○	169	2 時間外労働の上限規制の適用を見据えた労働力不足対策の加速と物流構造改革の推進	2022年版から主な変更なし	☆	205	2 時間外労働の上限規制の適用を見据えた労働力不足対策の加速と物流構造改革の推進	先述の大綱の柱の一つ。トラックドライバーや船員の働き方を改革。労働生産性も改善
	○	188	(1) 物流分野における働き方改革	2023年8月に最終取りまとめ。トラックの休憩施設の駐車マス数を拡充	○	169	(1) 物流分野における働き方改革	2022年9月に検討会を設置	○	205	(1) 物流分野における働き方改革	2021年版の2の(5)から移動して更新
	○	189	(2) 高度化・総合化・効率化した物流サービス実現に向けた更なる取組み	2024年3月時点で406件の総合効率化計画を認定。輸送量などの倍増に向けて大型コンテナの導入などを支援	○	170	(2) 高度化・総合化・効率化した物流サービス実現に向けた更なる取組み	2023年3月末時点で367件の総合効率化計画を認定。同計画の実績と効果の図表を削除	○	206	(2) 高度化・総合化・効率化した物流サービス実現に向けた更なる取組み	共同輸配送やモーダルシフト、輸送網の集約など、2022年3月末時点で312件の総合効率化計画を認定。21年版の2の(3)から移動
	○	189	(3) 地域間物流の効率化	2023年版から主な変更なし	○	170	(3) 地域間物流の効率化	2023年版から主な変更なし	○	207	(3) 地域間物流の効率化	2021年版の2の(1)から移動

第2章●国土交通白書の構成とポイント

該当する科目	国土交通白書 2024 目次	ページ数	2023年版からの変更 ☆新規に掲載 ◎内容を追加 ○数値などの変化 ●内容を簡素化 ▲移動 ★削除 無印は主な変更なし	国土交通白書 2023 目次	ページ数	2022年版からの変更 ☆新規に掲載 ◎内容を追加 ○数値などの変化 ●内容を簡素化 ▲移動 ★削除 無印は主な変更なし	国土交通白書 2022 目次	ページ数	2021年版からの変更 ☆新規に掲載 ◎内容を追加 ○数値などの変化 ●内容を簡素化 ▲移動 ★削除 無印は主な変更なし
	(4) 都市・過疎地等の地域内物流の効率化	189	○ 2023年度までに63地域の事業を採択するなどドローンによる物流を推進。路上の荷さばき駐車施設の数値や再配達の削減策を更新	(4) 都市・過疎地等の地域内物流の効率化	170	○ 2022年度までに46地域の事業を採択するなどドローンによる物流を推進。流通業務市街地や路上の荷さばき駐車施設の数値を更新	(4) 都市・過疎地等の地域内物流の効率化	207	○ 2021年度までに30地域の事業を採択するなどドローンによる物流を推進。流通業務市街地や路上の荷さばき駐車施設の数値を更新。2021年版の2の(2)から移動
港道鉄	3 強靱性と持続可能性を確保した物流ネットワークの構築	190	○ 2023年版から主な変更なし	3 強靱性と持続可能性を確保した物流ネットワークの構築	171	○ 2022年版から主な変更なし	3 強靱性と持続可能性を確保した物流ネットワークの構築	208	☆ 先述の大綱の柱の一つ。昨今の自然災害などを踏まえて構築。脱炭素社会も推進
道	(1) 物流上重要な道路ネットワークの戦略的な整備・活用	190	○ 「ダブル連結トラック」の利用を促進。[中継輸送]の拠点を2024年4月に新規事業化	(1) 物流上重要な道路ネットワークの戦略的な整備・活用	171	○ 2022年4月に重要物流道路を、7月に特車許可の不要区間をそれぞれ追加で指定。[ダブル連結トラック]の対象路線を拡充	(1) 物流上重要な道路ネットワークの戦略的な整備・活用	208	○ 2021年4月に重要物流道路を、7月に特車許可の不要区間をそれぞれ追加で指定。2021年版の1の(5)から移動
港	(2) 国際海上貨物輸送ネットワークの機能強化	190	● 「サイバーポート」で港湾管理分野の運用を2024年1月から開始。[海上交通環境の整備]などの項目を削除	(2) 国際海上貨物輸送ネットワークの機能強化	171	○ 港湾の脱炭素化やDXを進めている。[集貨]や[創貨]、[CONPAS]の内容を更新。日本海側港湾や需給に関する記載のほか、集貨施策やAIターミナルの図表を削除	(2) 国際海上貨物輸送ネットワークの機能強化	209	○ 2021年5月に国際コンテナ戦略港湾に関する中間取りまとめを公表。[集貨]や[創貨]、[競争力強化]、サイバーポートの内容を更新。LNGバンカリングの記載を削除し、需給ひっ迫への対応を追記

区分	2024年版 項目	頁	印	2023年版からの主な変更点	2023年版 項目	頁	印	2022年版からの主な変更点	2022年版 項目	頁	印	2021年版からの主な変更点
港	(3) 国際競争力の強化に向けた航空物流機能の高度化	192		2023年版から主な変更なし	(3) 国際競争力の強化に向けた航空物流機能の高度化	173		2022年版から主な変更なし	(3) 国際競争力の強化に向けた航空物流機能の高度化	212		2021年版から主な変更なし
港	(4) 農林水産物・食品の輸出拡大に向けた物流の改善	192		2023年版から主な変更なし	(4) 農林水産物・食品の輸出拡大に向けた物流の改善	173	●	輸出額の数値を削除。タイトルを変更	(4) 農林水産物・食品の輸出促進に向けた物流の改善	212	○	2021年の輸出額が1兆1626億円となり、9年連続で増加
	(5) 我が国物流システムの海外展開の推進	192		2023年版から主な変更なし	(5) 我が国物流システムの海外展開の推進	173		2022年版から主な変更なし	(5) 我が国物流システムの海外展開の推進	212	○	2021年版の1の(1)から移動
港	(6) 国際物流機能強化に資するその他の施策	192	●		(6) 国際物流機能強化に資するその他の施策	173	◎	ロシアのウクライナ侵攻による国際物流の昨今の状況などを追記	(6) 国際物流機能強化に資するその他の施策	213	○	2021年版から主な変更なし
	第3節 産業の活性化	192			第3節 産業の活性化	174			第3節 産業の活性化	213		
	1 鉄道関連産業の動向と施策	192			1 鉄道関連産業の動向と施策	174			1 鉄道関連産業の動向と施策	213		
	(1) 鉄道事業の概況	192	○	2021年度の旅客輸送量は19年度から約2~3割の減少。タイトルを変更	(1) 鉄道事業の現況	174	○	2020年度の旅客輸送量が減少。タイトルを変更	(1) 鉄道分野の生産性向上に向けた取組み	213	○	2021年版から主な変更なし
	(2) 鉄道事業	193	○	事業基盤の強化として、特定技能の活用など担い手確保の取り組みを追記	(2) 鉄道事業	174	○	「鉄道事業」の内容と施策を生産性向上に向けた組みに変更	(2) 鉄道事業	213	○	2021年3月に「日本国有鉄道清算事業団の債務等の処理に関する法律」を改正し、支援期限を延長
	(3) 鉄道車両工業	193	○		(3) 鉄道車両工業	175	○		(3) 鉄道車両工業	214	○	
	2 自動車運送事業等の動向と施策	194			2 自動車運送事業等の動向と施策	175			2 自動車運送事業等の動向と施策	214	○	
	(1) 旅客自動車運送事業	194	◎	バスとタクシーの運転者が2年で5.5万人減少。運賃の改定などで対応。貸し切りバスや「白タク」対策の記載を追記	(1) 旅客自動車運送事業	175	●	バスやタクシーの輸送人員と収入が大きく減少。運転者の不足も背景に運賃を改定。事業の概況など関連データのグラフは[関連データ]に	(1) 旅客自動車運送事業	214	○	2020年度の乗り合いバスや貸し切りバスの輸送人員が大幅に減少
	(2) 自動車運転代行業	194	○		(2) 自動車運転代行業	175	○		(2) 自動車運転代行業	215	○	

該当する科目	国土交通白書 2024 目次	ページ数	2023年版からの変更 ☆新規に掲載 ◎内容を追加 ●数値などの変化 ●内容を簡素化 ▲移動 ★削除 無印は主な変更なし	国土交通白書 2023 目次	ページ数	2022年版からの変更 ☆新規に掲載 ◎内容を追加 ●数値などの変化 ●内容を簡素化 ▲移動 ★削除 無印は主な変更なし	ページ数	国土交通白書 2022 目次	2021年版からの変更 ☆新規に掲載 ◎内容を追加 ●数値などの変化 ●内容を簡素化 ▲移動 ★削除 無印は主な変更なし
	(3) 貨物自動車運送事業（トラック事業）	195	○「2024年問題」に直面。適正運賃の収受などに向けて24年の通常国会に貨物自動車運送事業法などの改正案を提出	(3) 貨物自動車運送事業（トラック事業）	176	● トラック事業者数は横ばいで推移。事業者数の推移のグラフは「関連データ」に	215	(3) 貨物自動車運送事業（トラック事業）	○ トラック事業者数のグラフを更新。総事業者数は横ばい
	(4) 自動車運送事業等の担い手確保・育成	195	◎ 特定技能制度を活用して外国人材を早期に受け入れ	(4) 自動車運送事業等の担い手確保・育成	176	● 図表は「関連データ」に	216	(4) 自動車運送事業等の担い手確保・育成	○ 就業構造の表を更新
	3 海事産業の動向と施策	195		3 海事産業の動向と施策	176		217	3 海事産業の動向と施策	○
	(1) 海事産業の競争力強化に向けた取組み	195	○ 船員の働き方改革や生産性の向上、デジタル化に取り組む。「事業基盤強化計画」などの認定数を更新	(1) 海事産業の競争力強化に向けた取組み	176	○「事業基盤強化計画」などの認定数を更新。図表を削除	217	(1) 海事産業の競争力強化に向けた取組み	○ 2021年5月に「海事産業の基盤強化のための海上運送法」などの改正法が成立。「事業基盤強化計画」の認定制度を8月に施行
	(2) 造船・舶用工業	196	○ 現状や経済安全保障の確保に関する取組み、国際競争力強化の記載を更新	(2) 造船・舶用工業	177	○ 経済安全保障の確保に関する取り組みを追加。現状や国際競争力強化の記載を更新。手持ち工事量などの図表を削除	219	(2) 造船・舶用工業	○ デジタル化などによって「DX造船所」に転換。新造船建造量のグラフを手持ち工事量に変更。タイトルを変更
	(3) 海上輸送産業	197	○ 海上運送法などの改正法で創設された認定制度が施行。国内旅客船事業の輸送需要や内航海運の輸送量などを更新	(3) 海上輸送産業	178	○ 2023年4月に海上運送法などの改正法が成立。国内旅客船事業や内航海運の輸送量を更新	220	(3) 海上輸送産業	○ 2020年度の国内旅客船の輸送人員が前年度から大幅に減少

項目	頁		備考
(4) 船員	198	○	船員の健康確保に関する新たな制度などを通じて働きやすさ方を改革
(5) 海洋産業	199	○	浮体式洋上風力発電の記載に変更
(6) 海事思想普及、海事振興の推進	199	○	2023年度の取り組みに更新
4 航空事業の動向と施策	199	◎	航空企業の輸送実績は2021年度以降、回復傾向にあり、22年度の旅客数は国内、国際ともに前年度より増加
5 貨物利用運送事業の動向と施策の推進	199	◎	モーダルシフトを推進。タイトルを変更
6 倉庫業の動向と施策	199	○	
7 トラック・ターミナル事業の動向と施策	200		2023年版から主な変更なし
8 不動産業の動向と施策	200		
(1) 不動産業をめぐる動向	200	○	不動産業や地価、既存住宅流通の項目ごとにそれぞれ動向を記載。数値を更新
(2) 不動産業の現状	200	○	宅地建物取引業者などの数値や不動産管理業に対する取り組みも変更
(3) 市場の活性化のための環境整備	201	◎	不動産鑑定評価の項目を追加。2024年4月から「不動産情報ライブラリ」を公開。数値も更新

項目	頁		備考
(4) 船員	179	●	内航船員の傾向は変わっていない。新規就業者数の推移は「関連データ」に
(5) 海洋産業	179	○	自律型無人潜水機の開発を支援
(6) 海事思想普及、海事振興の推進	179	○	2022年度の取り組みに更新
4 航空事業の動向と施策	180	●	2021年度の航空旅客数は国内、国際に比べて増加したが、19年度からは著しく減少。図表やLCCの記載を削除
5 貨物利用運送事業の動向と施策	180	○	2022年版から主な変更なし
6 倉庫業の動向と施策	180	○	
7 トラック・ターミナル事業の動向と施策	180	○	2022年版から主な変更なし
8 不動産業の動向と施策	181	○	
(1) 不動産業の動向	181	○	
(2) 不動産業の現状	181	○	賃貸住宅管理業の登録の義務化で登録業者数が増加。宅地建物取引業者数などの数値も更新
(3) 市場の活性化のための環境整備	181	○	低・未利用地の利用に向けて税制改正。数値やESG投資の内容も更新。「不動産ID」を活用

項目	頁		備考
(4) 船員	222	○	内航船員の新規就業者数が増加傾向。若手の割合も上昇
(5) 海洋産業	223	○	2021年版から主な変更なし
(6) 海事思想普及、海事振興の推進	223	○	2021年度の取り組みに更新
4 航空事業の動向と施策	224	○	2020年度の航空旅客数は国内、国際ともに前年度から大幅に減少。LCCの記載を削除
5 貨物利用運送事業の動向と施策	224	○	2021年版から主な変更なし
6 倉庫業の動向と施策	224	○	
7 トラック・ターミナル事業の動向と施策	225	○	2021年版から主な変更なし
8 不動産業の動向と施策	225	○	
(1) 不動産業の動向	225	○	
(2) 不動産業の現状	225	○	2021年6月に「賃貸住宅管理業登録制度」が施行。宅地建物取引業者数などの数値も更新
(3) 市場の活性化のための環境整備	226	○	数値やESG投資、土地税制の内容を更新。2022年3月から「法人取引量指数」の公表を開始

第2章●国土交通白書の構成とポイント

	国土交通白書 2024			国土交通白書 2023			国土交通白書 2022		
該当する科目	目次	ページ数	2023年版からの変更 ☆新規に掲載 ○内容を追加 ◎数値などの変化 ●内容を簡素化 ▲移動 ★削除 無印は主な変更なし	目次	ページ数	2022年版からの変更 ☆新規に掲載 ○内容を追加 ◎数値などの変化 ●内容を簡素化 ▲移動 ★削除 無印は主な変更なし	目次	ページ数	2021年版からの変更 ☆新規に掲載 ○内容を追加 ◎数値などの変化 ●内容を簡素化 ▲移動 ★削除 無印は主な変更なし
施	9 公共工事の品質確保	203	○ ダンピング対策を未導入の自治体が減少。入札契約適正化法などに基づく調査結果を「適正化マップ」として公表	9 公共工事の品質確保	183	○ 2022年5月に「適正化指針」を変更。ダンピング対策を未導入の自治体が減少。歩切りの記載を削除。22年版の2章の12節から移動してタイトルも変更	—	—	—
	10 持続可能な建設産業の構築	205		10 持続可能な建設産業の構築	185		9 持続可能な建設産業の構築	228	
■	(1) 建設産業を取り巻く現状と課題	205	2023年度の建設投資は70.3兆円の見通し。就業者数は23年の平均で483万人。建設業許可業者数は23年度末で47.9万社。いずれも「関連データ」に	(1) 建設産業を取り巻く現状と課題	185	● 安全衛生経費の下請け会社への適切な支払いに向けて2022年6月に提言。安全衛生対策の確認表や標準見積書を普及。建設投資や就業者数などのグラフは「関連データ」に。22年度の建設投資は67兆円の見通し。就業者数は22年の平均で479万人	(1) 建設産業を取り巻く現状と課題	228	○ 2021年度の建設投資は58兆円（ピーク時の31％減）に。政府投資、民間投資ともに前年度より増加。建設業者数は47万社。20年度末も47万社で20年度はほぼ同じ。建設業就業者数は21年の平均で485万人に減少
■	(2) 建設産業の担い手確保・育成	205	◎ 持続可能な建設産業に向けた2023年9月の中間取りまとめを受け、建設業法と入札契約適正化法の改正案を国会に提出。[工期に関する基準]を24年3月に改定。23年12月末時点で「特定技能」による建設分野の外国人材	(2) 建設産業の担い手確保・育成	186	○ インフラ分野全体のDXなどで生産性を向上。資材の高騰を反映して代金や工期を設定。2022年12月末時点で「特定技能」による建設分野の外国人材は1万2776人に	(2) 建設産業の担い手確保・育成	229	賃金の引き上げに向けて取り組む。「特定技能」による建設分野の外国人材は2021年12月末時点で4871人

2-5 この3年間にみる白書の変遷

区分	項目	頁		内容	項目	頁		内容	項目	頁		内容
■ 調施	(3) 建設キャリアアップシステムの推進	206	○	は2万4463人に／公共工事設計労務単価を基にレベル別の年収を試算して発表	(3) 建設キャリアアップシステムの推進	186	○	技能労働者のレベルに合わせて賃金が上昇するよう促す	(3) 建設キャリアアップシステムの推進	230	○	処遇改善などのメリットを技能労働者が実感できる環境を整備。個々の元請け会社の取り組みを水平展開
■	(4) 公正な競争基盤の確立	206	○	発注者との取引も適正化	(4) 公正な競争基盤の確立	187	○	モニタリング調査を実施	(4) 公正な競争基盤の確立	230	○	2021年版から主な変更なし
■	(5) 建設企業の支援施策	206	○	「女性の定着に向けた建設業行動計画」を総括し、次期の計画制定に向けて検討	(5) 建設企業の支援施策	187	○	地域建設産業の生産性向上や事業継続支援に関する記載を女性や若者の入職・定着の促進に変更	(5) 建設企業の支援施策	231	○	「地域建設産業生産性向上・事業継続支援事業」から多能工の記載を削除
■	(6) 建設関連業の振興	207	○	2023年版から主な変更なし	(6) 建設関連業の振興	187	○	2022年版から主な変更なし	(6) 建設関連業の振興	232	○	2021年版から主な変更なし
■	(7) 建設機械の現状と建設生産技術の発展	207	○	2023年版から主な変更なし	(7) 建設機械の現状と建設生産技術の発展	188	○	2022年版から主な変更なし	(7) 建設機械の現状と建設生産技術の発展	232	○	2021年版から主な変更なし
	(8) 建設工事における紛争処理	207	○		(8) 建設工事における紛争処理	188	○		(8) 建設工事における紛争処理	232	○	
	第6章 安全・安心社会の構築	208			第6章 安全・安心社会の構築	189			第7章 安全・安心社会の構築	233	○	
	第1節 ユニバーサル社会の実現	208			第1節 ユニバーサル社会の実現	189			第1節 ユニバーサル社会の実現	233		
港道鉄	1 ユニバーサルデザインの考え方を踏まえたバリアフリー化の実現	208	◎	障害を理由とする差別の解消に関して、国土交通省の事業における指針と要領を改正して2024年4月に施行	1 ユニバーサルデザインの考え方を踏まえたバリアフリー化の実現	189	●	2021〜25年度の整備目標を定めて地方部でも含めたバリアフリー化を推進	1 ユニバーサルデザインの考え方を踏まえたバリアフリー化の実現	233		2021年4月に改正バリアフリー法が全面施行。新たなバリアフリーの整備目標を定めた基本方針も4月に施行
港道鉄	(1) 公共交通機関のバリアフリー化	208		2022年度末で鉄軌道駅の93.6%がバリアフリー。図表は「関連データ」に	(1) 公共交通機関のバリアフリー化	189	○	2021年度末で鉄軌道駅の93.6%がバリアフリー。図表は「関連データ」に	(1) 公共交通機関のバリアフリー化	234	○	2020年度末で鉄軌道駅の95%がバリアフリー
都道	(2) 居住・生活環境のバリアフリー化	208		踏切道にも対策。認定実績を削除	(2) 居住・生活環境のバリアフリー化	189	○	認定実績データを更新し、「関連データ」に	(2) 居住・生活環境のバリアフリー化	235	○	

	国土交通白書 2024			国土交通白書 2023			国土交通白書 2022		
該当する科目	目次	ページ数	2023年版からの変更 ☆新規に掲載 ◎内容を追加 ○数値などの変化 ●内容を簡素化 ▲移動 ★削除 無印は主な変更なし	目次	ページ数	2022年版からの変更 ☆新規に掲載 ◎内容を追加 ○数値などの変化 ●内容を簡素化 ▲移動 ★削除 無印は主な変更なし	目次	ページ数	2021年版からの変更 ☆新規に掲載 ◎内容を追加 ○数値などの変化 ●内容を簡素化 ▲移動 ★削除 無印は主な変更なし
	2 少子化社会の子育て環境づくり（こどもまんなかまちづくり等）	209	◎ 子育てを住まいと周辺環境の観点から支援。本文を加えてタイトルを変更	2 少子化社会の子育て環境づくり	190		2 少子化社会の子育て環境づくり	236	
	(1) 仕事と育児との両立の支援	209	○ 住宅確保などの支援やテレワークの内容を更新	(1) 仕事と育児との両立の支援	190	2022年版から主な変更なし	(1) 仕事と育児との両立の支援	236	○ テレワークの推進を更新
	(2) 子どもがのびのびと安全に成長できる環境づくり	210	○ 都市公園の整備を推進	(2) 子どもがのびのびと安全に成長できる環境づくり	191	2022年版から主な変更なし	(2) 子どもがのびのびと安全に成長できる環境づくり	236	2021年版から主な変更なし
道	(3) 高速道路のサービスエリアや「道の駅」における子育て応援	210	2023年版から主な変更なし	(3) 高速道路のサービスエリアや「道の駅」における子育て応援	191	2022年版から主な変更なし	(3) 高速道路のサービスエリアや「道の駅」における子育て応援	237	○ サービスエリアでは整備が完了
☆	(4) 子育てにやさしい移動支援に関する取組み	210	☆ 公共交通機関でのベビーカーの利用環境などを改善	—	—	—	—	—	—
	3 高齢社会への対応	210		3 高齢社会への対応	191		3 高齢社会への対応	237	—
	(1) 高齢者が安心して暮らせる生活環境の整備	210	2023年版から主な変更なし	(1) 高齢者が安心して暮らせる生活環境の整備	191	2022年版から主な変更なし	(1) 高齢者が安心して暮らせる生活環境の整備	237	2021年版から主な変更なし
	(2) 高齢社会に対応した輸送サービスの提供	210	◎「自家用有償旅客運送」を導入し、持続可能性を向上。実施団体数も更新	(2) 高齢社会に対応した輸送サービスの提供	191	○「自家用有償旅客運送」の実施団体数を更新。福祉タクシーの記載を削除	(2) 高齢社会に対応した輸送サービスの提供	237	○「自家用有償旅客運送」の実施団体数など を更新
道	4 歩行空間における移動支援サービスの普及・高度化	211	○ 2023年6月に研究会とワーキンググループを立ち上げてデータの整備仕様の改定などについて検討。タイトルを変更	4 歩行者移動支援の推進	191	○ 自動走行ロボットの普及などを背景に委員会が提言。図表も変更。東京オリンピックの記載や図表を削除	4 歩行者移動支援の推進	237	○ 図表も含めて東京オリンピック・パラリンピックの内容に

2-5 この3年間にみる白書の変遷

	第2節 自然災害対策	頁(2023)		備考(2023)	第2節 自然災害対策	頁(2022)		備考(2022)	第2節 自然災害対策	頁(2021)		備考(2021)
	第2節 自然災害対策	211	○	2023年度も能登半島地震や梅雨前線による大雨、台風などの災害が発生	第2節 自然災害対策	192	○	2022年8月の大雨や9月の台風で記録や浸水、土砂災害による被害が発生	第2節 自然災害対策	238	○	2021年7月からの豪雨で記録や浸水や静岡県熱海市で大規模な土石流災害
	1 防災減災が主流となる社会の実現	211			1 防災減災が主流となる社会の実現	192	●	本文を削除し、タイトルのみに	1 防災減災が主流となる社会の実現	238	○	福島県沖を震源とする地震や7〜8月の大雨で2021年も全国で被害
■全	(1) 総力戦で挑む防災・減災プロジェクト	211	○	2023年度は「首都直下地震等の大規模地震対策の強化」と「デジタル等の新技術を活用した防災施策の推進」を特にきテーマとして設定	(1) 総力戦で挑む防災・減災プロジェクト	192	○	2022年6月に「再度災害の防止」と「初動対応の迅速化・適正化」を22年度の強化すべきテーマとして設定。リスクコミュニケーションやデジタルトランスフォーメーションも活用	(1) 総力戦で挑む防災・減災プロジェクト	239	○	2021年6月に「住民避難」と「輸送確保」を推進する第2弾のプロジェクトを取りまとめ。デジタルトランスフォーメーションも導入。プロジェクトの図表は削除
■全	(2) 気候変動を踏まえた水害対策「流域治水」の推進	212	○	まちづくりや内水対策などの流域対策を充実させた「流域治水プロジェクト2.0」に更新。気候変動を踏まえた2023年版の取りまとめ、砂防分野での適応策を検討	(2) 気候変動を踏まえた水害対策「流域治水」の推進	192	○	流域治水関連法の中核をなす改正「特定都市河川浸水被害対策法」に基づく特定都市河川を全国に拡大。水害リスクを踏まえたまちづくりや貯留・浸透機能の向上などを推進	(2) 気候変動を踏まえた水害対策「流域治水」の推進	241	○	2021年7月に海岸保全施設の技術上の基準を見直し。21年3月にすべての1級水系で「流域治水プロジェクト」を公表するとともに状況を「見える化」
■全	(3) 南海トラフ巨大地震、首都直下地震、日本海溝・千島海溝周辺海溝型地震への対応	213		2023年版から主な変更なし	(3) 南海トラフ巨大地震、首都直下地震、日本海溝・千島海溝周辺海溝型地震への対応	193	○	2022年5月の特別措置法の改正を受けて11月に「国土交通省日本海溝・千島海溝周辺海溝型地震対策計画」を改定。積雪寒冷地特有の課題を考慮。タイトルを変更	(3) 南海トラフ巨大地震、首都直下地震、日本海溝・千島海溝周辺海溝型地震への対応	242	●	TEC-FORCEの記載や図表を削除。タイトルを変更
	2 災害に強い安全な国土づくり・危機管理に備えた体制の充実強化	213			2 災害に強い安全な国土づくり・危機管理に備えた体制の充実強化	194			2 災害に強い安全な国土づくり・危機管理に備えた体制の充実強化	242		

109

第2章●国土交通白書の構成とポイント

該当する科目	国土交通白書 2024			国土交通白書 2023			国土交通白書 2022		
	目次	ページ数	2023年版からの変更 ☆新規に掲載 ◎内容を追加 ○数値などの変化 ●内容を簡素化 ▲移動 ★削除 無印は主な変更なし	目次	ページ数	2022年版からの変更 ☆新規に掲載 ◎内容を追加 ○数値などの変化 ●内容を簡素化 ▲移動 ★削除 無印は主な変更なし	目次	ページ数	2021年版からの変更 ☆新規に掲載 ◎内容を追加 ○数値などの変化 ●内容を簡素化 ▲移動 ★削除 無印は主な変更なし
■全	(1) 水害対策	213	○ 2023年5月に気象業務法と水防法の改正を公布。「わかる・伝わる」ハザードマップに関する報告書を公表。水害ハザードマップ作成の手引を改定。洪水予報河川などの数値を更新	(1) 水害対策	194	○ 集水域では流域での貯留を強化。氾濫域では土地の利用や住まい方も重要に。2022年6月に洪水予報の運用方法を改善。重ねるハザードマップを改良。洪水予報河川などの数値を更新	(1) 水害対策	242	◎○ 2021年に水防法や土砂災害防止法が改正。「自衛水防」の欄を追加。[総合的な治水対策]を「流域治水の推進」に変更。「水害リスクマップ(浸水頻度図)」を新たに整備。洪水予報河川などの数値を更新
■全	(2) 土砂災害対策	217	○ 2023年の土砂災害は1471件。24年の能登半島地震でも人工衛星を活用して被災地を緊急観測。「ダイナミックSABOプロジェクト」で防災の啓発や地域の活性化に支援。[関連データ]の死者や行方不明者が占める要配慮者の割合を更新	(2) 土砂災害対策	197	○ 2022年の土砂災害は795件。流木やまちづくりの計画と一体での対策を推進。21年度末までに土砂災害警戒区域の指定をおおむね完了。土砂災害対策の推進や危険度分布の図表を更新。効果事例や「関連データ」に	(2) 土砂災害対策	247	○ 2021年の土砂災害は972件。道路の対策に盛り土を追記。「避難勧告等」を「警戒レベル4避難指示」に。緊急的な土砂災害対策の図表を再度災害の防止を目的とした対策に変更。他の図表も数値を更新
川	(3) 火山災害対策	219	○ 2023年度末時点で火山噴火リアルタイムハザードマップシステムは16の火山で運用。「火山噴火緊急減災対策砂防計画」は対象とする49火山すべてで制定。図表は「関連リンク」に	(3) 火山災害対策	200	○ 2022年度末時点で火山噴火リアルタイムハザードマップシステムは14の火山で運用。「火山噴火緊急減災対策砂防計画」は対象とする49火山のうち、48で制定。図表は「関連リンク」に	(3) 火山災害対策	252	○ 2021年度末時点で「火山噴火緊急減災対策砂防計画」は44火山で制定。噴火警戒レベルは49の、リアルタイムハザードマップシステムは12の火山でそれぞれ運用

2-5 この3年間にみる白書の変遷

	項目	2023年版		2024年版		2025年版	
川港	(4) 高潮・侵食等対策	221 ○	官民が合意のうえでハード・ソフト一体の施策を進める「協働防護」によって港湾や臨海部の防災・減災を推進	201 ○	2022年9月から高潮の早期注意情報（警報級の可能性）の運用を開始	255 ○	2021年に改正した水防法を踏まえ、高潮浸水想定区域図の作成の手引を改定。21年度末で20都道府県が同区域図を公表。22年度から高潮の早期注意情報の運用を開始
■都川港	(5) 津波対策	222 ○	大規模災害発生後の海上交通ネットワークを確保。長時間継続する津波の情報提供について検討。2024年から到達予想時刻をビジュアル化して提供	202 ○	2022年版から主な変更なし	256 ○	防災情報の提供方法を見直して適切な避難行動を促進
■全	(6) 地震対策	223 ○	2023年3月に鉄道の耐震補強に関する省令などを改正。27年度まで新幹線以外は耐震補強。「危険密集市街地」は22年度末時点で1875haに	204 ○	2022年3月の福島県沖の地震を受けて12月に新幹線の耐震対策について中間取りまとめ。高架橋を25年度までに補強。「危険密集市街地」は21年度末時点で1990haに	258 ○	密集市街地では感震ブレーカーの設置や防災マップの作成、訓練などのソフト対策も推進。土砂災害の状況把握に衛星も活用
道	(7) 雪害対策	226 ○	2023年版から主な変更なし	207 ○	タイムラインに基づいて対策	262 ○	防災気象情報の発表内容や伝え方などを見直し
■全	(8) 防災情報の高度化	227 ○	2023年度から線状降水帯の発生を最大30分程度前倒しして発表。「関連データ」のハザードマップの整備状況を更新	207 ○	線状降水帯による大雨に関して半日程度前から呼びかけ。ハザードマップの整備状況を更新して「関連データ」に	263 ○	ハザードマップの整備状況を更新。複雑化の指摘を踏まえ、防災気象情報全体の体系を整理するとともに、個々の情報も見直し
	(9) 危機管理体制の強化	227 ○	TEC-FORCEの記載を2024年の能登半島地震や23年6月29日からの大雨などへの対応に更新	208 ○	TEC-FORCEの記載を2022年8月の大雨や台風14号などへの対応に更新	264 ○	TEC-FORCEの記載を2021年7月や8月の大雨への対応に更新。地方整備局などの定員の図表を削除

該当する科目	国土交通白書 2024 目次	ページ数	2023年版からの変更 ☆新規に掲載 ◎内容を追加 ●数値などの変化 ●内容を簡素化 ▲移動 ★削除 無印は主な変更なし	国土交通白書 2023 目次	ページ数	2022年版からの変更 ☆新規に掲載 ◎内容を追加 ●数値などの変化 ●内容を簡素化 ▲移動 ★削除 無印は主な変更なし	国土交通白書 2022 目次	ページ数	2021年版からの変更 ☆新規に掲載 ◎内容を追加 ●数値などの変化 ●内容を簡素化 ▲移動 ★削除 無印は主な変更なし
川 港 道	(10) ICTを活用した施設管理体制の充実強化	230	2023年版から主な変更なし	(10) ICTを活用した施設管理体制の充実	209	2022年版から主な変更なし	(10) ICTを活用した既存ストックの管理	266	◎ 排水機場などの河川管理施設も遠隔で監視して操作
■全	(11) 公共土木施設の災害復旧等	230	◎ 技術職員が不足する市町村で「早期確認型査定」を試行。2024年の被害額は3693億円	(11) 公共土木施設の災害復旧等	210	◎ 災害査定にドローンやリモートを活用。応急組み立て橋で早期に交通を確保。2022年の被害額は3892億円	(11) 公共土木施設の災害復旧等	266	◎ 2021年度は道路の災害復旧に直轄権限代行を採用。21年の被害額は2591億円
	──	―	★	(12) 安全・安心のための情報・広報等ソフト対策の推進	210	2022年版から主な変更なし	(12) 安全・安心のための情報・広報等ソフト対策の推進	267	2021年版から主な変更なし
■全	(12) 盛土による災害防止に向けた取組	230	◎ 盛土の安全対策推進ガイドラインや防災マニュアルを制定。2024年6月からは、元請け会社などが建設発生土の最終搬出先まで確認することを義務付け	(13) 盛土による災害防止に向けた取組	210	◎ 2022年3月末でほぼすべての盛り土の点検を完了する「宅地造成及び特定盛土等規制法」を施行。「資源有効利用促進法」などに基づき建設発生土の搬出先を明確化	(13) 盛土による災害防止に向けた取組	267	☆ 2021年7月からの大雨による静岡県熱海市の土石流災害などを受けて、危険な盛り土への対策や盛土規制法の創設などを制度の創設などを12月に提言。「宅地造成等規制法」の改正案を22年3月に国会に提出
■全	(13) 災害危険住宅移転等	231	2023年版から主な変更なし	(14) 災害危険住宅移転等	211	☆ 防災集団移転促進事業やがけ地近接等危険住宅移転事業で移転を促進	──	―	―
■全	(14) 水道分野における災害対応能力の強化	231	☆ 水道事業の災害対応能力を強化。能登半島地震で応急給水など災害支援	──	―	―	──	―	―
	3 災害に強い交通体系の確保	232		3 災害に強い交通体系の確保	211		3 災害に強い交通体系の確保	268	

	項目	頁		内容	項目	頁		内容	項目	頁		内容
■全	(1)多重性・代替性の確保等	232	○	地震を想定した代替海上輸送に関する訓練を実施。「ミッシングリンクの解消」の表記を「未整備区間の整備」に変更	(1)多重性・代替性の確保等	211		2022年版から主な変更なし	(1)多重性・代替性の確保等	268	○	鉄道や港湾、空港の耐災化や緊急輸送体制の確立を図る
■全	(2)道路防災対策	232	○	能登半島地震で「道の駅」が防災拠点に。2024年3月までに「防災拠点自動車駐車場」として366カ所の道のSA・PAをそれぞれ指定	(2)道路防災対策	211	○	2023年3月までに「防災拠点自動車駐車場」として354カ所の道のSA・PAをそれぞれ指定	(2)道路防災対策	268		2021年版から主な変更なし
■全	(3)無電柱化の推進	232	○	狭あいな道路などで占用制限を拡大。「人口集中地区」など防災上重要な区間を優先	(3)無電柱化の推進	212	○	道路整備と同時に管路などを整備。緊急輸送道路などで早期に占用制限を開始	(3)無電柱化の推進	269	○	2021年5月に無電柱化推進計画を制定。新設電柱の禁止措置を拡大。届け出・勧告制度の運用を開始
■全	(4)各交通機関等における防災対策	233	◎	港湾の記載を復活。BCPの改善やドローンを活用した情報収集などによって港湾の機能を迅速に回復。能登半島地震では港湾の管理の一部を国が代行	(4)各交通機関等における防災対策	212	●	鉄道では適切な計画運休も実施。港湾の記載を削除	(4)各交通機関等における防災対策	269	○	非常災害時に国が港湾施設を管理する制度に基づき、沖縄・運天港で2021年12月に軽石対策。港湾では衛星やドローンなども活用して災害関連の情報を収集
■全	(5)円滑な支援物資輸送体制の構築等	233	○	非常用電源設備の導入を支援	(5)円滑な支援物資輸送体制の構築等	212	○	2022年度にハンドブックを改訂。大規模な地震以外にも対応可能なBCPのガイドラインを制定	(5)円滑な支援物資輸送体制の構築等	270	○	都道府県と物流事業者との災害時の協力協定の締結や民間物資の拠点のリストアップを促進
	第3節 建築物の安全性確保	234			第3節 建築物の安全性確保	213			第3節 建築物の安全性確保	270		
	(1)住宅・建築物の安全性の確保	234	○	2023年版から主な変更なし	(1)住宅・建築物の安全性の確保	213	○	既存建築物の火災への安全対策の強化。タイトルも変更	(1)住宅・建築物の生産・供給システムにおける信頼確保	270	●	
	(2)昇降機や遊戯施設の安全性の確保	234		2023年版から主な変更なし	(2)昇降機や遊戯施設の安全性の確保	213		2022年版から主な変更なし	(2)昇降機や遊戯施設の安全性の確保	271		2021年版から主な変更なし

第2章●国土交通白書の構成とポイント

該当する科目	国土交通白書2024 目次	ページ数	2023年版からの変更 ☆新規に掲載／◎内容を追加／○数値などの変化／●内容を簡素化／▲移動／★削除／無印は主な変更なし	国土交通白書2023 目次	ページ数	2022年版からの変更 ☆新規に掲載／◎内容を追加／○数値などの変化／●内容を簡素化／▲移動／★削除／無印は主な変更なし	国土交通白書2022 目次	ページ数	2021年版からの変更 ☆新規に掲載／◎内容を追加／○数値などの変化／●内容を簡素化／▲移動／★削除／無印は主な変更なし
	第4節 交通分野における安全対策の強化	234		第4節 交通分野における安全対策の強化	213	● 本文を削除し、タイトルのみに	第4節 交通分野における安全対策の強化	271	2021年版から主な変更なし
港 道 鉄	1 運輸事業者における安全管理体制の構築・改善	234	○ 運輸安全マネジメント評価の数値などを更新	1 運輸事業者における安全管理体制の構築・改善	213	○ テロや感染症への対応について評価を実施。運輸安全マネジメント評価などの数値を更新。図表を簡略化	1 運輸事業者における安全管理体制の構築・改善	271	○ 運輸安全マネジメント評価などの数値を更新
	2 鉄軌道交通における安全対策	235	2023年版から主な変更なし	2 鉄軌道交通における安全対策	214	2022年版から主な変更なし	2 鉄軌道交通における安全対策	273	2021年版から主な変更なし
鉄	(1) 鉄軌道の安全性の向上	235	2023年版から主な変更なし	(1) 鉄軌道の安全性の向上	214	● 事故の件数などの推移の図表を削除	(1) 鉄軌道の安全性の向上	273	○ 事故の件数と負傷者数、死亡者数ともに前年度から減少
道 鉄	(2) 踏切対策の推進	236	○ 2024年1月に「道路の移動等円滑化に関するガイドライン」を改訂。「踏切道改良促進法」に基づき、23年度は新たに408カ所を指定。24年度も立体交差化などを推進	(2) 踏切対策の推進	215	○ 2022年6月に改訂した「道路の移動等円滑化等に関するガイドライン」を周知。「踏切道改良促進法」に基づき、23年度も改良すべき踏切道の立体交差化などを推進	(2) 踏切対策の推進	273	○ 2022年度も改正「踏切道改良促進法」に基づき、改良すべき踏切道の立体交差化や周辺道路の整備などを推進。21年度は新たに156カ所を指定
鉄	(3) ホームドアの整備促進	236	○ 2022年度末時点で駅全体では2484番線を整備	(3) ホームドアの整備促進	215	○ 都市部では2021年12月に創設した鉄道駅バリアフリー料金制度を活用して加速。地方では支援措置を重点化	(3) ホームドアの整備促進	274	○ 2020年度末で943駅に設置。ホームドアのない駅では新技術も活用して視覚障害者に安全対策
鉄	(4) 鉄道施設の戦略的な維持管理・更新	237	2023年版から主な変更なし	(4) 鉄道施設の戦略的な維持管理・更新	216	2022年版から主な変更なし	(4) 鉄道施設の戦略的な維持管理・更新	274	2021年版から主な変更なし
	3 海上交通における安全対策	237	● 本文を削除し、タイトルのみに	3 海上交通における安全対策	216	2022年版から主な変更なし	3 海上交通における安全対策	275	2021年版から主な変更なし

2-5 この3年間にみる白書の変遷

項目	ページ	評価	主な変更点	ページ	評価	主な変更点	ページ	評価	主な変更点
(1) 船舶の安全性の向上及び船舶航行の安全確保	237	◎	知床遊覧船事故対策を追加。数値なども更新	216	○		275	○	
(2) 乗船者の安全対策の推進	239	○		218	○		278	○	
(3) 救助・救急体制の強化	239	○		218	○		279	○	2021年版から主な変更なし
4 航空交通における安全対策	239	○		218	○		279	○	
(1) 航空交通の安全対策の強化	239	◎	ドローンによる配送サービスの事業化に向けて2023年12月にレベル3.5飛行の制度を新設。航空機の安全審査の項目を追加。「関連データ」の事故件数などのグラフを更新	218	○	有人地帯での補助者なしの目視外飛行が2023年3月から山間部で開始。今後は人口密度の高いエリアに拡大。「空飛ぶクルマ」の記載などを追加。事故件数などのグラフは「関連データ」に	279	○	2022年6月から無人航空機の登録が義務に。有人地帯での補助者なしの目視外飛行に向けて改正航空法などが21年6月に公布。事故の発生率なども更新
(2) 安全な航空交通のためのシステムの構築	241	○	タイトルを変更	220	○	安全な航空交通と交通容量増大に対応するための航空保安システムの構築。ポストコロナの需要増に対応しながら脱炭素化も。タイトルを変更	281	○	
5 航空、鉄道、船舶事故等における原因究明と事故等防止	242	◎	2023年度の事案や件数など に更新。無人航空機や旅客船の事故の項目を削除し、「デジタル技術の活用」に	220	◎	2022年度の事案や取り組みなどに更新	281	◎	事故の発生件数や調査結果を追加。事例
6 公共交通における被害者・家族等への支援	243	○		222	○		282	○	
7 道路交通における安全対策	243	○	2023年の交通事故による死者数は前年比68人増の2678人で、8年ぶりに増加。死亡事故の約半数が歩行中や自転車の乗車中に発生するなど傾向は変わっていない	222	○	2022年の交通事故による死者数は前年比26人減の2610人までの最少を更新。戦後からの最少を更新。一方、死亡事故の約半数が歩行中や自転車の乗車中に発生するなど傾向は変わっていない	283	○	2021年の交通事故による死者数は前年比203人減の2636人までの最少。戦後からの最少を更新。一方、死亡事故の約半数が歩行中や自転車の乗車中に発生するなど傾向は変わっていない

115

第2章●国土交通白書の構成とポイント

該当する科目	国土交通白書 2024			国土交通白書 2023			国土交通白書 2022		
	目次	ページ数	2023年版からの変更 ☆新規に掲載 ◎内容を追加 ○数値などの変化 ●内容を簡素化 ▲移動 ★削除 無印は主な変更なし	目次	ページ数	2022年版からの変更 ☆新規に掲載 ◎内容を追加 ○数値などの変化 ●内容を簡素化 ▲移動 ★削除 無印は主な変更なし	目次	ページ数	2021年版からの変更 ☆新規に掲載 ◎内容を追加 ○数値などの変化 ●内容を簡素化 ▲移動 ★削除 無印は主な変更なし
道	(1) 道路の交通安全対策	243	◎ 自転車対歩行者の事故が増加傾向。通学路では合同点検に基づく対策のうち、2023年12月末時点で暫定的な対策を含めて96%で完了。高速道路の正面衝突事故の防止に向けて長大橋とトンネルの区画柵の設置箇所を拡大	(1) 道路の交通安全対策	222	◎ 「ゾーン30プラス」で車両の速度や通過交通の侵入を抑制。ビッグデータを活用して危険箇所を見える化。高速道路の正面衝突事故の防止に向けて長大橋とトンネルで区画柵の設置を拡大	(1) 道路の交通安全対策	283	◎ 速度規制と物理的デバイスを組み合わせた「ゾーン30プラス」を設定。2021年6月の事故を受けて通学路に対策。高速道路の正面衝突事故の防止に向けて長大橋とトンネルで新技術を試行
道	(2) 安全で安心な道路サービスを提供する計画的な道路施設の管理	244	2023年版から主な変更なし	(2) 安全で安心な道路サービスを提供する計画的な道路施設の管理	223	○ 次回の点検までに措置を講ずべき橋のうち、地方自治体で修繕が完了した割合は2021年度末で46%にとどまる	(2) 安全で安心な道路サービスを提供する計画的な道路施設の管理	284	○ 次回の点検までに措置を講ずべき橋のうち、地方自治体で修繕が完了した割合は35%にとどまる
	—	—		—	—	★	(3) 関越道高速ツアーバス事故を受けた対策の着実な実施	285	○ 2021年版の(4)から移動してタイトルを変更
	(3) バスの重大事故を受けた安全対策の実施	245	○ 貸し切りバスの安全性の向上に関する関係法令を改正	(3) バスの重大事故を受けた安全対策の実施	224	○ 2022年のバスの横転事故を追記。タイトルを変更	(4) 軽井沢スキーバス事故を受けた対策の着実な実施	285	タイトル変更
	(4) 事業用自動車の安全プラン等に基づく安全対策の推進	245	● 運輸安全マネジメントの評価項目などを更新。コンプライアンスやIT、国際海上コンテナなどに関する項目を削除	(4) 事業用自動車の安全プラン等に基づく安全対策の推進	224	○ 運行管理にICTを活用。運輸安全マネジメントの評価項目などを更新	(5) 事業用自動車の安全プラン等に基づく安全対策の推進	285	2021年版から主な変更なし

116

2-5 この3年間にみる白書の変遷

備考		頁	項目	備考		頁	項目	備考		頁	項目
2021年6月に車両の安全対策に関する報告書を取りまとめ。安全基準や先進安全自動車、自動運転などの内容も更新	○	287	(6) 自動車の総合的な安全対策	安全基準や先進安全自動車、自動運転、自動車型式指定制度、リコールなどの内容を更新	○	226	(5) 自動車の総合的な安全対策	安全基準や先進安全自動車、安全情報の提供、自動車型式指定制度、リコールなどの内容を更新	○	245	(5) 自動車の総合的な安全対策
	◎	289	(7) 被害者支援		○	228	(6) 被害者支援		○	247	(6) 被害者支援
2021年9月に指針を見直し	○	289	(8) 機械式立体駐車場の安全対策	2023年5月にJIS規格を改正	○	229	(7) 機械式立体駐車場の安全対策	2023年版から主な変更なし	○	248	(7) 機械式立体駐車場の安全対策
		290	第5節 危機管理・安全保障対策			229	第5節 危機管理・安全保障対策	2023年版の5節の2の本文を追加	◎	249	第5節 危機管理・安全保障対策
	○	290	1 犯罪・テロ対策等の推進		○	229	1 犯罪・テロ対策等の推進		○	249	1 犯罪・テロ対策等の推進
	○	290	(1) 各国との連携による危機管理・安全保障対策		○	229	(1) 各国との連携による危機管理・安全保障対策		○	249	(1) 各国との連携による危機管理・安全保障対策
	○	292	(2) 公共交通機関等におけるテロ対策の徹底・強化		○	230	(2) 公共交通機関等におけるテロ対策の徹底・強化		○	250	(2) 公共交通機関等におけるテロ対策の徹底・強化
2021年版から主な変更なし	○	293	(3) 物流におけるセキュリティと効率化の両立		●	231	(3) 物流におけるセキュリティと効率化の両立		○	251	(3) 物流におけるセキュリティと効率化の両立
	○	294	(4) 情報セキュリティ対策	2022年版から主な変更なし	○	231	(4) 情報セキュリティ対策	タイトルを変更	○	251	(4) サイバーセキュリティ対策
	○	294	2 事故災害への対応体制の確立		●	232	2 事故災害への対応体制の確立		○	252	2 事故災害への対応体制の確立
	○	295	3 海上における治安の確保		○	232	3 海上における治安の確保		○	252	3 海上における治安の確保
図表を追加	◎	295	(1) テロ対策の推進		○	232	(1) テロ対策の推進	2023年版から主な変更なし		252	(1) テロ対策の推進
2021年版から主な変更なし	○	295	(2) 不審船・工作船対策の推進		○	232	(2) 不審船・工作船対策の推進	2023年版から主な変更なし		252	(2) 不審船・工作船対策の推進
	○	295	(3) 海上犯罪対策の推進	2022年版から主な変更なし	○	232	(3) 海上犯罪対策の推進		○	252	(3) 海上犯罪対策の推進
	○	296	4 安全保障と国民の生命・財産の保護		○	233	4 安全保障と国民の生命・財産の保護		○	253	4 安全保障と国民の生命・財産の保護
	○	296	(1) 北朝鮮問題への対応		○	233	(1) 北朝鮮問題への対応	2023年版から主な変更なし	○	253	(1) 北朝鮮問題への対応

第7章 美しく良好な環境の保全と創造

凡例（2024は2023年版からの変更、2023は2022年版からの変更、2022は2021年版からの変更）：☆新規に掲載　◎内容を追加　○数値などの変化　●内容を簡素化　▲移動　★削除　無印は主な変更なし

該当する科目	国土交通白書2024 目次	ページ数	2023年版からの変更	国土交通白書2023 目次	ページ数	2022年版からの変更	国土交通白書2022 目次	ページ数	2021年版からの変更
	(2) 国民保護計画による武力攻撃事態等への対応	253	◎	(2) 国民保護計画による武力攻撃事態等への対応	233	2022年版から主な変更なし	(2) 国民保護計画による武力攻撃事態等への対応	296	2021年版から主な変更なし
	5 重篤な感染症及び影響の大きい家畜伝染病対策	254		5 重篤な感染症及び影響の大きい家畜伝染病対策	234		5 重篤な感染症及び影響の大きい家畜伝染病対策	297	
	(1) 重篤な感染症対策	254	● 国内における感染防止対策や水際対策の記載を削除	(1) 重篤な感染症対策	234	○ 感染症対策や水際対策などの記載を更新	(1) 重篤な感染症対策	297	● 感染症対策の記載を更新。エボラ出血熱の項目を削除
	(2) 影響の大きい家畜伝染病対策	254	○	(2) 影響の大きい家畜伝染病対策	234	○	(2) 影響の大きい家畜伝染病対策	298	○
第7章 美しく良好な環境の保全と創造	第7章 美しく良好な環境の保全と創造	255		第7章 美しく良好な環境の保全と創造	235		第8章 美しく良好な環境の保全と創造	299	
	第1節 地球温暖化対策の推進	255		第1節 地球温暖化対策の推進	235		第1節 地球温暖化対策の推進	299	
全	1 地球温暖化対策の実施等	255	○ 2023年7月に「脱炭素成長型経済構造移行推進戦略」を閣議決定。世界の平均気温の上昇が加速しており、2014〜23年は1850〜1900年の平均と比べて約1.20℃上昇	1 地球温暖化対策の実施等	235	○ 2023年2月に閣議決定した「GX実現に向けた基本方針」に基づき、「脱炭素成長型経済構造への円滑な移行の推進に関する法律」が5月に成立。温室効果ガス排出量の内訳を示した図表を削除	1 地球温暖化対策の実施等	299	◎ 2021年10月に地球温暖化対策計画と「パリ協定に基づく成長戦略としての長期戦略」を閣議決定。温室効果ガスの排出量を更新
	2 地球温暖化対策（緩和策）の推進	255		2 地球温暖化対策（緩和策）の推進	235		2 地球温暖化対策（緩和策）の推進	300	

	項目	頁		変更点	項目	頁		変更点	項目	頁		変更点
■全	(1) まちづくりのグリーン化の推進	255	○	「まちづくりGX」として、都市緑地の多様な機能の発揮や都市開発での再生可能エネルギーの導入促進などを進める	(1) まちづくりのグリーン化の推進	235	○	「都市構造の変革」と「街区単位での取り組み」、「都市における緑地の発揮や都市開発におけるオープンスペースの展開」を柱に。タイトルを変更	(1) カーボンニュートラルなまちづくりへの転換	300	○	タイトルに合わせて表記を一部変更。「都市機能の集約化」は「都市のコンパクト化」に
	(2) 環境にやさしい自動車の開発・普及、最適な利活用の推進	255	●	エコカー減税などに関する2023年度の税制改正の記載を削除	(2) 環境に優しい自動車の開発・普及、最適な利活用の推進	235	●	エコカー減税と燃料電池自動車などの補助に関する記載のみに	(2) 環境に優しい自動車の開発・普及、最適な利活用の推進	300	●	超小型モビリティーの普及に関する記載を削除
■全	(3) 道路におけるカーボンニュートラルの取組み	256	○	道路交通の適正化やグリーン化、低炭素な人流・物流への転換、道路のライフサイクル全体の低炭素化の4つを柱に推進。タイトルも変更	(3) 交通流対策等の推進	236	○	ETC2.0を活用した渋滞箇所へのピンポイント対策やAIなどを活用した交通需要の調整などで環境への負荷を低減	(3) 交通流対策等の推進	300	○	2021年版から主な変更なし
■全	(4) 公共交通機関の利用促進	256	○	まちづくりと連携した公共交通ネットワークの再編や交通DXの推進なども	(4) 公共交通機関の利用促進	236	○	2022年版から主な変更なし	(4) 公共交通機関の利用促進	301	○	2021年版から主な変更なし
■全	(5) 高度化・総合化・効率化した物流サービス実現に向けた更なる取組み	256	○	横浜港と神戸港で水素を燃料とする荷役機械の現地実証の準備に着手	(5) 高度化・総合化・効率化した物流サービス実現に向けた更なる取組み	236	○	カーボンニュートラルポート (CNP)の形成に向けて水素を用いた荷役機械の実証事業。貨物鉄道の記載を追加	(5) 高度化・総合化・効率化した物流サービス実現に向けた更なる取組み	301	○	「カーボンニュートラルポート (CNP)」の形成に向けて設備などを導入。2021年6月に総合物流施策大綱 (21～25年度) を閣議決定
■全	(6) 鉄道・船舶・航空・港湾における低炭素化の促進	257	○	補助制度や税制などで鉄道分野の脱炭素化を推進。「港湾脱炭素化推進計画」の作成に支援。港湾のCNP認証を試行。海運や航空の取り組みも更新。タイトルを変更	(6) 鉄道・船舶・航空・港湾における低炭素化の促進	237	○	2023年5月に鉄道分野の脱炭素化に関して最終取りまとめ。22年に施行した改正港湾法によってCNPを推進。海運や航空の取り組みも更新	(6) 鉄道・船舶・航空・港湾における低炭素化の促進	302	◎	2021年12月に「カーボンニュートラルポート」(CNP)の形成に向けてマニュアルを公表。CNPの図表を更新。海運や航空の取り組みも更新して追記
■全	(7) 住宅・建築物の省エネ性能の向上	258	○	省エネ性能をラベルを用いて表示するよう見直し。2024年4月に施行。市町村による促進区域の設定も4月から	(7) 住宅・建築物の省エネ性能の向上	238	○	2022年6月に公布された改正法で、25年度までに原則すべての新築住宅などに省エネ基準への適合を義務付け	(7) 住宅・建築物の省エネ性能の向上	304	○	2021年版から主な変更なし

第2章●国土交通白書の構成とポイント

該当する科目	国土交通白書2024 目次	ページ数	2023年版からの変更 ☆新規に掲載 ◎内容を追加 ○数値などの変化 ●内容を簡素化 ▲移動 ★削除 無印は主な変更なし	国土交通白書2023 目次	ページ数	2022年版からの変更 ☆新規に掲載 ◎内容を追加 ○数値などの変化 ●内容を簡素化 ▲移動 ★削除 無印は主な変更なし	国土交通白書2022 目次	ページ数	2021年版からの変更 ☆新規に掲載 ◎内容を追加 ○数値などの変化 ●内容を簡素化 ▲移動 ★削除 無印は主な変更なし
■全	(8) 下水道における脱炭素化の推進	259	タイトルを変更	(8) 下水道における省エネ・創エネ対策等の推進	239 ○	2022年版から主な変更なし	(8) 下水道における省エネ・創エネ対策等の推進	304 ○	2021年版から主な変更なし
■全	(9) 建設機械の環境対策の推進	259	2023年10月にGX建設機械の認定制度を創設	(9) 建設機械の環境対策の推進	239 ○	電動などのGX建設機械の認定制度の創設を検討	(9) 建設機械の環境対策の推進	304 ○	2022年1月末時点で140型式を認定
■全	(10) 都市緑化等によるCO$_2$の吸収源対策の推進	259	2023年版から主な変更なし	(10) 都市緑化等によるCO$_2$の吸収源対策の推進	239 ○	2022年版から主な変更なし	(10) 都市緑化等によるCO$_2$の吸収源対策の推進	305 ○	「京都議定書」の表記を「パリ協定」に変更
■全	(11) ブルーカーボンを活用した吸収源対策の推進	259	藻場などや海洋生物の定着を促す構造物を「ブルーインフラ」と位置付け	(11) ブルーカーボンを活用した吸収源対策の推進	239 ●	産業副産物の利用に関する記載を削除	(11) ブルーカーボンを活用した吸収源対策の推進	305 ○	「ブルーカーボン・オフセット・クレジット制度」を試行
	3 再生可能エネルギー等の利活用の推進	260		3 再生可能エネルギー等の利活用の推進	240 ●	本文を削除し、タイトルのみに	3 再生可能エネルギー等の利活用の推進	305 ○	2021年10月にエネルギー基本計画を閣議決定し、再生可能エネルギーの主力電源化を徹底
■全	(1) 海洋再生可能エネルギー利用の推進	260	2024年3月までに9区域で洋上風力発電の事業者を選定。基地港湾は5港に。排他的経済水域への拡大に向けて再エネ海域利用法の改正案を3月に閣議決定。浮体式洋上風力発電の検討も進展	(1) 海洋再生可能エネルギー利用の推進	240 ○	2022年12月から23年1月にかけて洋上能代港内などで洋上風力発電の運転を開始。22年12月から秋田県などの4区域で事業者の公募を開始。基地港湾と促進区域を削除	(1) 海洋再生可能エネルギー利用の推進	305 ○	2021年6月と12月に促進区域の事業者を選定。22年2月に基地港湾の規模や配置などについて取りまとめ、基地港湾や促進区域の図表を更新
■全	(2) 未利用水力エネルギーの活用	260	「ハイブリッドダム」の取り組みを72のダムで試行	(2) 未利用水力エネルギーの活用	240 ○	「ハイブリッドダム」を推進	(2) 未利用水力エネルギーの活用	306 ◎	多目的ダムを加えてタイトルを変更

2-5 この3年間にみる白書の変遷

区分	項目（2023年版）	頁	印	備考	項目（2022年版）	頁	印	備考	項目（2021年版）	頁	印	備考
	(3) 下水道バイオマス等の利用の推進	260		2023年版から主な変更なし	(3) 下水道バイオマス等の推進	240		2022年版から主な変更なし	(3) 下水道バイオマス等の利用の推進	306		2021年版から主な変更なし
	(4) 太陽光発電等の導入推進	261		2023年版から変更なし	(4) 太陽光発電等の導入推進	240		2022年版から変更なし	(4) 太陽光発電等の導入推進	307	○	鉄道やダムも活用。タイトルを変更
	(5) 水素社会実現に向けた国土交通省における水素政策	261	○	下水汚泥の項目を削除。海上輸送システムや燃料電池鉄道車両などの記載を更新。タイトルを変更	(5) 水素社会実現に向けた推進	241	◎	燃料電池鉄道車両の開発を追加。燃料電池自動車などの記載を更新	(5) 水素社会実現に向けた取組みの推進	307	◎	水素燃料船の開発を追加。燃料電池自動車などの記載を更新
■国土交通省	4 地球温暖化対策（適応策）の推進	261		2023年版から主な変更なし	4 地球温暖化対策（適応策）の推進	241	●		4 地球温暖化対策（適応策）の推進	308	○	2021年10月に閣議決定した気候変動適応計画に基づいて推進
	第2節 循環型社会の形成促進	262			第2節 循環型社会の形成促進	242			第2節 循環型社会の形成促進	308		
	1 建設リサイクル等の推進	262			1 建設リサイクル等の推進	242	●	本文を削除し、タイトルのみに。建設廃棄物の排出量などは「関連リンク」に	1 建設リサイクル等の推進	308		2021年版から主な変更なし
循環施策	(1) 建設リサイクルの推進	262		2023年版から主な変更なし	(1) 建設リサイクルの推進	242	○	建設発生土のさらなる利用を促進。「建設リサイクル推進計画2020」の達成基準値などは「関連リンク」に	(1) 建設リサイクルの推進	308		2021年版から主な変更なし
	(2) 下水汚泥資源の肥料利用等の推進	262	○	下水汚泥の肥料としての利用を拡大。タイトルを変更	(2) 下水汚泥の肥料利用・リサイクルの推進	242		タイトルを変更	(2) 下水汚泥の減量化・リサイクルの推進	309		2020年度のリサイクル率は75%
	2 循環資源物流システムの構築	262			2 循環資源物流システムの構築	243			2 循環資源物流システムの構築	309		
	(1) 海上輸送を活用した循環資源物流ネットワークの形成	262		2023年版から主な変更なし	(1) 海上輸送を活用した循環資源物流ネットワークの形成	243	○	災害廃棄物の仮置き場や処分場としての港湾の利用を検討。図表を削除	(1) 海上輸送を活用した循環資源物流ネットワークの形成	309		2021年版から主な変更なし
	(2) 廃棄物海面処分場の計画的な確保	262		2023年版から主な変更なし	(2) 廃棄物海面処分場の計画的な確保	243		2022年版から主な変更なし	(2) 廃棄物海面処分場の計画的な確保	310		2021年版から主な変更なし
	3 自動車・船舶のリサイクル	263			3 自動車・船舶のリサイクル	243			3 自動車・船舶のリサイクル	311		

該当する科目	国土交通白書 2024 目次	ページ数	2023年版からの変更 ☆新規に掲載 ◎内容を追加 ○数値などの変化 ●内容を簡素化 ▲移動 ★削除 無印は主な変更なし	国土交通白書 2023 目次	ページ数	2022年版からの変更 ☆新規に掲載 ◎内容を追加 ○数値などの変化 ●内容を簡素化 ▲移動 ★削除 無印は主な変更なし	国土交通白書 2022 目次	ページ数	2021年版からの変更 ☆新規に掲載 ◎内容を追加 ○数値などの変化 ●内容を簡素化 ▲移動 ★削除 無印は主な変更なし
	(1) 自動車のリサイクル	263	○	(1) 自動車のリサイクル	243	○	(1) 自動車のリサイクル	311	○
	(2) 船舶のリサイクル	263	○	(2) 船舶のリサイクル	243	○	(2) 船舶のリサイクル	311	○
	4 グリーン調達に基づく取組み	263	○ 2024年3月に調達方針を制定	4 グリーン調達に基づく取組み	244	○ 2023年2月に調達方針を制定	4 グリーン調達に基づく取組み	312	○ 2022年3月に調達方針を制定
	5 木材利用の推進	264	○ 「脱炭素社会の実現に資するための建築物のエネルギー消費性能の向上に関する法律」などの改正法のうち、防火規制の合理化について2024年4月に施行。全面施行は25年4月の予定	5 木材利用の推進	244	○ 2022年6月に「脱炭素社会の実現に資するための建築物のエネルギー消費性能の向上に関する法律」などの改正法を公布。図表の整備事例も変更	5 木材利用の推進	312	◎ 2021年10月に改正「公共建築物等における木材の利用の促進に関する法律」を施行して対象を拡大。22年4月に「脱炭素社会の実現に資するための建築物のエネルギー消費性能の向上に関する法律」などの改正案を閣議決定。図表の事例も変更
	第3節 豊かで美しい自然環境を保全・再生する国土づくり	264		第3節 豊かで美しい自然環境を保全・再生する国土づくり	245		第3節 豊かで美しい自然環境を保全・再生する国土づくり	313	
都 川 環	1 生物多様性の保全のための取組み	264	◎ 都市の緑地では「まちづくりGX」を通じて生物多様性の確保を進める	1 生物多様性の保全のための取組み	245	○ 2023年3月に「生物多様性国家戦略2022-2030」を制定	1 生物多様性の保全のための取組み	313	2021年版から主な変更なし
	2 豊かで美しい河川環境の形成	265		2 豊かで美しい河川環境の形成	245		2 豊かで美しい河川環境の形成	313	
川 環	(1) 良好な河川環境の保全・再生・創出	265	タイトルを変更	(1) 良好な河川環境の保全・形成	245	○ 「多自然川づくり」をすべての川づくりで推進	(1) 良好な河川環境の保全・形成	313	○ 2021年7月に外来植物の防除対策のハンドブックを作成

分野	項目（2024年版）	頁		変更点	項目（2023年版）	頁		変更点	項目（2022年版）	頁		変更点
川環	(2) 河川水量の回復のための取組み	265		2023年版から主な変更なし	(2) 河川水量の回復のための取組み	245		2022年版から主な変更なし	(2) 河川水量の回復のための取組み	313	●	「活用放流」の実施数を削除
川環	(3) 流域の源頭部から海岸までの総合的な土砂管理の取組みの推進	265		2023年版から主な変更なし	(3) 流域の源頭部から海岸までの総合的な土砂管理の取組みの推進	246	○	本文やタイトルの「山地」を「流域の源頭部」に変更	(3) 山地から海岸までの総合的な土砂管理の取組みの推進	314		2021年版から主な変更なし
川環	(4) 河川における環境教育	265	○		(4) 河川における環境教育	246	●		(4) 河川における環境教育	314	○	
川環	3 海岸・沿岸域の環境の整備と保全	266		2023年版から主な変更なし	3 海岸・沿岸域の環境の整備と保全	246		2022年版から主な変更なし	3 海岸・沿岸域の環境の整備と保全	315		2021年版から主な変更なし
川環	4 港湾行政のグリーン化	266			4 港湾行政のグリーン化	246			4 港湾行政のグリーン化	315		
港環	(1) 今後の港湾環境政策の基本的な方向	266		2023年版から主な変更なし	(1) 今後の港湾環境政策の基本的な方向	246		2022年版から主な変更なし	(1) 今後の港湾環境政策の基本的な方向	315		2021年版から主な変更なし
港環	(2) 良好な海域環境の積極的な保全・再生・創出	266		2023年版から主な変更なし	(2) 良好な海域環境の積極的な保全・再生・創出	246		2022年版から主な変更なし	(2) 良好な海域環境の保全・再生・創出	315		2021年版から主な変更なし
	(3) 放置艇対策の取組み	266		2023年版から主な変更なし	(3) 放置艇対策の取組み	247	●	プレジャーボートに関する記載を削除	(3) 放置艇対策の取組み	315	○	
道環	5 道路の緑化・自然環境対策等の推進	267		2023年版から主な変更なし	5 道路の緑化・自然環境対策等の推進	247	○	図表の道路緑化の事例を変更	5 道路の緑化・自然環境対策等の推進	316	●	東京2020大会に関わる記載を削除
	第4節 健全な水循環の維持又は回復	267			第4節 健全な水循環の維持又は回復	247			第4節 健全な水循環の維持又は回復	316		
	1 水循環政策の推進	267			1 水循環政策の推進	247	○	2022年版の2章の8節から移動	—	—	—	—
川	(1) 水循環基本法に基づく政策展開	267	●	2023年6月に閣議決定した「水循環白書」の特集では自治体の水循環に係る先行事例などを紹介	(1) 水循環基本法に基づく政策展開	247	●	2022年6月に水循環基本計画を見直し、地下水に関する内容を充実。22年版の2章の8節の1から移動して更新	—	—	—	—
都川	(2) 流域マネジメントの推進	267	○	2024年3月時点で合計78の「流域水循環計画」を公表。「流域水循環マネジメント」の手引を見直して1月に公表	(2) 流域マネジメントの推進	247	○	人材育成などの事例集を2023年3月に作成。「流域水循環計画」の公表数を更新。22年版の2章の8節の2から移動して更新	—	—	—	—

	国土交通白書 2024			国土交通白書 2023			国土交通白書 2022		
該当する科目	目次	ページ数	2023年版からの変更 ☆新規に掲載 ◎内容を追加 ○数値などの変化 ●内容を簡素化 ▲移動 ★削除 無印は主な変更なし	目次	ページ数	2022年版からの変更 ☆新規に掲載 ◎内容を追加 ○数値などの変化 ●内容を簡素化 ▲移動 ★削除 無印は主な変更なし	目次	ページ数	2021年版からの変更 ☆新規に掲載 ◎内容を追加 ○数値などの変化 ●内容を簡素化 ▲移動 ★削除 無印は主な変更なし
川環	2 水の恵みを将来にわたって享受できる社会を目指して	267	○ 2023年10月に「リスク管理型の水資源政策の深化・加速化について」提言	2 水の恵みを将来にわたって享受できる社会を目指して	248	○ 2023年3月末時点で筑後川水系など4つの水資源開発基本計画の見直しが完了	1 水の恵みを将来にわたって享受できる社会を目指して	316	○ 2022年3月末時点で吉野川水系や利根川・荒川水系の水資源開発基本計画の見直しが完了
	3 水環境改善への取組み	268		3 水環境改善への取組み	248		2 水環境改善への取組み	316	
川環	(1) 水質浄化の推進	268	○ 2023年版から主な変更なし	(1) 水質浄化の推進	248	2022年版から主な変更なし	(1) 水質浄化の推進	316	● 図表を削除
川環	(2) 水質調査と水質事故対応	268	○	(2) 水質調査と水質事故対応	248	○	(2) 水質調査と水質事故対応	317	○
川港環	(3) 閉鎖性海域の水環境の改善	268	○ 2023年3月に「東京湾再生のための行動計画（第3期）」を制定。回収作業の図表を削除	(3) 閉鎖性海域の水環境の改善	249	2022年版から主な変更なし	(3) 閉鎖性海域の水環境の改善	317	○ 2021年8月の大雨で有明海など大量の漂流木。噴火による軽石を除去。図表も更新
	(4) 下水道における戦略的な水環境管理	269	合流式下水道の改善対策を強化。タイトルを変更	(4) 健全な水環境の創造に向けた下水道事業の推進	249		(4) 健全な水環境の創造に向けた下水道事業の推進	318	2021年版から主な変更なし
	4 水をはぐくむ・水を上手に使う	269		4 水をはぐくむ・水を上手に使う	249		3 水をはぐくむ・水を上手に使う	318	
川環	(1) 水資源の安定供給	269	○ 2023年度末で30水系で渇水対応タイムラインを運用	(1) 水資源の安定供給	249	○ 2022年度末で22水系で渇水対応タイムラインを運用	(1) 水資源の安定供給	318	○ 2021年度末で18水系で渇水対応タイムラインを運用
川環	(2) 水資源の有効利用	269	○ 下水処理水全体のうち、1.5%が再利用。2022年度末で雨水の利用施設、年間の利用量は4198施設、年間の利用量は1252万m³	(2) 水資源の有効利用	250	○ 下水処理水全体のうち、1.4%が再利用。2021年度末で雨水の利用施設、年間の利用量は4105施設、年間の利用量は1244万m³	(2) 水資源の有効利用	318	○ 下水処理水全体のうち、1.5%が再利用。2020年度末で雨水の利用施設、年間の利用量は4023施設、年間の利用量は1241万m³
川環	(3) 安全で良質な水の確保	269	2023年版から主な変更なし	(3) 安全で良質な水の確保	250	2022年版から主な変更なし	(3) 安全で良質な水の確保	319	2021年版から主な変更なし

分類	項目（2024年版）	頁		2023年版から主な変更なし	項目（2023年版）	頁		2022年版から主な変更なし	項目（2022年版）	頁		2021年版から主な変更なし
川 環	(4) 雨水の浸透対策の推進	269			(4) 雨水の浸透対策の推進	250			(4) 雨水の浸透対策の推進	319		2021年版から主な変更なし
	(5) 地下水の適正な保全及び利用	270	●	水循環基本法や水循環基本計画の記載を削除	(5) 地下水の適正な保全及び利用	250	○	2022年6月に水循環基本法の適正な計画を変更。タイトルを変更	(5) 持続可能な地下水の保全と利用の推進	319	○	2021年6月に水循環基本法が改正
	5 下水道整備の推進による快適な生活の実現	270			5 下水道整備の推進による快適な生活の実現	250	●	本文を削除し、タイトルのみに	4 下水道整備の推進による快適な生活の実現	319		2021年版から主な変更なし
	(1) 下水道による汚水処理の普及	270	○	2022年度末時点の普及率は汚水処理施設が92.9%、下水道が81.0%	(1) 下水道による汚水処理の普及	250	○	2021年度末時点の普及率は汚水処理施設が92.6%、下水道が80.6%	(1) 下水道による汚水処理の普及	319	○	2020年度末時点の普及率は汚水処理施設が92.1%、下水道が80.1%
	(2) 下水道事業の持続性の確保	270	○	2022年度末までに全都道府県で下水道の広域化・共同化計画が策定。22年度末で下水道管きょは49万km、終末処理場は2200カ所。年間に2600カ所で道路陥没。民間活力の活用推進の項目を削除	(2) 下水道事業の持続性の確保	251		2022年版から主な変更なし	(2) 下水道事業の持続性の確保	321	○	2022年4月から宮城県でコンセッション事業を開始。20年度末で下水道管きょは49万km、終末処理場は2200カ所。年間に2700カ所で道路陥没
	(3) 下水道分野における「ウォーターPPP」等、PPP／PFI（官民連携）の推進	271	☆	2023年6月の「PPP／PFI推進アクションプラン」で新たに「ウォーター－PPP」を位置付け		—	—			—	—	
	(4) 下水道分野の広報の推進	271		2023年版から主な変更なし	(3) 下水道分野の広報の推進	252	●		(3) 下水道分野の広報の推進	322	○	2021年度も20年度と同様に取り組み。図表を更新
	第5節 海洋環境等の保全	272			第5節 海洋環境等の保全	252			第5節 海洋環境等の保全	323		
	(1) 船舶からの排出ガス対策	272	●		(1) 船舶からの排出ガス対策	252		2022年版から主な変更なし	(1) 船舶からの排出ガス対策	323		2021年版から主な変更なし
	(2) 大規模油汚染等への対策	272		2023年版から主な変更なし	(2) 大規模油汚染等への対策	252	●		(2) 大規模油汚染等への対策	324	○	
	(3) 船舶を介して導入される外来水生生物問題への対応	273	○		(3) 船舶を介して導入される外来水生生物問題への対応	252	○		(3) 船舶を介して導入される外来水生生物問題への対応	325		

第2章●国土交通白書の構成とポイント

該当する科目	国土交通白書 2024 目次	ページ数	2023年版からの変更 ☆新規に掲載 ◎内容を追加 ○数値などの変化 ●内容を簡素化 ▲移動 ★削除 無印は主な変更なし	国土交通白書 2023 目次	ページ数	2022年版からの変更 ☆新規に掲載 ◎内容を追加 ○数値などの変化 ●内容を簡素化 ▲移動 ★削除 無印は主な変更なし	国土交通白書 2022 目次	ページ数	2021年版からの変更 ☆新規に掲載 ◎内容を追加 ○数値などの変化 ●内容を簡素化 ▲移動 ★削除 無印は主な変更なし
	(4) 条約実施体制の確立	273	○	(4) 条約実施体制の確立	253	●	(4) 条約実施体制の確立	325	○ 2022年9月ごろに監査の受け入れを予定
	第6節 大気汚染・騒音の防止等による生活環境の改善	273		第6節 大気汚染・騒音の防止等による生活環境の改善	253		第6節 大気汚染・騒音の防止等による生活環境の改善	325	
	1 道路交通環境問題への対応	273		1 道路交通環境問題への対応	253		1 道路交通環境問題への対応	325	
道環	(1) 自動車単体対策	273	2023年版から主な変更なし	(1) 自動車単体対策	253	大都市での排出ガス対策の記載を削除 ●	(1) 自動車単体対策	325	2021年版から主な変更なし
	(2) 交通流対策等の推進	274	2023年版から主な変更なし	(2) 交通流対策等の推進	253	PMなどの排出量を更新。グラフは「関連データ」に ○	(2) 交通流対策等の推進	326	2021年版から主な変更なし
港環	2 空港と周辺地域の環境対策	274	2023年版から主な変更なし	2 空港と周辺地域の環境対策	254	2022年版から主な変更なし	2 空港と周辺地域の環境対策	326	2021年版から主な変更なし
鉄環	3 鉄道騒音対策	274	2023年版から主な変更なし	3 鉄道騒音対策	254	2022年版から主な変更なし	3 鉄道騒音対策	327	2021年版から主な変更なし
都環	4 ヒートアイランド対策	274	都市化の影響が比較的小さい地点では100年当たり1.3℃の割合で上昇 ○	4 ヒートアイランド対策	254	2022年版から主な変更なし	4 ヒートアイランド対策	327	2021年版から主な変更なし
	5 シックハウス等への対応	275		5 シックハウス等への対応	254		5 シックハウス等への対応	327	
	(1) シックハウス対策	275	2023年版から主な変更なし	(1) シックハウス対策	254	2022年版から主な変更なし	(1) シックハウス対策	327	2021年版から主な変更なし
	(2) ダイオキシン類問題等への対応	275	○	(2) ダイオキシン類問題等への対応	255	○	(2) ダイオキシン類問題等への対応	328	○
	(3) アスベスト問題への対応	275	2023年版から主な変更なし	(3) アスベスト問題への対応	255	2022年度に新たな制度を設けた ○	(3) アスベスト問題への対応	328	2021年版から主な変更なし
施環	6 建設施工における環境対策	275	2023年版から主な変更なし	6 建設施工における環境対策	255	2022年版から主な変更なし	6 建設施工における環境対策	328	2021年版から主な変更なし

項目	頁	変更内容	頁	変更内容	頁	変更内容
第7節 地球環境の観測・監視・予測	276		255		328	
1 地球環境の観測・監視	276		255		328	
(1) 気候変動の観測・監視	276	● 日降水量200mm以上の年間日数について記載した「関連データ」を削除	255	● 日降水量200mm以上の年間日数のグラフを更新。「関連データ」に「気候変動監視レポート」や「日本の気候変動2020」の記載を削除	328	○ 日降水量200mm以上の年間日数のグラフを更新
(2) 異常気象の観測・監視	276	2023年版から主な変更なし	256	2022年版から主な変更なし	329	2021年版から主な変更なし
(3) 静止気象衛星による観測・監視	276	2023年版から主な変更なし	256	2022年版から主な変更なし	329	2021年版から主な変更なし
(4) 海洋の観測・監視	276	2023年版から主な変更なし	256	2022年版から主な変更なし	329	○ 「海洋の健康診断表」の図表などを更新
(5) オゾン層の観測・監視	277	2023年版から主な変更なし	256	2022年版から主な変更なし	331	2021年版から主な変更なし
(6) 南極における定常観測の推進	277	2023年版から主な変更なし	256	2022年版から主な変更なし	331	2021年版から主な変更なし
2 地球環境の予測・研究	277	○ 「日本の気候変動2025」の作成に向けて議論	257	○ 2022年12月に「気候予測データセット2022」などを公表。21～23年にIPCC第6次評価報告書を公表	331	○ 2021年度に都道府県レベルにおける気候変動の将来予測を公表。21～22年にIPCC第6次評価報告書を公表。21年10月に地球温暖化対策計画や気候変動適応計画を閣議決定
3 地球規模の測地観測の推進	278	◎ 2022年版から主な変更なし	257	2022年版から主な変更なし	332	2021年版から主な変更なし
第8章 戦略的国際展開と国際貢献の強化	279		258		333	
第1節 インフラシステム海外展開の促進	279		258		333	

該当する科目	国土交通白書 2024			国土交通白書 2023			国土交通白書 2022		
	目次	ページ数	2023年版からの変更 ☆新規に掲載 ○内容を追加 ◎数値などの変化 ●内容を簡素化 ▲移動 ★削除 無印は主な変更なし	目次	ページ数	2022年版からの変更 ☆新規に掲載 ○内容を追加 ◎数値などの変化 ●内容を簡素化 ▲移動 ★削除 無印は主な変更なし	目次	ページ数	2021年版からの変更 ☆新規に掲載 ○内容を追加 ◎数値などの変化 ●内容を簡素化 ▲移動 ★削除 無印は主な変更なし
	1 政府全体の方向性	279	○ 2023年6月に「インフラシステム海外展開戦略2025」の追補を制定。DXや脱炭素社会などに対応	1 政府全体の方向性	258	○ 2022年6月に「インフラシステム海外展開戦略2025」の追補を制定。ポストコロナや脱炭素社会などに対応	1 政府全体の方向性	333	○ 「質の高いインフラシステム」を展開。日本企業のインフラシステムの受注額は2021年に27兆円に。交通や基盤整備の分野も増加
	2 国土交通省における取組み	279	○ 「川上」からの継続的な関与やPPP案件への対応力の強化。日本の強みを生かした案件形成を推進。人材の確保では、インフラ分野に特化したジョブマッチングなどの支援策を検討	2 国土交通省における取組み	258	○ 「国土交通省インフラシステム海外展開行動計画」では「川上」からのPPP案件への継続的な関与。日本の対応力の強化。案件形成、人材の確保、各地域における取組みは4に移動	2 国土交通省における取組み	333	○ 2021年6月に制定した「国土交通省インフラシステム海外展開行動計画2021」でも、「川上」からのPPP案件への継続的な関与などを引き続き推進。デジタル技術の活用や気候変動への対応も進める。各国・地域における取組みを更新
	3 国土交通省のインフラシステム海外展開に係るアプローチ	281	○ 官民ファンドのJOINの支援内容を2023年度のものに更新	3 国土交通省のインフラシステム海外展開に係るアプローチ	259	☆ トップセールスによる働きかけや官民ファンド、官民合同の協議会による情報提供など企業の参入を支援	—	—	—
	4 各国・地域における取組み	282	○	4 各国・地域における取組み	261	○ 2022年版の1節の2の(9)から移動して更新	—	—	—
	第2節 国際交渉・連携等の推進	286		第2節 国際交渉・連携等の推進	265		第2節 国際交渉・連携等の推進	340	

項目	2024年版 頁	記号	備考	2023年版 頁	記号	備考	2022年版 頁	記号	備考
1 経済連携における取組み	286			265			340		
(1) 経済連携協定 (EPA) /自由貿易協定 (FTA)	286	○	2024年3月時点で21のEPA／FTAなどについて発効・署名済み	265	○	2023年3月時点で24の国・地域と21のEPA／FTAなどについて発効・署名済み	340	○	2022年1月に地域的な包括的経済連携（RCEP）協定が発効
(2) 世界貿易機関 (WTO)	286	○	2023年版から主な変更なし	265	○	2022年版から主な変更なし	340	●	
2 国際機関等への貢献と戦略的活用	286			265			340		
(1) アジア太平洋経済協力 (APEC)	286	○		265	○		340	○	
(2) 東南アジア諸国連合 (ASEAN) との協力	286	○		265	○		341	○	
(3) 経済協力開発機構 (OECD)	287	○		266	○		341	○	
(4) 国際連合 (UN)	288	○		267	○		342	○	
(5) G7交通大臣会合	289	○		268	○	2023年の内容に更新	344	☆	人の往来の再開について2021年5月と9月に開催
(6) G7都市大臣会合	290	○		268	☆	2023年はデジタル技術の活用などがテーマ	—	—	—
世界経済フォーラム (WEF)	—	—		—	★		344	☆	交通分野の脱炭素化もテーマに
(7) 世界銀行 (WB)	291	○		268	○		344	○	
(8) アフリカ開発会議 (TICAD)	291	●		268	○		344	○	2021年版から主な変更なし
(9) アジア欧州会合 (ASEM)	292	○	2023年版から主な変更なし	268	●		345	○	2021年版から主な変更なし
3 各分野における多国間・二国間国際交渉・連携の取組み	292			269			345		
(1) 国土政策分野	292	○		269	○		345	○	
(2) 都市分野	292	○		269	○		345	○	
(3) 水分野	292	○		269	○		346	○	

第2章 ●国土交通白書の構成とポイント

該当する科目	国土交通白書 2024			国土交通白書 2023			国土交通白書 2022		
	目次	ページ数	2023年版からの変更 ☆新規に掲載 ◎内容を追加 ○数値などの変化 ●内容を簡素化 ▲移動 ★削除 無印は主な変更なし	目次	ページ数	2022年版からの変更 ☆新規に掲載 ◎内容を追加 ○数値などの変化 ●内容を簡素化 ▲移動 ★削除 無印は主な変更なし	目次	ページ数	2021年版からの変更 ☆新規に掲載 ◎内容を追加 ○数値などの変化 ●内容を簡素化 ▲移動 ★削除 無印は主な変更なし
	(4) 防災分野	293	2023年版から主な変更なし	(4) 防災分野	270	2022年版から主な変更なし	(4) 防災分野	346	2021年版から主な変更なし
	(5) 道路分野	293	○	(5) 道路分野	270	○	(5) 道路分野	347	○
	(6) 住宅・建築分野	294	2023年版から主な変更なし	(6) 住宅・建築分野	270	●	(6) 住宅・建築分野	347	●
	(7) 鉄道分野	294	○	(7) 鉄道分野	270	○	(7) 鉄道分野	347	○
	(8) 自動車分野	294	2023年版から主な変更なし	(8) 自動車分野	270	●	(8) 自動車分野	347	◎
	(9) 海事分野	294	○	(9) 海事分野	271	○	(9) 海事分野	347	○
	(10) 港湾分野	295		(10) 港湾分野	271	○	(10) 港湾分野	348	○
	(11) 航空分野	295		(11) 航空分野	271	◎	(11) 航空分野	348	○
	(12) 物流分野	295		(12) 物流分野	271	○	(12) 物流分野	349	○
	(13) 地理空間情報分野	295		(13) 地理空間情報分野	272	○	(13) 地理空間情報分野	349	◎
	(14) 気象・地震津波分野	295	○	(14) 気象・地震津波分野	272	○	(14) 気象・地震津波分野	349	○
	(15) 海上保安分野	296		(15) 海上保安分野	272	●	(15) 海上保安分野	349	○
	第3節 国際標準化に向けた取組み	297		第3節 国際標準化に向けた取組み	273		第3節 国際標準化に向けた取組み	350	
	(1) 自動車基準・認証制度の国際化	297	2023年版から主な変更なし	(1) 自動車基準・認証制度の国際化	273	○	(1) 自動車基準・認証制度の国際化	350	2021年版から主な変更なし
	(2) 鉄道に関する国際標準化等の取組み	298	2023年版から主な変更なし	(2) 鉄道に関する国際標準化等の取組み	273	2022年版から主な変更なし	(2) 鉄道に関する国際標準化等の取組み	351	2021年版から主な変更なし
	(3) 船舶や船員に関する国際基準への取組み	298	2023年版から主な変更なし	(3) 船舶や船員に関する国際基準への取組み	273	2022年版から主な変更なし	(3) 船舶や船員に関する国際基準への取組み	351	2021年版から主な変更なし
	(4) 土木・建築分野における基準及び認証制度の国際調和	298	2023年版から主な変更なし	(4) 土木・建築分野における基準及び認証制度の国際調和	273	●	(4) 土木・建築分野における基準及び認証制度の国際調和	351	2021年版から主な変更なし

節・項目（左）	頁		備考（左）	節・項目（中）	頁		備考（中）	節・項目（右）	頁		備考（右）
(5) 高度道路交通システム（ITS）の国際標準化	351	○		(5) 高度道路交通システム（ITS）の国際標準化	273	●		(5) 高度道路交通システム（ITS）の国際標準化	298	●	2023年版から主な変更なし
(6) 地理情報の標準化	352		2021年版から主な変更なし	(6) 地理情報の標準化	274		2022年版から主な変更なし	(6) 地理情報の標準化	298		2023年版から主な変更なし
(7) 技術者資格に関する海外との相互受入の取決め	352		2021年版から主な変更なし	(7) 技術者資格に関する海外との相互受入の取決め	274		2022年版から主な変更なし	(7) 技術者資格に関する海外との相互受入の取決め	299		2023年版から主な変更なし
(8) 下水道分野	352		2021年版から主な変更なし	(8) 下水道分野	274		2022年版から主な変更なし	(8) 下水道分野	299		2023年版から主な変更なし
(9) 物流システムの国際標準化の推進	352	○		(9) 物流システムの国際標準化の推進	274	○		(9) 物流システムの国際標準化の推進	299	○	
(10) 港湾分野	352		2021年版から主な変更なし	(10) 港湾分野	274	○		(10) 港湾分野	299	○	
第10章 ICTの利活用及び技術研究開発の推進	353			第9章 DX及び技術研究開発の推進	275		タイトルを変更	第9章 DX及び技術研究開発の推進	300		
—	—		—	第1節 DXによる高度化・効率化	275		2022年版の2章の11節から移動してタイトルを変更	第1節 DXによる高度化・効率化	300		
—	—		—	1 国土交通行政のDX	275	●	2022年版の2章の11節の1から移動	1 国土交通行政のDX	300	○	2023年6月に閣議決定した「デジタル社会の実現に向けた重点計画」などに基づき、手続きのデジタル化やデータ連携などを推進
—	—		—	(1) インフラ分野のDX	275	○	2022年3月に「インフラ分野のDXアクションプラン」を制定。今後は「ネットワーク・ストック・ステージ」として推進。生コンクリートの情報の電子化を試行。2022年版の2章の11節の2から移動。タイトルも変更	(1) インフラ分野のDX	300	○	2023年8月に「インフラ分野のDXアクションプラン（第2版）」を制定。生コンクリートの情報を継続。「インフラ分野のネットワーク・ステージ」の図表を削除
—	—		—	(2) 行政手続のDX	276	☆	申請のプロセスを一貫して処理できるシステムに拡充	(2) 行政手続等のDX	301	○	ビジネスの創出などを促進する「Project LINKS」を進める。タイトルも変更

■全

第2章 ● 国土交通白書の構成とポイント

凡例（各「変更」欄）:
☆新規に掲載／◎内容を追加／○数値などの変化／●内容を簡素化／▲移動／★削除／無印は主な変更なし

該当する科目	国土交通白書2024 目次	ページ数	2023年版からの変更	国土交通白書2023 目次	ページ数	2022年版からの変更	国土交通白書2022 目次	ページ数	2021年版からの変更
	第2節 デジタル技術の活用によるイノベーションの推進	301	● 本文を削除し、タイトルのみに	第2節 デジタル技術の活用によるイノベーションの推進	277	○ 2022年6月に「デジタル社会の実現に向けた重点計画」を改定。タイトルを変更	第1節 ICTの利活用による国土交通分野のイノベーションの推進	353	○ 2021年12月に「デジタル社会の実現に向けた重点計画」を改定
道	1 ITSの推進	301	○ 高速道路でのETCの利用率は2024年3月時点で94.7‰。ETC2.0や道路交通情報通信システムの数値なども更新	1 ITSの推進	277	○ 自動運転時代を見据えて次世代のITSを推進。高速道路でのETCの利用率は2023年3月時点で94.3‰	1 ITSの推進	353	○ 2021年6月に「官民ITS構想・ロードマップ」を改定。高速道路でのETCの利用率は22年3月通時点で93.8‰。通信や地図を活用した安全技術の実用化に向けた共通仕様を検討
	2 自動運転の実現	302	○ レベル4の自動運転に向けて2023年4月に改正道路交通法が施行。5月には福井県永平寺町でレベル4の自動運転を実現。[地域公共交通確保維持改善事業]で自治体を支援	2 自動運転の実現	278	○ レベル4の自動運転に向けて2022年4月に改正道路交通法が成立。新たに8カ所で自動運転サービスの実証実験を行い、和歌山県太地町では本格導入に移行	2 自動運転の実現	354	○ 2021年11月から自動運転に対応した区画線の要件案などの作成に向けて官民で共同研究。遠隔監視だけで運行する移動サービスの事業モデルも検討。「道の駅」などを拠点とした自動運転サービスが増加
■全	3 地理空間情報を高度に活用する社会の実現	303	○ 2023年版から主な変更なし	3 地理空間情報を高度に活用する社会の実現	278	○ 2022年版から主な変更なし	3 地理空間情報を高度に活用する社会の実現	355	○ 2022年版から主な変更なし
■全	(1)社会の基盤となる地理空間情報の整備・更新	303	○ 3次元化に向けて取り組み。国土数値情報について検討	(1)社会の基盤となる地理空間情報の整備・更新	279	●	(1)社会の基盤となる地理空間情報の整備・更新	355	● 2022年3月に「地理空間情報活用推進基本計画」が閣議決定

■全	(2) 地理空間情報の活用促進に向けた取組み	303	○		(2) 地理空間情報の活用促進に向けた取組み	279	●		(2) 地理空間情報の活用促進に向けた取組み	355	○	
■全	(3) 建築・都市のDX	303	☆	PLATEAU や建築BIM、不動産の情報が連携したデジタルツインを整備	――	―	―	――	――	―	―	――
■全	コラム 地理空間情報を活用した「建築・都市のDX」の推進	304	☆	デジタルツインと地理空間情報を連携させることで維持管理や都市開発の効率化や高度化、新サービスの創出などに寄与	――	―	―	――	――	―	―	――
	4 デジタル・ガバメントの実現	304	○	行政手続きのオンライン化が進展。タイトルを変更	4 電子政府の実現	279	○	2022年6月に「規制改革実施計画」を閣議決定。手続きのオンライン化が進展	4 電子政府の実現	356	○	2021年6月に「規制改革実施計画」を閣議決定。手続きのオンライン化が進展
	5 公共施設管理用光ファイバ及びその収容空間等の整備・開放	305	◎	道路と河川に係る収容空間の位置情報の開示などについて環境を整備	5 公共施設管理用光ファイバ及びその収容空間等の整備・開放	280	○		5 公共施設管理用光ファイバ及びその収容空間等の整備・開放	357		2021年版から主な変更なし
川	6 水管理・国土保全分野におけるDXの推進	305	○	「流域ビジネスインテリジェンス」によってインフラの整備や管理、防災対策を省人化・高度化。「デジタルテストベッド」の整備やデータプラットフォームの構築も進める	6 水管理・国土保全分野におけるDXの推進	280	○	本川と支川を一体で洪水予測。ダムの運用にAIを活用。画像や3次元点群データで点検。仮想空間に流域を再現した実証実験も。タイトルを変更	6 ICTの利活用による高度な水管理・水防災	357		2021年版から主な変更なし
	――	―	―	――	――	―	★	――	7 オープンデータ化の推進	357	●	実証実験の結果を活用し、共通指針を制定中
	7 ビッグデータの活用	306			7 ビッグデータの活用	281			8 ビッグデータの活用	358		
	――	―	―	――	――	―	★	――	(1) IT・ビッグデータを活用した地域道路経済戦略の推進	358	○	2022年3月時点でETC2.0の車載器が763万台まで普及

第2章●国土交通白書の構成とポイント

	国土交通白書 2024			国土交通白書 2023			国土交通白書 2022		
該当する科目	目次	ページ数	2023年版からの変更 ☆新規に掲載 ◎内容を追加 ○数値などの変化 ●内容を簡素化 ▲移動 ★削除 無印は主な変更なし	目次	ページ数	2022年版からの変更 ☆新規に掲載 ◎内容を追加 ○数値などの変化 ●内容を簡素化 ▲移動 ★削除 無印は主な変更なし	目次	ページ数	2021年版からの変更 ☆新規に掲載 ◎内容を追加 ○数値などの変化 ●内容を簡素化 ▲移動 ★削除 無印は主な変更なし
道	(1) 交通関連ビッグデータ等を活用した新たなまちづくり	306	○ 2023年度は都市交通の調査手法などをタイトル化。具体的に変更	(1) 交通関連ビッグデータを活用した新たなまちづくり	281	○ 2022年度に都市交通の調査に関して中間取りまとめ	(2) 交通関連ビッグデータを活用したまちづくり	358	○ 2021年度から都市交通調査の方向性について検討
	(2) ビッグデータを活用した電子国土基本図の修正	306	○ 2023年版から主な変更なし	(2) ビッグデータを活用した電子国土基本図の修正	281	○ タイトルも含め「地形図」を「電子国土基本図」に変更	(3) ビッグデータを活用した地形図の修正	358	
	8 気象データを活用したビジネスにおける生産性向上の取組み	306	○ 2023年版から主な変更なし	8 気象データを活用したビジネスにおける生産性向上の取組み	282	○ 「気象ビジネスフォーラム」などを開催	9 気象データを活用したビジネス性向上の取組み	359	○ 2021年度は「降雪短時間予報」などを提供
	9 まちづくりDXの推進	306	● 本文を削除し、タイトルのみに	9 まちづくりDXの推進	282	◎ 3D都市モデルの整備やエリアマネジメントの高度化などを進める。本文も変更してタイトルも変更	10 スマートシティの推進	359	
都	(1) スマートシティの推進	306	○ 2023年度は13地区を選定して支援。都市局の施策を整理	(1) スマートシティの推進	282	○ 2022年度は14地区を選定して実証事業を支援	(1) スマートシティの推進	359	○ 2021年度もモデルプロジェクトを追加で選定
都	(2) 3D都市モデル (PLATEAU)	306	○ 補助制度などによって約200都市で3Dの都市モデルを整備。2023年度は地下構造物の実証や[建築・都市DX]を進めるなど、自治体への支援なども実施	(2) 3D都市モデル (PLATEAU)	282	○ 2022年度に創設した新たな補助制度などによって約130都市で3Dの都市モデルを整備。建築・不動産に係るデジタル施策も一体で	(2) 3D都市モデル (PLATEAU)	359	○ 2022年3月までに約60都市で3Dの都市モデルを整備。21年度はカーボンニュートラルもテーマに
■全	10 国土交通データプラットフォーム	307	○ 2023年に国土交通省や高速道路会社の工事データを連携、自動で検索などが可能な利用者向けのAPIも提供	10 国土交通データプラットフォーム	283	○ 2023年4月に検索性やUIなどの見直し・充実を図ってリニューアル公開	11 国土交通データプラットフォーム	360	○ 2021年度は工事基本情報やBIM／CIMのデータ、3次元点群データ、3D都市モデルと連携

2-5 この3年間にみる白書の変遷

施	項目（308〜310頁版）	頁	印	変更内容	項目（283〜285頁版）	頁	印	変更内容	項目（360〜364頁版）	頁	印	変更内容
	第3節 技術研究開発の推進				第3節 技術研究開発の推進				第2節 技術研究開発の推進			
	1 技術政策における技術研究開発の位置づけと総合的な推進	308	○	「分野横断的技術政策ワーキンググループ」を設置	1 技術政策における技術研究開発の位置づけと総合的な推進	283	○	2026年度までを計画期間とする「第5期国土交通省技術基本計画」を制定	1 技術政策における技術研究開発の位置づけと総合的な推進	360	○	新たな「国土交通省技術基本計画」の制定に向けて討議
	(1) 施設等機関、特別の機関、外局、国立研究開発法人等における取組み	308	○	各取り組みはそれぞれ「関連リンク」に	(1) 施設等機関、特別の機関、外局、国立研究開発法人等における取組み	283	○	各取り組みはそれぞれ「関連リンク」に	(1) 施設等機関、特別の機関、外局、国立研究開発法人等における取組み	361	○	図表を2021年度の取り組み内容に更新
	(2) 地方整備局における取組み	308	○	2023年版から主な変更なし	(2) 地方整備局における取組み	283	○	2022年版から主な変更なし	(2) 地方整備局における取組み	362	○	2021年版から主な変更なし
	(3) 産学官の連携による技術研究開発の推進	308	○	2023年度の技術開発の内容に更新。タイトルを変更	(3) 建設・交通運輸分野における技術研究開発の推進	284	○	2022年度の技術開発の内容に更新	(3) 建設・交通運輸分野における技術研究開発の推進	362	○	2021年度の技術開発の内容に更新
施	(4) スタートアップ等への支援	—	★		(4) 民間企業の技術研究開発の支援	284	○	2022年版から主な変更なし	(4) 民間企業の技術研究開発の支援	363	○	2021年版から主な変更なし
	(5) 公募型研究開発の推進	309	○	「中小・スタートアップ企業タイプ」を新設。2023年度の採択数などに更新。タイトルを変更	(5) 公募型研究開発の推進	284	○	「スタートアップタイプ」を新設。2022年度の採択数などに更新	(5) 公募型研究開発の推進	363	○	
施	2 公共事業における新技術の活用・普及の推進	309	◎	2024年1月時点で約3200の新技術がNETISに登録。技術の評価情報や比較表も掲載。23年版の(1)と(2)を集約して更新	2 公共事業における新技術の活用・普及の推進	285			2 公共事業における新技術の活用・普及の推進	363		
	(1)	—	★		(1) 公共工事等における新技術活用システム	285	○	2022年度は6件の推奨技術などを選定	(1) 公共工事等における新技術活用システム	363	○	2021年度は4件の推奨技術などを選定
	(2)	—	★		(2) 新技術の活用促進	285	○	2021年度に実施要領を改訂して施行	(2) 新技術の活用促進	363		2021年版から主な変更なし
	第4節 建設マネジメント（管理）技術の向上	310			第4節 建設マネジメント（管理）技術の向上	285			第3節 建設マネジメント（管理）技術の向上	364		
施	1 公共工事における積算技術の充実	310		2023年版から主な変更なし	1 公共工事における積算技術の充実	285	●	ICT活用工事に関する記載を削除	1 公共工事における積算技術の充実	364		2021年版から主な変更なし

第2章●国土交通白書の構成とポイント

該当する科目	国土交通白書 2024 目次	ページ数	2023年版からの変更 ☆新規に掲載 ◎内容を追加 ○数値などの変化 ●内容を簡素化 ▲移動 ★削除 無印は主な変更なし	国土交通白書 2023 目次	ページ数	2022年版からの変更 ☆新規に掲載 ◎内容を追加 ○数値などの変化 ●内容を簡素化 ▲移動 ★削除 無印は主な変更なし	国土交通白書 2022 目次	ページ数	2021年版からの変更 ☆新規に掲載 ◎内容を追加 ○数値などの変化 ●内容を簡素化 ▲移動 ★削除 無印は主な変更なし
■土 鋼 道 鉄 施	2 BIM／CIMの取組み	310	○ 3次元データによる上流の工程からの手戻り防止やデータを活用した作業効率の向上を目指す	2 BIM／CIMの取組み	285	○ 小規模なものを除き、2023年度からすべての直轄土木業務・工事にBIM／CIMを原則適用。23年3月に「建築BIMの将来像と工程表」を改定	2 BIM／CIMの取組み	364	○ 2022年3月までに累計2263件を実施。21年度は複数の業務や工事を効率的に監理するための運用方法などを取りまとめ、基準や要領も見直し
	第5節 建設機械・機械設備に関する技術開発等	310		第5節 建設機械・機械設備に関する技術開発等	286		第4節 建設機械・機械設備に関する技術開発等	365	
	(1) 建設機械の開発及び整備	310	2023年版から主な変更なし	(1) 建設機械の開発及び整備	286	2022年版から主な変更なし	(1) 建設機械の開発及び整備	365	2021年版から主な変更なし
	(2) 機械設備の維持管理の合理化と信頼性向上	310	2023年版から主な変更なし	(2) 機械設備の維持管理の合理化と信頼性向上	286	○ 2022年7月の答申を踏まえて「マスアップダウン型排水ポンプ」の開発などを推進	(2) 機械設備の維持管理の合理化と信頼性向上	365	2021年版から主な変更なし
	(3) 建設施工における技術開発成果の活用	311	2023年版から主な変更なし	(3) 建設施工における技術開発成果の活用	286	● 活用実績の例を削除	(3) 建設施工における技術開発成果の活用	365	2021年版から主な変更なし
	(4) 建設施工への自動化・自律化技術の導入に向けた取組み	311	○ 安全ルールの整備に向けて検討。「自動・自律・遠隔」の記載を「自動・遠隔」に変更	(4) 建設施工への自動化・自律化技術の導入に向けた取組み	286	☆ 2021年度に設置した協議会で協調領域や機能要件の制定、施工管理基準の整備などに向けて検討	—	—	—
■全	—	—	—	—	—	★	(4) AI・ロボット等革新的技術のインフラ分野への導入	365	2021年版から主な変更なし

2-6 白書の用語を理解

　必須科目や選択科目の論文で、欠かせないのが専門知識です。題意を誤解しないために
も、出題文に盛り込まれた用語の意味を理解しておくことは大切です。国土交通白書など
を基に、時流を意識した出題が増える傾向もみられることから、同白書2024の本文や欄
外の注釈などから主な用語をキーワードとして抽出し、以下の**表2.7**にまとめました。

　右側の「ページ数」の欄は同白書の掲載ページ数です。意味だけでなく、該当するペー
ジを参照してそれぞれの使い方も確認してください。用語を掲載している項目にも目を通
しておけば、出題テーマとの関連や解答で求められているキーワードを理解するうえでも
役立つでしょう。自分の専門分野を中心に、関連する用語を押さえておきましょう。

表2.7　国土交通白書2024の本文や注釈などから抽出した主なキーワード

分野	キーワード	意味など	ページ数
長期計画	国土形成計画	総合的かつ長期的な国土づくりの方向性を示すもの。2023年7月に第3次の国土形成計画（全国計画）を閣議決定。地域生活圏の形成や持続可能な産業への構造転換、「グリーン国土」の創造、人口減少下の国土利用・管理が重点テーマ	37、139
長期計画	国土利用計画	国土の利用に関する基本的な方向性を示すもの。2023年7月に第6次の国土利用計画（全国計画）を閣議決定。人口減少や高齢化などの国土の利用をめぐる条件の変化と課題を踏まえて、持続可能で自然と共生した国土利用・管理を目指す	139
人口減少	所有者不明土地	不動産登記簿といった公簿情報などを参照しても所有者の全部または一部が直ちに判明しない、または判明しても所有者に連絡がつかない土地。円滑な土地の利用や事業の実施に支障	150
人口減少	小さな拠点	複数の集落を包含する地域で日常生活に必要な機能やサービスを集約した拠点。周辺の集落との交通ネットワークも確保	166
人口減少	過疎法	「過疎地域の持続的発展の支援に関する特別措置法」。過疎地域の持続的な発展を支援し、人材の確保と育成、雇用機会の拡充、住民福祉の向上、地域格差の是正などを目的とする	45
人口減少	過疎地域	人口の著しい減少に伴って活力が低下し、生産機能や生活環境の整備などが他の地域と比べて低位にある地域	45
担い手	生産年齢人口	15歳から64歳までの人々。日本では1995年の8726万人をピークに2023年10月時点で7395万人に減少	5
担い手	特定技能	外国人の在留資格。「特定技能1号」は相当程度の知識または経験が必要な業務に従事する外国人が対象で、「特定技能2号」は熟練した技能を要する業務に従事する外国人が対象	9
担い手	ダイバーシティ	多様な人材。広義の多様性には性別や国籍、雇用形態といった統計などで表されるものだけでなく、個人の価値観など統計などでは表されない深層的なものも含まれる	8
担い手	関係人口	特定の地域に継続して多様な形で関わる人々。主な生活拠点とは別の、特定の地域に生活拠点を設ける暮らし方で、移住した「定住人口」や観光に来た「交流人口」とは異なる	33、89

	UIJターン	Uターンとは生まれ育った場所以外で働いた後、再び生まれ故郷に戻って働くこと。Iターンとは生まれ育った場所で働いた後、出身地ではない場所へ移住して働くこと。Jターンとは地方の出身者が一度都会で就職し、地方に移住・転職すること	90
官民連携	スモールコンセッション	地方自治体が所有・取得する空き家や遊休不動産などの既存のストックを活用した小規模なPPP・PFI事業	151
	みなと緑地PPP	「港湾環境整備計画制度」の通称。「港湾緑地」などで収益施設を整備するとともに、同施設から得られる収益を還元して緑地などのリニューアルを行う民間事業者に対し、緑地などの貸し付けを可能にする制度。2022年12月に創設	165
交通	自家用有償旅客運送	バスやタクシーなどが運行されていない過疎地域などで、市町村やNPOなどが自家用車を使用して有償で運送すること	33、210
	自家用車活用事業	タクシー事業者の管理の下で、地域の自家用車やドライバーを活用する運送サービス。2023年度に創設	168
	デマンド型乗り合いタクシー	自宅や指定した場所から目的地まで、途中で乗り合う人を乗せながら、それぞれの行き先に送迎する	33
	AIオンデマンドバス	AIを活用した予約制の乗り合いバス。利用者の予約に対してリアルタイムで最適な配車を行う。時刻表や規定経路は存在しない。乗降するバス停と希望時刻を予約するとAIやシステムが出発地から目的地までの最適な経路を抽出し、利用者を輸送	68
	連節バス	従来の路線バスで使用される形状のバス車両を2連以上つなげて走行する。BRT（バス高速輸送システム）と組み合わせることで、速達性と定時性の確保や輸送能力の増大が可能に	59
	路車協調システム	交差点などに設置したセンサーやカメラなどによって検知した道路の状況を、自動運転の車両などに情報提供する仕組み	62
	交通DX	自動運転やMaaS（Mobility as a Service）、キャッシュレスなどのデジタル技術の実装を目指す国土交通省の取り組み。DXはデジタルトランスフォーメーションの略	87
	交通GX	車両の電動化や効率的な運行管理、エネルギーマネジメントなどの導入を一体的に推進する国土交通省の取り組み。GXはグリーントランスフォーメーションの略	87
	モビリティハブ	近隣の生活圏内における移動サービスの質の向上を図るための拠点。様々な交通モードの接続や乗り換えの地点になる	109、120
	特定車両停留施設	バスやタクシー、トラックなどの事業者専用の停留施設。2020年5月に成立した改正道路法などによって道路付属物として位置付けるとともに、コンセッション制度の活用が可能に	163
	道の駅	駐車場やトイレなどの「休憩機能」と道路情報などの「情報発信機能」、道路の利用者と地域との交流を促進する「地域の連携機能」を併せ持つ施設。2020年から第3ステージに	164
	LRT	Light Rail Transitの略。低床式の車両（LRV）の活用や軌道・電停の改良によって乗降の容易性や定時性、速達性、快適性などの面で優れた特徴を有する次世代の軌道系交通システム	179
	ETC2.0	高速道路上に設置した約1800カ所の路側機と走行車両が双方向で情報通信することで、従来のETCと比べて大量の情報の送受信や経路情報の把握などが可能なシステム。収集した速度や経路などのデータは渋滞や交通事故への対策などに活用	181、301

交通安全	ゾーン30プラス	最高速度が30km／時の区域規制と物理的デバイスとを組み合わせて、生活道路における交通安全の向上を図る区域	243	
	開かずの踏切	列車の運行本数が多い時間帯において、遮断時間が1時間当たり40分以上になる踏切	236	
物流	ダブル連結トラック	トレーラーを2台連結させて走行する車両。1台で通常の大型トラック2台分の輸送が可能。2019年1月から本格的に導入	60、84、190	
	レベル3.5飛行	ドローンを活用した物資の配送で新設した制度。ドローンの操縦ライセンスを有する者が、機上のカメラで歩行者などの有無を確認することを条件に、補助者や看板の配置などの措置を講じることなく、道路や鉄道などの上空の横断を可能にする	65、66、241	
	サイバーポート	港湾の物流と管理、インフラの3つの分野の情報を一体的に取り扱うデータプラットフォーム。2024年1月から運用を開始	67、191	
	バルク貨物	穀物や鉄鉱石、石炭、油類、木材などのように、包装されずにそのまま船積みされる貨物の総称	191	
モビリティー	海の次世代モビリティー	ASV（小型の無人ボート）や海のドローンとしてのAUV（自律型の無人潜水機）、ROV（遠隔操作型の無人潜水機）など	145	
自然災害への対策	流域治水	あらゆる関係者が協働して流域全体で取り組む治水対策。集水域と河川区域に氾濫域も含めて一つの流域として捉え、氾濫の防止や被害対象の減少、被害の軽減や早期の復旧・復興などに向けた対策をハード・ソフト一体で進める	212	
	流域治水プロジェクト	各水系で重点的に実施する治水対策の全体像を取りまとめたもの。気候変動を踏まえた計画への見直しなどを進める	212	
	ハイブリッドダム	治水機能の強化と水力発電の促進を両立するダム。気候変動への適応とカーボンニュートラルに対応する	260	
	洪水予報河川	流域面積が大きい河川で、洪水によって重大または相当な損害が生じるおそれのある河川。国土交通大臣などが指定	214	
	水位周知河川	洪水予報河川以外の主要な河川。洪水時に氾濫危険水位（洪水特別警戒水位）への到達情報を発表	215	
	水害リスクライン	洪水の危険度分布。雨量や観測水位を基に河川の上・下流の連続した水位を推定し、堤防などの高さと比べて危険度を示す	215	
	水害リスクマップ	浸水範囲と浸水頻度の関係を図示したもの。浸水頻度図とも呼ばれる。水害のリスク情報の充実に向けて整備	216	
	キキクル	大雨警報や洪水警報などの危険度分布。災害の危険度を予測してリアルタイムで地図上に表示	227	
	早期確認型査定	申請時は積算を不要とし、従来の査定よりも早い段階で被災確認を行う査定方式。技術職員が不足する市町村で試行	230	
	ダイナミックSABOプロジェクト	砂防を活用した防災の啓発や地域活性化の取り組み。砂防の目的や役割を効果的に伝え、正しく理解してもらう。砂防堰堤などを観光資源や観光の拠点としても活用し、地域を活性化	218	
	SAR干渉解析	人工衛星で宇宙から地球表面の変動を監視する技術	221	
	GNSS	Global Navigation Satellite Systemの略で、衛星測位システムの総称。GNSSから受信する信号を利用してRTK測位（相対測位）を行うことで、高精度の測位を実現する	62、221	

	サンドバイパス	海岸の構造物によって砂の移動が断たれた場合、上手側に堆積した土砂を下手側の海岸に輸送・供給し、砂浜を復元する工法	221
	サンドリサイクル	流れの下手側の海岸に堆積した土砂を、浸食を受けている上手側の海岸に戻し、砂浜を復元する工法	221
	空港BCP（A2-BCP）	空港全体としての機能の保持と早期復旧に向けた目標時間や関係機関の役割分担などを明確化した空港の事業継続計画のこと。Advanced（先進的）な Airport（空港）のBCP	233
維持管理	群マネ	地域インフラ群再生戦略マネジメントの略。広域で複数かつ多分野のインフラを「群」として捉えてマネジメントする	94、140
	インフラメンテナンス国民会議	産学官民が一丸となって総力戦でメンテナンスに取り組むプラットフォームとして2016年に設立した。22年には「インフラメンテナンス市区町村長会議」も設立	141
	インフラメンテナンス大賞	インフラのメンテナンスに係る優れた取り組みや技術開発を表彰するために2016年に創設した賞	141
	ストック効果	整備した社会資本が機能することによって、継続して中長期にわたって得られる効果。災害などへの安全・安心や生産性の向上、生活の質の向上の主に3つの効果がある	143
環境	多自然川づくり	河川が本来有している生物の生息や生育、繁殖の環境のほか、多様な河川景観を保全・創出する取り組み。自然の営みを視野に入れ、地域の暮らしや歴史、文化との調和にも配慮	265
	流域マネジメント	流域の森林や河川、農地、都市、湖沼、沿岸域などにおいて、人の営みと水量や水質、水と関わる自然環境を適正で良好な状態に保つ、または改善するために、関係する行政などの公的機関や事業者、団体、住民などが連携して活動すること	267
	ヒートアイランド現象	都市の中心部の気温が郊外に比べて島状に高くなる現象。日本の年平均気温は、都市化の影響が比較的小さい地点で100年当たり1.3℃の割合で上昇。一方、大都市では地球温暖化に都市化の影響が加わり、同2～3℃の割合で上昇している	274
	CO_2排出原単位	1トンの貨物を1km輸送するときに排出されるCO_2（二酸化炭素）の量。トラックでは大量輸送機関の鉄道や内航海運より大きく、物流部門におけるCO_2排出の多くの割合を占めている	256
	ブルーカーボン	沿岸域や海洋の生態系によって吸収・固定される炭素。CO_2吸収源の新しい選択肢として注目されている。国土交通省では藻場や干潟などのほか、海洋生物の定着を促す港湾構造物を「ブルーインフラ」と位置付けている	259
循環型社会	リサイクルポート	循環資源の広域流動の拠点となる港湾。「総合静脈物流拠点港」とも呼ばれる。全国で22港を指定	262
	大阪湾フェニックス計画	近畿2府4県の169市町村から発生する廃棄物などを、海面の埋め立てによって処分し、港湾の整備を図る事業	262
	スーパーフェニックス計画	首都圏の建設発生土を全国レベルで調整し、埋め立て用の材料を必要とする港湾の建設資源として利用する仕組み	263
	i-Construction 2.0	オートメーション化などによって建設現場の抜本的な省人化に取り組むとして国土交通省が2024年4月に制定。建設現場の生産性を40年度までに1.5倍以上向上させることが目標	57

デジタルや新技術	インフラ分野のDX	DXとはデジタルトランスフォーメーションの略。データとデジタル技術を活用して業務の変革を目指す取り組みであり、建設現場の生産性の向上だけでなく、安全・安心の確保やインフラ関連のサービスの向上など新たな価値の創出を目指している	58
	デジタルツイン	インターネットに接続した機器などを活用して現実空間の情報を取得し、サイバー空間内に現実空間の環境を再現したもの	117
	流域ビジネスインテリジェンス（BI）	流域に関する様々なデジタルデータの自動取得、取得したデータの蓄積と共有、データの分析と可視化、流域の関係者の行動変容といった一連の流れ。整備や管理、防災の高度化を図る	305
	BIM／CIM	Building／Construction Information Modeling、Managementの略。建設事業で扱う情報をデジタル化することによって、調査や測量、設計、施工、維持管理などの各段階のデータの活用と共有を容易にし、建設事業全体の効率化を図るもの	57、310
	API	Application Programming Interfaceの略。ソフトウエアやアプリケーションの一部を外部に向けて公開することで、他のソフトウエアと機能を共有できるようにするもの	146
	海しる	正式な名称は「海洋状況表示システム」。海洋に関する様々な地理空間情報をウェブ上で一元的に閲覧できるサービス。政府関係機関などが保有するデータを地図上に重ね合わせて表示できる。2019年4月から運用を開始	146
	地理空間情報	空間上の特定の地点または区域の位置を示す情報およびこれらに関連付けられた情報。G空間情報とも呼ばれる	303
	電子国土基本図	電子的に整備される日本の基本図。全国土の状況を示す最も基本的な情報として国土地理院が整備する地理空間情報	303
	NETIS	新技術情報提供システム。新技術に係る情報を共有・提供するためのデータベース。2024年1月時点で約3200の技術が登録。使用者の評価情報や技術の比較表も掲載	309
観光	DMO	観光地域のマネジメントやマーケティングを担う法人	154

第3章

必須科目の
テーマと対処法

第3章●必須科目のテーマと対処法

3-1 論文の作成方法

　試験で論文を記述する際に最も重視すべき点は、題意に沿って述べるということです。正確な知識や高い見識がありながら、出題の意図と異なる論文を書く受験者が例年、多く見られます。必須科目の場合は特に、最新の政策や施策を書かせようとする意図があり、解答ではそれらを解決策に記述することを中心に、論文を組み立てる必要があります。

　さらに、問われている項目が欠落しているケースも少なくありません。試験ですから、最低限、問われていることは書きましょう。それには、問題文に記されている用語を見出しに入れて構成することがポイントです。そうすれば、記述すべき項目などが漏れたり、欠落したりすることを防止できるはずです。2024年度に出題された問題を基に、問題文から論文を構成する例を次ページの**表3.1**に示します。

（1）出題の意図を押さえる

　必須科目では、「建設部門全般にわたる専門知識、応用能力、問題解決能力および課題遂行能力」を問うとされています。さらに、24年度の試験でも19〜23年度と同様に、技術士に求められるコンピテンシー（資質や能力）を直接、対象とした小問も見られました。25年度も、このような問われ方に備えておく必要があります。試験の概念や出題の意図、出題内容や評価項目などがどのように実際の問題に反映されているのか、24年度の出題文を例に見てみましょう（146ページの**表3.2**を参照）。

　2つの表の丸数字がそれぞれ対応しており、例えば表3.2の「概念」の欄に記された「①与えられた条件に合わせて」の項目は、24年度の出題では①の「という方向性が示されていることを踏まえ、持続可能で暮らしやすい地域社会を実現するための方策」や小問（1）の「投入できる人員や予算に限りがあること」にあたります。「応用能力」を対象としたものです。概念の欄の「専門知識」と「問題解決能力および課題遂行能力」は、小問（1）〜（3）の全体で問われています。表の「評価項目」の欄に記されたコミュニケーションは、筆記試験では出題文に対する読解力や理解力、解答での表現力にあたると考えられます。25年度の試験でも、必須科目の概念や評価項目などに従って、同様の内容や項目が問われると想定されます。24年度の出題形式に合わせて準備しておきましょう。

　問題解決能力や課題遂行能力のイメージを図示すると147ページの**図3.1**のようになります。小問（1）の「多面的な観点から課題を抽出し、それぞれの観点を明記したうえで、課題の内容を示せ」とは、図のように複数の課題を示すとともに、それらを挙げた理由を書くことにあたります。出題テーマの背景や現状から現実と理想との差である問題点を明らかにし、これを解決するにあたっての課題を観点とともにそれぞれ説明するわけです。そして、最も重要と考える課題を1つ挙げて、それを解決するための方策を述べます。

144

3-1 論文の作成方法

表3.1　問題文から論文を構成する例

Ⅰ-1　国が定める国土形成計画の基本理念として、人口減少や産業その他の社会経済構造の変化に的確に対応し、自立的に発展する地域社会、国際競争力の強化等による活力ある経済社会を実現する国土の形成が掲げられ、成熟社会型の計画として転換が図られている。令和5年に定められた第三次国土形成計画では、拠点連結型国土の構築を図ることにより、重層的な圏域の形成を通じて、持続可能な形で機能や役割が発揮される国土構造の実現を目指すことが示された。

　　この実現のために、国土全体におけるシームレスな連結を強化して全国的なネットワークの形成を図ることに加え、新たな発想からの地域マネジメントの構築を通じて持続可能な生活圏の再構築を図る、という方向性が示されていることを踏まえ、持続可能で暮らしやすい地域社会を実現するための方策について、以下の問いに答えよ。

(1)　全国的なネットワークを形成するとともに地域・拠点間の連結および地域内ネットワークの強化を目指す社会資本整備を進めるに当たり、投入できる人員や予算に限りがあることを前提に、技術者としての立場で多面的な観点から3つ課題を抽出し、それぞれの観点を明記したうえで、課題の内容を示せ。(＊)

　　（＊）解答の際には必ず観点を述べてから課題を示せ。

(2)　前問（1）で抽出した課題のうち、最も重要と考える課題を1つ挙げ、その課題に対する複数の解決策を示せ。

(3)　前問（2）で示したすべての解決策を実行して生じる波及効果と専門技術を踏まえた懸念事項への対応策を示せ。

(4)　前問（1）～（3）を業務として遂行するに当たり、技術者としての倫理、社会の持続性の観点から必要となる要件・留意点を述べよ。

1.　課題

(1)　技術面の観点から、いかに全国的なネットワークの形成や地域・拠点間の連結、地域内のネットワークの強化を進めるか　｜　以下も見出しに直接、課題を書く

　→　観点を書き、課題である理由（背景や現状）を記述する

(2)　人材面の観点から、いかに人材不足の中で実施するか　→　（1）と同様に説明

(3)　コスト面の観点から、いかに財政難の中で実施するか　→　（1）と同様に説明

2.　最も重要な課題

　　いかに全国的なネットワークの形成や地域・拠点間の連結、地域内のネットワークの強化を進めるか

3.　解決策

　　①全国的なネットワークの形成、②地域・拠点間の連結、③地域内のネットワークの強化　｜　「複数の解決策」が求められているので、3つ程度を示す。見出しに直接、解決策を書く

4.　波及効果と懸念事項への対応策

5.　必要な要件と留意点

145

第3章◉必須科目のテーマと対処法

表3.2　必須科目の概念などに示された項目と2024年度の出題内容との比較

[必須科目の試験の概念や出題内容、評価項目]

概念	専門知識 専門の技術分野の業務に必要で、幅広く適用される原理などに関わる汎用的な知識
	応用能力 これまでに習得した知識や経験に基づき、①与えられた条件に合わせて、②問題や課題を正しく認識し、③必要な分析を行い、業務の遂行手順や業務上、⑧留意すべき点、工夫を要する点などについて説明できる能力
	問題解決能力および課題遂行能力 社会のニーズや技術の進歩に伴い、社会や技術における様々な状況から、②複合的な問題や課題を把握し、社会的利益や技術的優位性などの多様な視点からの③調査・分析を経て、④問題解決のための課題と⑤その遂行について論理的かつ合理的に説明できる能力
出題内容	現代の社会が抱えている様々な問題について、「技術部門」全般に関わる基礎的なエンジニアリングの問題としての観点から、②多面的に課題を抽出して、⑤その解決方法を提示し、遂行していくための提案を問う
評価項目	技術士に求められる資質や能力（コンピテンシー）のうち、専門的学識、⑤問題解決、⑥評価、⑦技術者倫理、コミュニケーションの各項目

[2024年度の出題内容]

Ⅰ-1　国が定める国土形成計画の基本理念として、人口減少や産業その他の社会経済構造の変化に的確に対応し、自立的に発展する地域社会、国際競争力の強化等による活力ある経済社会を実現する国土の形成が掲げられ、成熟社会型の計画として転換が図られている。令和5年に定められた第三次国土形成計画では、拠点連結型国土の構築を図ることにより、重層的な圏域の形成を通じて、持続可能な形で機能や役割が発揮される国土構造の実現を目指すことが示された。

　　この実現のために、国土全体におけるシームレスな連結を強化して全国的なネットワークの形成を図ることに加え、新たな発想からの地域マネジメントの構築を通じて持続可能な生活圏の再構築を図る、①という方向性が示されていることを踏まえ、持続可能で暮らしやすい地域社会を実現するための方策について、以下の問いに答えよ。

(1) 全国的なネットワークを形成するとともに地域・拠点間の連結および地域内ネットワークの強化を目指す社会資本整備を進めるに当たり、①投入できる人員や予算に限りがあることを前提に、技術者としての立場で②、③多面的な観点から3つ課題を抽出し、それぞれの観点を明記したうえで、課題の内容を示せ。(*)

　　（＊）解答の際には必ず観点を述べてから課題を示せ。

(2) 前問（1）で抽出した課題のうち、④最も重要と考える課題を1つ挙げ、その課題に対する⑤複数の解決策を示せ。

(3) 前問（2）で示したすべての解決策を実行して生じる⑥波及効果と専門技術を踏まえた懸念事項への対応策を示せ。

(4) 前問（1）～（3）を業務として遂行するに当たり、⑦技術者としての倫理、社会の持続性の観点から⑦必要となる要件・⑧留意点を述べよ。

（注）日本技術士会の資料を基に作成。上の表も、丸数字や下線は筆者が記入

146

図3.1 問題解決能力や課題遂行能力のイメージ

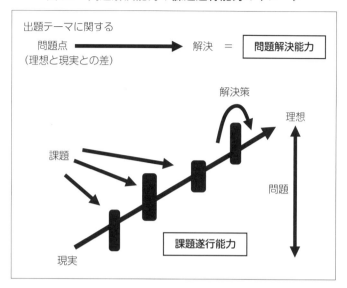

　解答の中心となる課題と解決策の記述では、時代背景を踏まえた社会資本整備の課題や方策を示す必要があります。とはいえ、すべての受験者が解決策などについて独自の新しいアイデアを持っているわけではありません。試験で求められているのは、国土交通白書に記載されている内容のほか、国や地方自治体の施策などの一般的に知られている解決策などを理解し、記述することにあります。そこで、時代背景を踏まえた社会資本整備の条件とは何かを探る必要があります。ここを間違えると、出題に対して的外れな解答になってしまいます。昨今では、国土交通白書の第Ⅰ部に掲載されていることも含めて、下の**表3.3**のような時代背景と社会資本整備の条件が考えられます。

表3.3 昨今の時代背景と条件

時代背景	社会資本整備の条件
少子高齢化	・労働力や人材が不足する中で ・移動が困難な高齢者などが増える中で ・税収不足や福祉費の増大による財政難の中で
働き方改革	・労働力や人材が不足する中で
「新しい様式」の生活スタイル	・多様な価値観の中で ・多様なニーズの中で
自然災害による被害の頻発	・従来のハード面の対策だけでは難しい中で
高度経済成長期のストックが寿命に	・ストックの数が多い中で
持続可能な開発	・生物多様性を確保しながら
脱炭素社会の構築	・省エネルギーが求められる中で ・地球温暖化の緩和策が求められる中で ・低炭素化が求められる中で

第3章●必須科目のテーマと対処法

　これらの条件は、論文で示す解決策の条件ですから、その前で述べる課題を明示する際に使います。例えば、少子高齢化を背景とした出題では、「このように労働力が不足する中で、いかに品質を確保するかが課題である」というように用いるわけです。

（2）課題と解決策の書き方

　以下では、解答で示すべき課題と解決策の内容について、24年度の必須科目の出題を例に挙げながら、もう少し詳しく説明します。出題文の冒頭には、出題の背景や前提となる条件などが書かれています。したがって、解答ではこれらの内容を意識しなければなりません。ただし、問われているテーマそのものは小問（1）の冒頭の部分から読み取る必要があります。つまり、この部分に正対した解答が解決策になっていないといけません。

I-2　我が国では、年始に発生した令和6年能登半島地震をはじめ、近年、全国各地で大規模な地震災害や風水害等が数多く発生しており、今後も、南海トラフ地震および首都直下地震等の巨大地震災害や気候変動に伴い激甚化する風水害等の大規模災害の発生が懸念されているが、発災後の復旧・復興対応に対して投入できる人員や予算に限りがある。そのような中、災害対応におけるDX（デジタルトランスフォーメーション）への期待は高まっており、すでに様々な取り組みが実施されている。

　今後、DXを活用することで、インフラや建築物等について、事前の防災・減災対策を効率的かつ効果的に進めていくことに加え、災害発生後に国民の日常生活等が一日も早く取り戻せるようにするため、復旧・復興を効率的かつ効果的に進めていくことが必要不可欠である。

　このような状況下において、将来発生しうる大規模災害の発生後の迅速かつ効率的な復旧・復興を念頭において、以下の問いに答えよ。　　　　　　→ 背景や前提条件

(1) 大規模災害の発生後にインフラや建築物等の復旧・復興までの取り組みを迅速かつ効率的に進めていけるようにするため、DXを活用していくに当たり、投入できる人員や予算に限りがあることを前提に、技術者としての立場で多面的な観点から3つ課題を抽出し、それぞれの観点を明記したうえで、課題の内容を示せ。(*)　　　→ 問われているテーマ

（*）解答の際には必ず観点を述べてから課題を示せ。

(2) 前問（1）で抽出した課題のうち、最も重要と考える課題を1つ挙げ、その課題に対する複数の解決策を示せ。

(3) 前問（2）で示したすべての解決策を実行しても新たに生じうるリスクとそれへの対策について、専門技術を踏まえた考えを示せ。

(4) 前問（1）～（3）を業務として遂行するに当たり、技術者としての倫理、社会の持続性の観点から必要となる要件・留意点を述べよ。

148

まずは、災害への対応を効率的かつ効果的に進めていくうえでDXの活用が求められており、様々な取り組みが実施されていることなど、出題の背景や解答の前提となる条件を頭に入れておきます。これらを踏まえ、小問（1）で示されたテーマに対する解決策を書き出します。「大規模災害の発生後、復旧・復興までの取り組みを迅速かつ効率的に進めていけるようにするため、DXを活用していくに当たり」という条件での対策になります。「大規模災害の発生後」と記されていますが、発生前の対策も重要です。インフラなどの復旧・復興を効率的に進めるには、それらの被災前の情報も必要になるからです。場所や形状などのデータがあれば被害を把握しやすく、復旧・復興も効率的に行えます。そこで、例えば災害の「発生前」と「発生時」、「復旧・復興時」に分けて述べることが考えられます。

　防災・減災におけるDXの活用については国土交通白書でも取り上げており、同白書2023の第Ⅰ部では「国土交通省のデジタル化施策の方向性」として、防災やインフラなどの分野で進める主な施策について説明しています。それらの内容を基に、小問（2）の解決策を記述すればよいでしょう。主に以下のような施策や方策を挙げています。

①災害発生前のDXの活用
・3D都市モデルの活用やデータベースの整備
・都市の形状全体をデータとして再現、建物などの属性情報を保持
・「建築・都市のDX」で建築BIMやPLATEAU、不動産IDを一体で推進
・BIM／CIMを推進して構造物を3次元化
・「地域生活圏」を形成するためのデジタルインフラやデータ連携基盤の整備
・データプラットフォームの構築と活用
②災害発生時のDXの活用
・カメラやセンサーでリアルタイムに浸水状況などを把握して提供
・ドローンや人工衛星による被災状況の把握
③復旧・復興時のDXの活用
・ICT施工による建設機械の自動化や遠隔施工
・BIM／CIMのデータによるインフラの復旧や復興
・建築BIMやPLATEAU、不動産IDのデータによる復旧や復興
・ドローンや人工衛星によって被災を確認し、罹災証明などを迅速化

　次に、これらの方策によって解決される共通の課題を1つ、考えます。これが、小問の（2）で挙げる最も重要な課題となるわけです。上記の解決策からは「大規模災害の発生後の復旧・復興までの取り組みを迅速かつ効率的に進めるうえで、いかにDXを活用していくか」が最も重要な課題になります。課題を述べる際には、このように「いかに○○するか」といった表現をお勧めします。方策がわからないことをあえて明言することで、課題を明確にしやすいからです。「DXを十分に活用できていないこと」や「今後、DXを活用

すること」を課題とする解答をよく見かけますが、前者は現状を述べただけです。一方、後者は解決策そのものです。「だから、DXを活用しましょう」と、語尾を変えるだけになってしまいます。いずれも課題であることを明確に示した表現になっていないのです。

　ここまでで小問の（2）が完成します。続いて、この「最も重要な課題」を含めて小問（1）の多面的な課題を抽出します。24年度の試験では「投入できる人員や予算に限りがあることを前提に」という条件が初めて加わりました。これは、人員や予算の増加に結び付く課題を挙げないように指示したものとみられます。したがって、人員や予算に限りがあることを踏まえ、例えば「いかに人材不足の中で実施するか」や「予算に限りがあるなかで、いかに実施するか」といった課題なら示してもよいと思われます。

　（1）では「多面的」という条件も設けられていますので、様々な角度から述べなければなりません。最も重要な課題として取り上げた「大規模災害の発生後の復旧・復興までの取り組みを迅速かつ効率的に進めるうえで、いかにDXを活用していくか」は技術的な観点を含んでいることから、これとは異なる面から挙げた方がよいでしょう。

　例えば、「投入できる人員や予算に限りがあることを前提に」という条件を参考に、人材やコストの面の観点から課題を述べることが考えられます。（1）では課題を抽出して概説できればよく、（2）に展開しなければ現時点で具体的な解決策が見いだせないものでもかまいません。さらに、24年度に加わった「解答の際には必ず観点を述べてから課題を示せ」といった注記に対しては、例えば「○○の観点から、○○が課題である」といった順序で記述しましょう。これで（1）も完成し、問題解決能力と課題遂行能力を確かめる設問の主要な解答が出来上がります。このように、小問（1）に記されたテーマに対応した解決策から“逆算”していけば、論旨の通った論文になります。

（3）波及効果やリスクの書き方

　24年度の小問（3）では、Ⅰ-1が「すべての解決策を実行して生じる波及効果と専門技術を踏まえた懸念事項への対応策」を、Ⅰ-2は「すべての解決策を実行しても新たに生じるリスクとそれへの対策」を示すよう求められました。前者の波及効果については、22年度まで問われていました。波及効果とは、解決策によって得られる直接の効果以外のすべての効果を指します。24年度のⅠ-2で言えば、先述の「③復旧・復興時のDXの活用」で挙げた解決策によって、データベース化や建設機械の自動化などが進展します。その結果、例えばデータベースの整備が進むことで構造物の維持管理などを効率化でき、人材不足に対応できます。建設機械の自動化が進めば労働災害の低減にもつながります。すぐに効果が表れるものもあれば、数年後に表れそうなものもありますが、すべて波及効果と言えるものです。解決策を踏まえて具体例を1つ挙げればよいでしょう。

懸念事項はリスクとほぼ同義と考えてよく、後者のⅠ-2の解答方法をマスターすれば対応できるでしょう。リスクとは潜在的な危険のことで、現状では顕在化していないものです。「解決策を実行しても新たに生じうるリスク」と記されているように、解決策の実行前や実行中に生じるものではありませんので、注意が必要です。例えば「自然災害で想定外の外力が発生するリスク」は、解決策の実施時期と関係なく以前から存在するリスクです。同様に、「解決策の実行にあたって、人材と費用が必要になるリスク」は実行中に顕在化するもので、いずれも先述の小問（3）で求められているリスクには該当しません。

　併せて、（3）で示された「専門技術」にも注意が必要です。必須科目での「専門技術」は建設部門の技術を指します。選択科目Ⅲでも同様に専門技術が問われますが、この場合は選択した科目の技術となります。例えば、解決策としてデータベース化について述べた場合、リスクを「情報漏洩」とし、その対策に「漏洩防止システムの構築」を挙げるケースが見られますが、これは建設部門における「専門技術を踏まえた考え」とは異なります。Ⅰ-2のDXの活用では、解決策によって復旧や復興にシステマチックに対応できるようになることから、若手技術者の技術力の低下といったリスクを挙げればよいでしょう。対策としては、例えば教育訓練の実施や資格の取得といったものになります。

（4）必要な要件と留意点の書き方

　必須科目の小問（4）は19年度の改正から6年間、ほぼ同じ内容です。24年度も「前問（1）～（3）を業務として遂行するに当たり、技術者としての倫理、社会の持続性の観点から必要となる要件・留意点」について問われました。小問の（3）までに解答した内容を業務として遂行する際の要件と留意点ですので、出題テーマや（3）までの解答によって記述する内容は異なります。ただし、テーマなどが異なっても設問の趣旨は変わりませんので、まずは定型的な解答を用意しておくとよいでしょう。例えば「技術者としての倫理」に対しては、「常に公益を最優先に取り組む」とし、「社会の持続性の観点から」には「構築して終わりではなく、維持管理を続けて常に安全な状態を維持する」といった解答が考えられます。建設部門の必須科目は、ほとんどが公共事業として取り組む内容やテーマについて問われており、上記は公共事業に共通するものとして題意に合致するわけです。

　そこで、「常に公益を最優先に取り組み、構築して終わりではなく、維持管理を続けて常に安全な状態を維持することが必要な要件であり、そのような取り組みを継続できるように留意する」といった定型文を用意しておけば、多くのテーマに活用できるでしょう。

　この3-1節で述べた内容を踏まえ、24年度のⅠ-2で出題された「災害からの迅速な復旧・復興に向けたDXの活用」をテーマとした論文例を次ページに掲載します。

第3章●必須科目のテーマと対処法

必須科目の論文例①

＊2024年度の必須科目Ⅰ-2の論文例
＊出題内容は本書の148ページに掲載

１．多面的な観点と課題
（１）技術面の観点から、大規模災害発生後の復旧・復興までの取り組みにいかにDXを活用していくか
　　大規模な災害からの復旧・復興には膨大な費用と人的資源が必要となる。復旧などを迅速かつ効率的に進めるには、DXの活用は欠かせない。情報提供などのソフト面も含め、防災・減災の分野で多くの効果が期待されるなか、迅速な復旧・復興に向けて、急速に進展するDXをいかに活用するかは重要な課題である。
（２）コスト面の観点から、いかに財政難の中で実施するか
　　少子高齢化によって労働人口が減少し、税収が不足する。一方、社会保障費は増えていく。その結果、今後の財政はひっ迫する。限られた予算の中で、導入に費用がかかるDXをいかに推進するかが課題である。
（３）人材面の観点から、いかに人材不足の中で実施するか
　　少子高齢社会を迎え、建設産業に従事する人材も減少傾向となる。DXは省力化などの効果が得られるものの、推進に必要な人材の確保や育成は喫緊の課題と言える。人材の減少傾向は今後も続くことから、DXの推進にあたっても人材不足への対応は重要である。
２．最も重要な課題と解決策
（１）最も重要な課題
　　上記のうち、「大規模災害発生後の復旧・復興まで

の取り組みにいかにDXを活用していくか」を最も重要な課題に挙げ、以下に解決策を述べる。

（2）解決策

①災害発生前のDXの活用

　災害に備えて、3D都市モデルなどによってまちづくり関連のデータをデータベース化しておく。併せて、都市の形状全体をデータとして再現するとともに、建物などの属性情報を保持することで、災害後のインフラや建築物の復旧・復興に生かすようにする。

　建築BIMやPLATEAU、不動産IDを一体で進める「建築・都市のDX」によって建築や都市、不動産の情報の連携や蓄積を図る。インフラの場合はBIM／CIMを推進して、3次元データにしておく。

　さらに、「地域生活圏」を形成するためのデジタルインフラやデータ連携基盤などを整備するほか、地域交通の再構築を進めて、被災時の迅速な復旧にも活用できるようにする。データプラットフォームの構築や拡充、活用にも取り組む。

②災害発生時のDXの活用

　災害時には、定点カメラや河川水位計などのセンサーを用いて浸水状況をリアルタイムに把握し、情報を提供する。これらの情報によって初期対応のさらなる迅速化や最適化を図り、災害への対応を強化する。

　さらに、ドローンや人工衛星、AIによって水害や土砂災害などの被災状況を速やかに、かつ正確に把握

する。様々なセンサーをネットワークで結び、面的で広域的な情報収集にも取り組む。

③復旧・復興時のDXの活用

　復旧・復興時はICT施工による建設機械の自動化や遠隔施工を活用することで、二次災害を防ぎながら復旧を進める。併せて、道路や港湾などのインフラや構造物の工事では、災害の発生前に蓄積したBIM／CIMのデータを用いて、復旧や復興を進める。同様に、建築BIMやPLATEAU、不動産IDのデータを建築物などの復旧や復興に役立てる。

　さらに、ドローンや人工衛星によって確認した被災状況を基に、罹災証明などを迅速に発行する。

3．リスクと対策

（1）リスク

　DXが浸透していくと、原理がわからなくても対策が可能になる。自分で計算する機会などが減少し、若手技術者の技術力が低下するリスクがある。

（2）対策

　資格制度や教育制度に加えてキャリアアップシステムも活用して、技術力の向上を図っていく。

4．必要な要件と留意点

　常に公益を最優先に取り組む。さらに、構築して終わりではなく、維持管理を続けて常に安全な状態を維持することが必要な要件であり、そのような取り組みを継続できるように留意する。　　　　　　　　　　　　以上

3-2 国土交通白書と必須科目の論文

近年の筆記試験の出題傾向を見ると、時事的な要素が多く取り入れられています。口頭試験でも、今後の社会資本整備の方向性や新技術などの最新情報について問われることがあります。国の政策や施策の考え方を理解していなければなりません。それには、国土交通省の最近の政策などが体系的に整理されている国土交通白書が最適です。さらに、必須科目では建設部門に共通するテーマについて出題されます。その論文対策として、建設部門全般にわたるテーマを扱っている国土交通白書は重要なテキストと言えます。

改正後6年間の必須科目の出題テーマと関連する国土交通白書の主な項目を**表3.4**に示します。この白書の記載事項だけで、すべての設問に解答できるわけではありませんが、いずれも重要な政策や施策です。これらの政策などが記載された白書の項目を押さえておくことで、国交省のウェブサイトなどでその後の進展の度合いや詳細な内容を調べること

表3.4 過去6年間の必須科目の出題テーマと関連する白書の主な項目

試験年度	必須科目の出題テーマ	該当する国土交通白書の第Ⅰ部のテーマ	左記の白書で出題テーマに関連する主な項目
2019	生産性の向上	国土交通白書2018 大きく変化する暮らしに寄り添う国土交通行政〜すべての人が輝く社会を目指して〜	第Ⅰ部・第3章の働き方の質の向上に関する取り組み
	自然災害に対する防災・減災		第Ⅱ部・第7章の自然災害対策
2020	地域の中小建設業の担い手確保	国土交通白書2019 新しい時代に応える国土交通政策〜技術の進歩と日本人の感性（美意識）を活かして〜	第Ⅰ部・第2章の技術の進歩を踏まえた変化や3章の技術のさらなる進歩
	社会インフラの戦略的なメンテナンス		第Ⅱ部・第2章の社会資本の老朽化対策
2021	循環型社会の構築	国土交通白書2020 社会と暮らしのデザイン改革〜国土交通省20年目の挑戦〜	第Ⅱ部・第8章の建設リサイクル
	風水害による被害の防止・軽減策		第Ⅰ部・第3章の災害から身を守るために
2022	DXの推進	国土交通白書2021 危機を乗り越え豊かな未来へ	第Ⅰ部・第3章の豊かな未来の実現に向けて
	地球温暖化の緩和策		
2023	巨大地震への対策	国土交通白書2022 気候変動とわたしたちの暮らし	第Ⅱ部・第7章の自然災害対策
	第2フェーズとしてのインフラメンテナンス		第Ⅱ部・第2章の社会資本の老朽化対策など
2024	地域・拠点間の連結とネットワークの強化	国土交通白書2024 持続可能な暮らしと社会の実現に向けた国土交通省の挑戦	第Ⅰ部・第1章の人口減少と国土交通行政や2章の国土交通分野の現状と方向性 第Ⅱ部・第1章の国土政策の推進
	災害からの迅速な復旧・復興に向けたDXの活用	国土交通白書2023 デジタル化で変わる暮らしと社会	第Ⅰ部・第2章の国土交通省のデジタル化施策の方向性など

第3章◉必須科目のテーマと対処法

が可能になります。筆記試験の3カ月くらい前までの進み具合やそれまでに公表された資料などを確かめておくことは、試験対策として欠かせません。2025年度の出題テーマも、2問のうちの1問は国土交通白書2024または25年6〜7月に公表される予定の白書2025の第Ⅰ部のテーマや第Ⅱ部の項目を踏まえて出題される可能性があります。

3-3 白書のテーマからの出題と解答方法

国土交通白書2024の第Ⅰ部のテーマは「持続可能な暮らしと社会の実現に向けた国土交通省の挑戦」です。本格化する少子高齢化や人口減少に対する国土交通分野での取り組みについて述べています。担い手の確保や生産性の向上、子どもや子育て、地域の持続性など、施策の対象は広範囲に及んでいますが、建設分野や社会資本整備に関わるものは必須科目の出題テーマになる可能性がありますので、それぞれ整理してまとめましょう。

改正後の2019〜24年度の必須科目では「建設部門全般にわたる専門知識、応用能力、問題解決能力および課題遂行能力」を確かめるために、4つの小問が設けられています。多面的な観点から課題を抽出して説明したうえで、最も重要な1つの課題について複数の解決策を示すよう求めています。さらに、解決策に伴うリスクへの対策のほか、技術者倫理などの技術士に求められるコンピテンシー（資質や能力）についても尋ねられました。

25年度も同様に課題を抽出して説明し、解決していく能力が問われます。抽出した課題には背景や現状、どんな問題点があるのかなどを盛り込みます。提示する複数の解決策は、最新の国土交通政策などを基に記述することがポイントです。

解決策で述べる最新の政策や施策を理解するには、国土交通省の今後の取り組みが参考になります。国土交通白書2024の第Ⅰ部では、第2章の「国土交通分野における取り組みと今後の展望」の第1節に各施策の方向性などがそれぞれ書かれています。これらの中で、建設分野に関わる主な項目としては、第1項の「技術活用による持続可能な社会に向けた取り組み」と第3項の「地域の持続性につなげる取り組み」が挙げられます。

第1項ではi-Constructionやインフラ分野のDX、ダブル連結トラック、建設機械の自動施工など、省力化や生産性の向上に関わる施策を幅広く取り上げています。生産性の向上については19年度の必須科目で出題されました。選択科目も含め、生産性の向上や業務の効率化は25年度も重要なテーマですが、19年度より論述の対象を絞り込んだ設問になると思われます。第1項の内容をさらに掘り下げた形で問われる可能性があることから、第1項を基に国交省のウェブサイトで詳細な資料をチェックしておいてください。

以下では第3項を基に、白書を活用した論文の構成方法などについて説明します。第3項から出題される問題を想定すると、例えば「地域の持続性につながる社会資本整備」といったテーマで、次ページのような出題例が考えられます。類似のテーマとして、07年度に人口減少傾向にある地域の活性化と社会資本整備について問われたことがあります。

白書の第Ⅰ部から想定した25年度の出題内容

> **問題** 人口減少による人手不足などを受けて、地域の公共交通やインフラなどの存続が危ぶまれており、持続性や安全・安心を脅かすリスクが高まっている。このような中で「地域力」を高めつつ、都市部以外の地域への人の流れを創出・拡大するような環境整備に取り組むことが重要である。そのための方策について、以下の問いに答えよ。
>
> (1) 地域の持続性につながる社会資本整備を進めるに当たり、投入できる人員や予算に限りがあることを前提に、技術者としての立場で多面的な観点から3つ課題を抽出し、それぞれの観点を明記したうえで、課題の内容を示せ。
>
> (2) 前問（1）で抽出した課題のうち、最も重要と考える課題を1つ挙げ、その課題に対する複数の解決策を示せ。
>
> (3) 前問（2）で示したすべての解決策を実行しても新たに生じうるリスクとそれへの対策について、専門技術を踏まえた考えを示せ。
>
> (4) 前問（1）～（3）を業務として遂行するに当たり、技術者としての倫理、社会の持続性の観点から必要となる要件・留意点を述べよ。

　上記の想定問題のうち、まずは小問（2）の複数の解決策を国土交通白書2024の第Ⅰ部から抜き出します。次に、それらに共通する最も重要な課題を1つ抽出した後、あと2つの課題を加えて（1）の解答とします。さらに、（1）では課題の内容も求められていますので、背景や現状、課題である理由なども同白書の記載を基にまとめます。これらの項目などの選び方は、本書の2-4節の表2.4「第Ⅰ部のポイントと対象になる試験や科目」を参考にしてください。表の右側の欄から必須科目に該当する箇所を抜き出し、小問の（1）と（2）に合った項目を割り当てるわけです。結果、次ページの**表3.5**のようになります。

　本番の必須科目の試験と同様、この想定問題のメーンは「複数の解決策」です。国土交通白書2024では主に5つの施策が掲げられていますので、これらを基に構成します。本番の試験では3つか4つ程度に整理すればよいでしょう。注意しなければならないのは、技術士試験の建設部門に関わる施策を挙げることです。国交省の施策と建設部門で問われる施策とは必ずしも一致しているわけではありません。国土交通白書の中から、建設分野や社会資本整備に関係するものを抜き出して述べる必要があります。どの施策が建設部門に該当するかわからない場合は、それらが建設コンサルタントや建設会社に業務などとして発注されるかどうかを考えてみてください。先述の表3.5で示した項目から、建設部門に該当する白書の主な記載を抜き出して整理すると、次ページの**表3.6**のようになります。本文だけでなく、関連するコラムも参照して重要な施策をまとめたものです。

第3章◉必須科目のテーマと対処法

表 3.5　想定問題の小問に該当する国土交通白書 2024 の第Ⅰ部の項目

解答項目	該当する項目や内容		
小問（2）複数の解決策	第2章　国土交通分野における取り組みと今後の展望		
	第1節　国土交通分野の現状と方向性		
	3　地域の持続性につなげる取り組み	（1）地域公共交通の再構築（リ・デザイン）	
		（2）関係人口の創出・拡大	
		（3）高齢者などが安心して暮らせる社会	
		（4）地域インフラ群再生戦略マネジメント（群マネ）	
		（5）地域の活力維持に向けた取り組み	
小問（1）課題の説明のための参考資料	第1章　人口減少と国土交通行政		
	第1節　本格化する少子高齢化・人口減少における課題		
	3　高齢社会と地域活力の維持	（1）地域活力の低下による懸念 ①生活利便性の低下 ②地域維持・存続の困難化	

表 3.6　想定問題の「複数の解決策」にあたる白書の記載

白書を基にした見出し	該当する白書の項目や記載内容	
（1）地域の公共交通の再構築	地域における「連携と協働」	・自動運転やMaaS（Mobility as a Service）、キャッシュレスなどのデジタル技術の実装を目指す交通DX ・車両の電動化に加え、効率的な運行管理とエネルギーマネジメントなどの導入を一体的に推進する交通GX ・官民の「共創」など、地域の多様な関係者との連携と協働
（2）関係人口の創出と拡大	・「二地域居住」の普及と定着を通じて地方への人の流れを創出・拡大 ・改正「広域的地域活性化のための基盤整備に関する法律」が成立	
（3）高齢者などが安心して暮らせる社会	居住の安定確保	・バリアフリー性能を備えた住宅の整備などを推進
	バリアフリーの推進	・公共交通機関をバリアフリー化 ・公共性の高い建築物について、誰もが安全・安心で円滑かつ快適に利用できる施設を整備 ・駅や官公庁の施設、病院などを結ぶ道路や駅前広場で、幅の広い歩道の整備や段差の改善、無電柱化などによって歩行空間のユニバーサルデザインを推進
	交通システムの再構築	・地域の人材や車両、施設を最大限に活用 ・自家用車を用いた旅客輸送サービスをさらに活用 ・デジタルを活用したコンパクトな移動サービスを提供
（4）地域インフラ群の再生戦略マネジメント	・広域で複数かつ多分野のインフラを「群」として捉え、多角的な視点からマネジメントする「地域インフラ群再生戦略マネジメント」（群マネ）を推進 ・40地方自治体の11件を「群マネモデル地域」に選定	

158

	産業立地の促進	・地方における生産拠点の整備や強化を図っていく
（5）地域の活力維持に向けた取り組み	まちなかの再生	・にぎわい空間の整備のほか、地域の核となる商業施設や点在する空き店舗、空き家の改修などで再生
	「道の駅」の役割	・地域再生だけでなく、防災や交流の拠点としても整備
	「地域生活圏」の形成	・交通手段が重複している場合は、地域の関係者との「共創」を通じて交通ネットワークの統合や再編を実施 ・デジタル技術を活用して輸送サービスの効率化も実現

　表に記したこれらの項目などを使って文章にまとめていけば、必須科目の論文が完成します。表の関係人口と高齢者に関する項目を合体して、例えば「関係人口の創出・拡大と高齢者などが安心して暮らせる社会」としてもかまいません。各項目が掲載された白書の主な箇所も示しながら、解答例を次ページに掲載します。表3.6で示した解決策は必須科目だけでなく、「都市計画」の選択科目Ⅲで利用できるものもあります。実際の出題の内容やテーマが今回の想定問題と異なっても題意を読み取り、表に記したキーワードなどをうまく使って論文を構成するようにしてください。

第3章●必須科目のテーマと対処法

必須科目の論文例②

＊国土交通白書2024の第Ⅰ部からの出題を想定した論文例
＊注釈のページ数は同白書2024の主な掲載ページ数
＊出題内容は本書の157ページに掲載

1．多面的な観点と課題 〔小問（1）で0.8～1枚程度とする〕

（1）技術面の観点から、いかに地域の持続性につながる社会資本整備を進めるか

〔27～32ページの記述を簡略化〕

　人口減少によって地域の交通は赤字となり、廃線や運行回数の減少が発生している。さらに、建設から50年以上を経過するインフラの割合は加速度的に上昇していく。空き家の増加や地域コミュニティーの機能の低下も懸念されるなか、暮らしや社会を支える社会資本整備を進めていくことが必要である。

（2）コスト面の観点から、いかに財政難の中で実施するか

　少子高齢化に伴う労働人口の減少によって税収が不足する。一方、社会保障費は増大していく。これらの結果、今後の財政はひっ迫するので、あらゆる事業においてコストの低減を図っていく必要がある。

〔小問（2）以降で展開しない課題を2つ記述する〕

（3）人材面の観点から、いかに人材不足の中で実施するか

　我が国の総人口は減少傾向にあり、諸外国と比べて出生率も低い水準にある。少子化や建設離れで建設産業に携わる人材も減っていくと思われる。このような状況で、いかに実施するかが課題である。

2．最も重要な課題

〔下記の解決策から逆算する〕

　上記の3つの課題のうち、「いかに地域の持続性につながる社会資本整備を進めるか」を最も重要な課題とし、以下に解決策を示す。

〔小問（2）以降に展開する重要な課題を、解決策から逆算して一つ目に記述する〕

〔「財政難の中で実施」は建設部門では永遠の課題で、ほとんどのテーマで使える〕

〔「人材不足の中で実施」も建設部門では永遠の課題で、ほとんどのテーマで使える〕

160

> 解決策は、主に86〜100ページの内容を基に記述する

3．解決策

（1）地域の公共交通の再構築

　以下の取り組みによって利便性や生産性、持続可能性の高い交通への再構築（リ・デザイン）を進める。
・自動運転やMaaS、キャッシュレスなどのデジタル技術の実装を目指す交通DX
・車両の電動化に加え、効率的な運行管理とエネルギーマネジメントを一体的に推進する交通GX
・官民の「共創」など、多様な関係者との連携と協働

（2）関係人口の創出と拡大

　関係人口の創出と拡大に向けた方策として、「二地域居住」を促進する。併せて、そのための法整備や行政サービスの拡充を推進する。

（3）高齢者などが安心して暮らせる社会

　バリアフリー性能を備えた住宅の整備を推進するなど、高齢者の居住の安定確保に取り組む。
　さらに、公共交通機関のバリアフリー化を進めるとともに、公共性の高い建築物についても誰もが安全・安心で、円滑かつ快適に利用できる施設を整備する。
　駅や官公庁の施設、病院などを結ぶ道路や駅前広場などでは、幅の広い歩道の整備や段差の改善、無電柱化などによって歩行空間のユニバーサルデザインを推進する。地域の人材や車両、施設を最大限に活用するなどして、交通システムの再構築にも取り組む。

（4）地域インフラ群の再生戦略マネジメント

広域で複数かつ多分野のインフラを「群」としてマネジメントする「地域インフラ群再生戦略マネジメント」（群マネ）を推進する。選定した11件のモデル地域の検討を通じて、群マネの横展開を図る。

（5）地域の活力維持に向けた取り組み

　産業の立地を促進し、生産拠点の整備や強化を図る。にぎわい空間の整備に加え、地域の核となる商業施設や空き店舗の改修なども進めて、まちなかを再生する。

　さらに、「道の駅」を観光の拠点などの地域再生だけでなく、地域の防災や交流の拠点としての役割も担うよう整備する。「地域生活圏」の形成に向けて、交通ネットワークを統合・再編するなど、地域をつなぐ持続的なモビリティー社会の実現も図る。

4．新たに生じうるリスクと対策

（1）リスク

　過疎化が想定以上に進むと、これらの取り組みが無駄になるリスクがある。

（2）対策

　人口の推移などを常に監視し、見直すことができるような仕組みを構築する。

［将来の人口の想定に合わせた政策が重要になる］

5．必要となる要件と留意点

　常に公益を最優先に取り組む。さらに、構築して終わりではなく、維持管理を続けて常に安全な状態を維持することが必要であり、そのような取り組みを継続できるように留意する。

以上

［テーマが異なっても内容は大きく変わらない］

3-4 その他の重要なテーマと取り組み方

　国土交通白書の第Ⅰ部のテーマ以外にも、建設部門全般に共通する重要なテーマはあります。これらは必須科目でも出題される可能性がありますので、前節の3-3で取り上げたテーマに加えて3～5テーマを用意してください。例えば本書の2-3節で挙げた5つの分野やテーマから、防災・減災を地震と大雨に分けると以下の6つが考えられます。

① 観光立国の推進
② 大雨や洪水への対策
③ 大規模な地震への対策
④ 維持管理・更新
⑤ 生産性の向上
⑥ 環境対策

　上記の分野やテーマごとに、論文を構成する題材を国土交通白書2024や国土交通省のウェブサイトから収集すればよいでしょう。その後は、論文として記述してもよいですが、以下の**表3.7～表3.9**のようなキーワードのレベルでまとめてもかまいません。この表のような形に整理して準備しておけば、論文の作成も容易になります。

表3.7　①と②のテーマの論文構成例

出題項目	①観光立国の推進	②大雨や洪水への対策
多面的な観点からの課題	・技術面の観点から、いかに観光立国の実現に向けて取り組むか ・コスト面の観点から、いかに財政難の中で実施するか ・人材面の観点から、いかに人材不足の中で実施するか	・技術面の観点から、いかに流域全体で治水に取り組むか ・コスト面の観点から、いかに財政難の中で実施するか ・人材面の観点から、いかに人材不足の中で実施するか
重要な課題	いかに観光立国の実現に向けて取り組むか	いかに流域全体で治水に取り組むか
複数の解決策	・持続可能な観光地域づくり ・インバウンドの受け入れ環境の整備 ・国内交流の拡大	・流域治水プロジェクト2.0の展開 ・水害リスクの明示 ・水害リスクの低減対策（氾濫の防止など）
波及効果	多様なまちづくり	立地適正化計画の実現
リスク（懸念事項）	観光客や旅行者が増加すると、自然災害の発生時に被災のリスクが高まる	ハード面の整備によってハザードの場所が変化し、従来の避難情報が使えなくなる
対策	多言語による適切な情報発信など、ウェブサイトやSNSによる周知や災害情報の「プッシュ通知」が可能なアプリなどの普及を促進	ハード面の整備に併せてソフト面の対策を随時、見直していける仕組みづくり
必要な要件と留意点	常に公益を最優先に取り組む。構築して終わりではなく、維持管理を続けて常に安全な状態を維持することが必要な要件であり、そのように取り組むように留意する	常に公益を最優先に取り組む。構築して終わりではなく、維持管理を続けて常に安全な状態を維持することが必要な要件であり、そのように取り組むように留意する

第3章●必須科目のテーマと対処法

表3.8 ③と④のテーマの論文構成例

出題項目	③大規模な地震への対策	④維持管理・更新
多面的な観点からの課題	・技術面の観点から、いかに大規模な地震への対策を進めるか ・コスト面の観点から、いかに財政難の中で実施するか ・人材面の観点から、いかに人材不足の中で実施するか	・技術面の観点から、いかに維持管理・更新を効率化するか ・コスト面の観点から、いかに財政難の中で実施するか ・人材面の観点から、いかに人材不足の中で実施するか
重要な課題	いかに大規模な地震への対策を進めるか	いかに維持管理・更新を効率化するか
複数の解決策	・構造物の耐震化やデータベース化 ・ライフライン（道路や上下水道、ガス、電気）の確保 ・DXの推進やソフト面の対策	・選択と集中 ・予防保全や長寿命化、「地域インフラ群再生戦略マネジメント」（群マネ）の推進 ・DXの推進
波及効果	構造物の長寿命化	構造物の耐震性能の向上
リスク（懸念事項）	ハード面の整備によってハザードの場所が変化し、従来の避難情報が使えなくなる	維持管理によって耐震性能が向上しても、その情報が耐震対策の業務と共有されにくい
対策	ハード面の整備に併せてソフト面の対策を随時、見直していける仕組みづくり	データプラットフォームやBIM／CIMを活用して情報を共有していく
必要な要件と留意点	常に公益を最優先に取り組む。構築して終わりではなく、維持管理を続けて常に安全な状態を維持することが必要な要件であり、そのように取り組むように留意する	常に公益を最優先に取り組む。構築して終わりではなく、維持管理を続けて常に安全な状態を維持することが必要な要件であり、そのように取り組むように留意する

　これら①～⑥の中から、参考までに「大雨や洪水への対策」をテーマとした解答例を168ページに示します。国土交通白書2024の第Ⅱ部の6章の2節や国交省のウェブサイトを参照してまとめたものです。167ページのような出題内容を想定しました。水害対策に関する最新の政策や施策を押さえるために、本書の2-5節の表2.6を参考に、上記の2節で新しい施策に更新された「気候変動を踏まえた水災害対策『流域治水』の推進」の項目をチェックします。次に、その項目に記された「流域治水プロジェクト2.0」をキーワードとして国交省のウェブサイトで検索します。そうすると、流域治水に関する最近の情報が表示されますので、それらの内容を確認して論文を作成する際の参考にします。

　必須科目の論文では建設部門全般にわたるテーマが対象になりますので、自身の専門以外の分野の情報も押さえておく必要があります。例えば「道路」の受験者でも、最近の水害の特徴や対策の概要を理解しておきましょう。他の科目の受験者も同様です。国土交通白書2024の第Ⅰ部と第Ⅱ部などから、先述の①～⑥のテーマに該当する代表的な項目を次ページの表3.10に示します。目を通しておいてください。併せて国交省のウェブサイトから、各項目に関連する最新の話題もチェックしておくとよいでしょう。

164

3-4 その他の重要なテーマと取り組み方

表 3.9 　⑤と⑥のテーマの論文構成例

出題項目	⑤生産性の向上	⑥環境対策
多面的な観点からの課題	・技術面の観点から、いかに生産性の向上に取り組むか ・コスト面の観点から、いかに財政難の中で実施するか ・人材面の観点から、いかに人材不足の中で実施するか	・技術面の観点から、いかにカーボンニュートラルやネイチャーポジティブを推進するか ・コスト面の観点から、いかに財政難の中で実施するか ・人材面の観点から、いかに人材不足の中で実施するか
重要な課題	いかに生産性の向上に取り組むか	いかにカーボンニュートラルやネイチャーポジティブを推進するか
複数の解決策	・i-Construction や ICT 施工の展開 ・BIM／CIM の適用 ・デジタル化をはじめとする新技術の活用	・脱炭素社会や省エネルギー社会の構築 ・住宅や建築物の省エネルギー性能の向上 ・交通流対策や建設機械の環境対策 ・都市緑化など、温室効果ガスの吸収源対策 ・生態系の保全や自然を活用した課題の解決
波及効果	インフラや建築物などのデータベース化	気候変動の抑制
リスク（懸念事項）	若手技術者の技術力の低下	先行投資の増加による将来の費用対効果
対策	資格制度や教育制度を導入	量産化によるコスト低減を図るとともに、自立的に商用化が進むようにする
必要な要件と留意点	常に公益を最優先に取り組む。構築して終わりではなく、維持管理を続けて常に安全な状態を維持することが必要な要件であり、そのように取り組むように留意する	常に公益を最優先に取り組む。構築して終わりではなく、維持管理を続けて常に安全な状態を維持することが必要な要件であり、そのように取り組むように留意する

表 3.10 　各分野やテーマの記述で参考になる白書の主な項目

分野やテーマ	白書に掲載された項目	白書2024の掲載ページ数
観光立国の推進	交通政策基本法に基づく政策展開	144
	持続可能な地域旅客運送サービスの提供の確保に資する取り組み	144
	観光資源の魅力を極めて地方創生の礎に	153
	観光産業を革新して国際競争力を高め、我が国の基幹産業に	154
	すべての旅行者がストレスなく快適に観光を満喫できる環境に	155
	良好な景観の形成	157
	自然や歴史、文化を生かした地域づくり	158
	地方創生と地域の活性化に向けた取り組み	160
大雨や洪水への対策	ドローンによる災害時の対応	51
	総力戦で挑む防災・減災プロジェクト	211
	気候変動を踏まえた水災害対策「流域治水」の推進	212

165

第3章●必須科目のテーマと対処法

	水害対策	213
	土砂災害対策	217
	防災情報の高度化	227
	盛り土による災害の防止に向けた取り組み	230
	災害危険住宅の移転など	231
大規模な地震への対策	令和6年能登半島地震への対応	124
	総力戦で挑む防災・減災プロジェクト	211
	南海トラフ巨大地震や首都直下地震などへの対応	213
	土砂災害対策	217
	津波対策	222
	地震対策	223
	災害に強い交通体系の確保	232
維持管理・更新	地域インフラ群再生戦略マネジメント（群マネ）	94
	社会資本の老朽化対策	139
	ストック効果を重視した社会資本整備の推進	143
	官民連携などの推進	151
生産性の向上	i-Construction	57
	インフラDXの推進	58
	技術やイノベーションのインフラ分野	69
	建設産業の担い手の確保と育成	205
	BIM／CIMの取り組み	310
	建設施工への自動化・自律化技術の導入に向けた取り組み	311
環境対策	グリーンインフラの推進	159
	地球温暖化対策（緩和策）の推進	255
	海洋再生可能エネルギーの利用の推進	260
	未利用の水力エネルギーの活用	260

（注）項目名は一部、略した

　さらに、2025年度の技術士試験では、同年度に発行される予定の国土交通白書2025が特に参考になります。24年度の政策や施策が掲載されており、例年なら6～7月に公表されます。この白書2025の第Ⅰ部のテーマから出題される可能性もあることから、25年度の試験に間に合うようなら同白書の内容も念のために押さえておきましょう。論文の構成などは、本章の3-3節などを参考に組み立てればよいでしょう。

「大雨や洪水への対策」のテーマで想定した出題内容

問題　地球温暖化に伴う気候変動によって、想定以上の大雨や洪水が頻発している。今後も水災害リスクのさらなる増大が予測されるなか、堤防の整備といったハード面の対策だけでは限界があり、ハード・ソフト一体の水害対策を多くの関係者が協力して取り組む必要がある。このような状況を踏まえて、以下の問いに答えよ。

(1) 流域のあらゆる関係者が協力して治水対策を進めるに当たり、投入できる人員や予算に限りがあることを前提に、技術者としての立場で多面的な観点から3つ課題を抽出し、それぞれの観点を明記したうえで、課題の内容を示せ。

(2) 前問 (1) で抽出した課題のうち、最も重要と考える課題を1つ挙げ、その課題に対する複数の解決策を示せ。

(3) 前問 (2) で示したすべての解決策を実行しても新たに生じうるリスクとそれへの対策について、専門技術を踏まえた考えを示せ。

(4) 前問 (1)～(3) を業務として遂行するに当たり、技術者としての倫理、社会の持続性の観点から必要となる要件・留意点を述べよ。

必須科目の論文例③

＊出題内容は前ページに掲載

1．多面的な観点からの課題

（1）技術面の観点から、流域のあらゆる関係者が協働していかに治水対策を進めるか

　気候変動の影響によって、2040年ごろには降雨量が約1.1倍に、流量が1.2倍に、洪水の発生頻度が2倍にそれぞれ増加すると見込まれている。

　頻発・激甚化する水害に対応するには、上流や下流、本川や支川の流域全体を対象に、河川管理者が主体となって行う河川整備などに加え、氾濫域も含めて一つの流域として捉え、内水対策や農水、都市計画などのあらゆる関係者が協働して取り組む必要がある。

（2）コスト面の観点から、いかに財政難の中で実施するか

　今後の少子高齢社会では、労働人口の減少によって税収が不足する。一方、社会保障費は増加していく。これらの結果、今後の財政はひっ迫するので、治水事業においてもコストの低減を図っていく必要がある。

（3）人材面の観点から、いかに人材不足の中で実施するか

　我が国の総人口は今後、さらに減少すると予測されており、主要な先進国の中でも減少率は高い。出生率も諸外国と比較して低い水準にある。

　少子化や建設離れで建設産業に携わる人材も減っていくと思われる。このような状況で、いかに治水事業を実施するかが課題である。

２．最も重要な課題

　上記の３つの課題のうち、「流域のあらゆる関係者が協働していかに治水対策を進めるか」を最も重要な課題に選定し、以下に解決策を示す。

３．解決策

（１）水害リスクの明示

　流域ごとに、降雨量が1.1倍、流量が1.2倍に増加した際の浸水面積や浸水世帯数、被害額の増分をそれぞれ明示し、水害によるリスクを"見える化"する。それを基に目標を設定し、対策を立案する。

（２）水害リスクの低減対策

①氾濫を防ぐ・減らす

　河道を掘削して河積を増やす。併せて堤防を整備し、かさ上げや浸食対策を実施する。さらに、遊水池や輪中堤、二線堤を整備して洪水を貯留し、氾濫時の被害の減少を図る。霞堤の保全も進める。

　治水ダムの建設や再生に加え、利水関係者の協力を得て利水ダムも洪水調節に有効に活用する。内水氾濫の防止では、県や市などの関係者と協力して排水機場の機能を増強するとともに、雨水貯留浸透施設の整備を進める。グリーンインフラも推進する。雨水の貯留機能の拡大では農水の関係者とも協力して取り組み、ため池や水田に氾濫水を流入させて貯留できるようにする。「田んぼダム」も推進して流出を抑制する。

　特定都市河川浸水被害対策法に基づき、集水域や河

川区域、氾濫域においても特定都市河川の指定を拡大し、さらなる治水対策を推進する。

②被害を減らす・軽減する

　「河川防災ステーション」などを整備し、出水時の適切な水防活動と平常時の防災意識の向上を図る。

　併せて、情報の取得に向けて「ワンコイン浸水センサー」の開発や整備も進め、中小河川の急激な水位の上昇に伴う洪水や内水氾濫による浸水被害に備える。

　さらに、立地適正化計画における防災指針の作成を進め、河岸浸食や浸水想定区域に対する立地の誘導や避難を促す。ハザードマップやタイムラインの作成や周知によって、適切なタイミングでの避難につなげる。

4．リスクと対策

（1）リスク

　ハード面の整備が進むことでハザードの場所が変化していくことから、ハザードマップや避難所、避難路、タイムラインなどが使えなくなる可能性がある。

（2）対策

　堤防の整備などのハード面の対策に併せて、ハザードマップなどのソフト面の対策を随時見直し、それらを活用する仕組みを構築する。

5．必要な要件と留意点

　常に公益を最優先に取り組む。構築して終わりではなく、維持管理を続けて常に安全な状態を維持することが必要で、そのように取り組むよう留意する。以上

第4章

白書を踏まえた
選択科目の論述法

第4章●白書を踏まえた選択科目の論述法

4-1 選択科目の出題形式と内容

選択科目の論文は**表4.1**に示すように「専門知識」、「応用能力」、「問題解決能力と課題遂行能力」がそれぞれ問われる3種類の論文からなります。600字詰めの用紙で1〜3枚に記述します。論文の評価では、専門的学識とコミュニケーションがすべての選択科目で対象となるほか、応用能力の場合はさらにマネジメントとリーダーシップが加わります。Ⅲの問題解決能力と課題遂行能力の論文では、問題解決と評価の能力が重視されます。

表4.1 選択科目の論文で解答する問題数と枚数

問題		問われる内容	出題数	解答数	枚数	主な評価項目*
選択科目Ⅱ	Ⅱ-1	専門知識	4問	1問	1枚	専門的学識
	Ⅱ-2	応用能力	2問	1問	2枚	マネジメント、リーダーシップ
選択科目Ⅲ		問題解決能力と課題遂行能力	2問	1問	3枚	問題解決、評価

（注）2019〜24年度の出題内容。専門的学識とコミュニケーションはすべての選択科目で評価される。評価項目の概要は本書の12ページの表1.5を参照

2019年度の改正から24年度までの6年間の出題の範囲や内容、難易度に大きな変更はありませんでした。25年度試験の対策でも、まずは受験する選択科目の過去の出題テーマや内容を確認しておきましょう。選択科目とは、建設部門では本書の13ページの表1.6に示す「土質基礎、鋼コンクリート、都市計画、河川砂防、港湾空港、電力土木、道路、鉄道、トンネル、施工計画、建設環境」の11科目です。

（1）選択科目Ⅱ-1の論文

選択科目のⅡ-1では主に専門知識について問われます。設問の内容は選択科目によって異なりますが、各科目の出題の範囲や傾向に大きな変更は見られません。まずは過去の出題分野やテーマ、設問の内容を確認しておきましょう。例えば「都市計画」や「河川砂防」、「港湾空港」、「電力土木」、「道路」、「鉄道」といった計画分野からの出題比率が高い科目では、時事的な政策や施策が取り上げられることがあります。本書の第2章に掲載した各表を参考に、自分の選択科目に該当する白書の記述に目を通しておくとよいでしょう。

出題数は4問です。その中から1問を選択して答案用紙1枚に解答します。選択科目の中でも、受験者の専門性を踏まえて各分野に分かれています。例えば、「鋼コンクリート」では鋼構造とコンクリートから、「河川砂防」では河川、砂防、海岸・海洋から、「トンネル」では山岳、開削、シールドの分野からそれぞれ出題されています。「道路」では4問のうちの1問は、舗装に関して問われています。

（2）選択科目Ⅱ-2の論文

　選択科目のⅡ-2では主に応用能力について問われます。改正後6年間の各科目の出題のパターンや範囲などに大きな変更は見られませんので、まずは過去の出題分野やテーマ、設問の内容や問われ方を確認しておきましょう。ただし、「施工計画」は小問の問われ方が毎年度、異なります。24年度の出題内容を参照して25年度の試験に備えてください。

　Ⅱ-2では受験者の実務を踏まえた具体的な内容の出題になることから、白書から出題されるケースは少ないですが、先述のⅡ-1と同様、特に計画分野からの出題比率が高い「都市計画」や「河川砂防」、「港湾空港」、「道路」などの科目では、時流を意識したテーマが取り上げられる傾向がみられます。本書の第2章や第5章に掲載した各表を参考に、自分の選択科目に該当する白書の記述や参考文献に目を通しておいてください。

　出題数は2問です。その中から1問を選択して答案用紙2枚に解答します。いずれの科目も3つの小問が設けられています。下の**表4.2**に、出題の意図などが実際の設問にどのように反映されているのかを示しました。小問の内容や趣旨は、24年度も一部の科目を除いてほぼ同じでしたが、科目によって問われる項目や問われ方などがやや異なります（次ページの**表4.3**）。このような問われ方に備えておいてください。

表 4.2　出題の概念などとⅡ-2の小問との関係

概念	これまでに習得した知識や経験に基づき、与えられた条件に合わせて、問題や課題を正しく認識し、必要な分析を行い、業務の遂行手順や業務上、留意すべき点、工夫を要する点などについて説明できる能力
出題内容	「選択科目」に関係する業務に関し、与えられた条件に合わせて、専門知識や実務経験に基づいて業務の遂行手順を説明でき、業務上で留意すべき点や工夫を要する点などについての認識があるかどうかを問う
評価項目	技術士に求められる資質や能力（コンピテンシー）のうち、専門的学識、マネジメント、コミュニケーション、リーダーシップの各項目

（1）調査、検討すべき事項とその内容について、説明せよ。
（2）業務を進める手順について、留意すべき点、工夫を要する点を含めて述べよ。
（3）業務を効率的、効果的に進めるための関係者との調整方策について述べよ。

（注）各小問は2024年度の「道路」の例。一部の科目を除いて内容や出題の趣旨はほぼ同じ。日本技術士会の資料を基に作成。下線や矢印は筆者が記入

第4章●白書を踏まえた選択科目の論述法

表4.3　各選択科目の小問で問われる主な項目

選択科目	小問（1）	小問（2）	小問（3）
土質基礎	調査・設計・施工の段階のうち、2つ以上の段階において検討すべき事項	（2）の冒頭で示された業務の手順、手順ごとの留意点と工夫を要する点	関係者との調整方策
鋼コンクリート	対象とする構造物、状況や目的、条件などの設定と調査、検討すべき事項とその内容	業務の手順、手順ごとの留意点と工夫を要する点	関係者との調整方策
都市計画	設問の業務において、事前に調査、検討すべき事項とその内容	（2）の冒頭で示された業務の手順、手順ごとの留意点と工夫を要する点	関係者との調整方策、または関係者との連携・調整
河川砂防	（1）で示された業務において収集・整理すべき資料や情報、それらの目的や内容	（2）の冒頭で示された業務の手順または項目、留意点や工夫を要する点	関係者との調整方策
港湾空港	調査、検討すべき事項とその内容	業務の手順、留意点と工夫を要する点	関係者との調整方策
電力土木	各設問で指定された専門知識、検討すべき事項とその内容	指定された業務の手順、留意点と工夫を要する点	関係者との調整方策
道路	調査、検討すべき事項とその内容	業務の手順、留意点と工夫を要する点	関係者との調整方策
鉄道	調査、検討すべき事項とその内容	業務の手順、留意点または配慮すべき点と工夫を要する点	関係者との調整方策
トンネル	検討すべき事項とそれぞれの内容、または照査項目と照査が必要になる条件	事業または業務の調査から維持管理までの各段階における留意点と工夫を要する点	関係者との調整方策
施工計画	（1）で示された条件における2つの対策、各対策の2つの評価軸での比較	（2）で指定された対策または工事のPDCAサイクルにおける各方策	指定された条件での利害関係者、衝突する利害と調整方法
建設環境	（1）で示された業務の調査、把握または検討すべき事項とその内容	指定された業務の手順、留意点と工夫を要する点、または手順ごとの留意点と工夫を要する点	関係者との調整方策

（注）2024年度の出題内容を基に作成

　Ⅱ-2の論文では応用能力が問われる点に注意し、（1）～（3）では出題文に盛り込まれた条件を踏まえて解答することが欠かせません。同様に（2）の手順で示す業務の範囲も、出題文から読み取る必要があります。評価の対象となるコミュニケーションは、筆記試験では出題文に対する読解力や理解力、解答での表現力が中心になるとみられますが、Ⅱ-2の場合は（3）でも多くの科目が「関係者との調整方策」として尋ねています。（3）ではもう一つの評価項目であるリーダーシップも意識して解答した方がよいでしょう。「施工計画」では23年度に続いて24年度も、（2）や（3）でマネジメントやリーダーシップについて問われました。24年度の（2）もPDCAサイクルに沿って述べる形でしたが、23年度に比べて解答にあたっての条件が具体的に示されています。

174

4-1 選択科目の出題形式と内容

　問われる内容は、多くが検討事項や手順、留意点、調整方策などであり、科目によって
は出題のパターンも定着しつつあることから、出題テーマが異なっても解答の構成や骨子
などはある程度、共通したものになります。例えば「鋼コンクリート」の場合は、1問が
既設の構造物を、もう1問は新設の構造物をそれぞれ対象として出題するパターンが見ら
れます。既設の構造物では維持管理や耐震化に伴う補強・補修が中心です。新設では品質
の確保を意識した設問が少なくありません。したがって、下の**表4.4**のような内容を準備
しておけば、答案用紙の7〜8割程度は埋められるはずです。残りは、実際の出題内容や
設問の条件を踏まえて追記すればよいでしょう。科目によって異なりますが、他の科目で
もこのような解答のパターンを整理して備えておくことをお勧めします。

表4.4　「鋼コンクリート」の場合の解答のパターン

対象	既設の構造物	新設の構造物
テーマ	補強・補修の業務（維持管理や耐震化）	施工時の品質
1枚目	1.　調査、検討すべき事項 （1）調査事項 ・構造物の調査 ・劣化の状況や保有耐力 ・利用状況や近隣住民 ・作業スペース ・出題内容に合わせて追記や修正 （2）検討事項 ・補強や補修の方法 ・利用者がいる中での施工方法 ・出題内容に合わせて追記や修正	1.　調査、検討すべき事項 （1）調査事項 ・施工ヤード ・資機材の搬出入路 ・利用状況や近隣住民 ・製作工場 ・出題内容に合わせて追記や修正 （2）検討事項 ・施工手順 ・施工方法 ・出題内容に合わせて追記や修正
2枚目	2.　手順や留意すべき点、工夫を要する点 　　以下の手順ごとに留意点などを述べる （1）調査、検討 ・上記の項目を調査する。調査結果を分析し、それらに基づいて上記の項目を検討する ・複合劣化に留意し、既存のデータも活用できるように工夫する （2）計画 ・検討の結果に基づいて、構造物の具体的な補強・補修計画を立案する ・近隣住民や周辺地盤の安全確保に留意し、工期を短縮できるように工夫する （3）設計 ・計画に基づいて構造物の具体的な補強・補修設計を行う ・施工時の短期応力に留意し、3次元化するなど照査しやすいように工夫する 3.　関係者との調整方策 （1）受発注者間 ・随時、打ち合わせしながら進める （2）利用者や住民 ・事前に説明、告知し、了解を得て進める （3）出題内容に合わせて追記や修正	2.　手順や留意すべき点、工夫を要する点 　　以下の手順ごとに留意点などを述べる （1）調査、検討 ・上記の項目を調査する。調査結果を分析し、それらに基づいて上記の項目を検討する ・施工状況に近い調査になるよう留意し、既存のデータも活用できるように工夫する （2）計画、設計 ・検討の結果に基づいて構造物の具体的な計画や施工計画を立案する。計画に基づき、具体的に設計する ・施工時の短期応力に留意し、3次元化するなど照査しやすいように工夫する （3）施工 ・設計に基づいて施工する ・近隣住民や周辺地盤の安全確保に留意し、工期を短縮できるように工夫する 3.　関係者との調整方策 （1）受発注者間 ・随時、打ち合わせしながら進める （2）利用者や住民 ・事前に説明、告知し、了解を得て進める （3）出題内容に合わせて追記や修正

175

第4章●白書を踏まえた選択科目の論述法

（3）選択科目Ⅲの論文

　選択科目のⅢは主に問題解決能力と課題遂行能力について問われます。出題傾向に大きな変化はなく、必須科目の論文と同様に多くの科目が時事性の高いテーマを取り上げています。まずは過去の出題内容を確認したうえで、本書の第2章や第5章に掲載した各表を参考に、自分の選択科目に該当する白書の記述や参考文献に目を通しておきましょう。

　出題数は2問です。その中から1問を選択して答案用紙3枚に解答します。いずれの科目も3つの小問が設けられています（下の**表4.5**）。各小問の内容は、ほとんどの選択科目だけでなく、必須科目の（1）～（3）ともほぼ同じでした。論文に対する評価も、必須科目から技術者倫理を除いた残りの項目が対象になります。出題の概念などと実際の出題文との関係も同様です。解答の中心となる課題や解決策の考え方や示し方も含め、本書の第3章の3-1を参考にしてください。ただし、Ⅲは選択科目に関する設問であることから、必須科目と異なり、各科目の専門性を反映した内容とする必要があります。出題文にも「専門技術を踏まえた考え」と記されています。

表4.5　問題解決能力と課題遂行能力を対象としたⅢの小問の主な内容

> （1）……、技術者としての立場で多面的な観点から3つ課題を抽出し、それぞれの観点を明記したうえで、課題の内容を示せ。
>
> （2）抽出した課題のうち、最も重要と考える課題を1つ挙げ、その課題に対する複数の解決策を示せ。
>
> （3）すべての解決策を実行しても新たに生じるリスクとそれへの対策について、専門技術を踏まえた考えを示せ。

（注）小問（1）の冒頭は必須科目や各選択科目でそれぞれ異なる。例えば、2024年度の「河川砂防」の（1）では1問が災害の現象と被害について、もう1問は従前の対策と課題についてそれぞれ問われた。「鋼コンクリート」や「鉄道」の（2）では、最も重要な課題とした理由も述べるよう求めている。（3）では「トンネル」の1問が波及効果と懸念事項への対応策を示す形だった

　選択科目の論文では25年度も同様の問われ方が基本になると思われます。これらのパターンを基に解答方法などを準備しましょう。211ページの**表4.11**には、事例も交えてⅡ-1とⅡ-2、Ⅲの論文の作成方法を整理しました。参考にしてください。

176

4-2 国土交通白書と選択科目の論文

（1）時事的なテーマから出題

　最近の傾向として、筆記試験では時事的なテーマからの出題が多いことが挙げられます。この傾向は2025年度の試験でも変わらないでしょう。以下の**表4.6**は、24年度に出題された主なテーマやキーワードを選択科目ごとに整理したものです。頻発する昨今の甚大な災害や深刻になるインフラの老朽化などを受けて、必須科目でよく取り上げられている防災・減災や維持管理・更新に関しては、選択科目でも問われています。例えば24年度のⅡとⅢの全体では、全11科目のうちの9科目が防災・減災から、6科目が維持管理・更新の分野からそれぞれ出題しています。これらは担い手の確保や働き方改革、地球温暖化や気候変動への対策とともに、25年度も多くの科目にとって重要な分野です。

　ここ数年の公共投資は安定して推移しており、国土交通に関わる多くの政策などが進展していることも時事的な出題が増えてきたことに影響しています。これらの国土交通政策をコンパクトにまとめたものが国土交通白書ですので、技術士試験の建設部門では白書の勉強は必須となります。同白書2024でも、第Ⅱ部の第6章の2節「自然災害対策」をはじめ、維持管理や地球温暖化対策などについても最近の政策や施策を取り上げています。

表 4.6　2024 年度の筆記試験で出題された主なテーマやキーワード

選択科目	専門知識と応用能力（Ⅱ）		問題解決能力と課題遂行能力（Ⅲ）
	専門知識（Ⅱ-1）	応用能力（Ⅱ-2）	
土質基礎	地盤の変形係数と原位置調査法、杭の極限支持力を求める方法、圧密促進工法、切り土法面の安定と地山補強土工法	埋め立て地盤上に建設する半地下構造の貯水槽と地中管の検討、土留めの施工中に生じた床付け地盤の変位への対策	盛り土や切り土などの地盤構造物の維持管理、盛り土の豪雨や地震に対する被害の軽減策
鋼コンクリート	鋼材のアーク溶接による欠陥、軟鋼と高張力鋼の機械的性質、コンクリート構造物の変状のメカニズムと調査および補修方法、コンクリート構造物の温度ひび割れの発生メカニズムと抑制対策	施工条件の変更を踏まえた構造物の安全性の確保と施工計画の再検討、既設構造物の改修や補強時などに見つかった施工の不具合や設計との不整合への対策	構造物の計画や設計の段階における維持管理への配慮、構造物の設計から解体までの各段階におけるCO_2の削減
都市計画	PFI事業の特徴と効果、一般型の地区計画制度と地区整備計画、「空地」の確保と効果、市民緑地に関する制度	小規模な土地区画整理事業の計画制定に関する業務、地方都市における防災公園の整備計画	オーバーツーリズムへの対策、大都市における密集市街地の街区内部の改善促進

177

第4章●白書を踏まえた選択科目の論述法

河川砂防	基本高水の設定における河川の重要度と対象降雨の設定、ダムの各種の放流と事前放流、土砂災害による被害のプロセスと災害が想定される区域や時期、津波浸水想定の設定と隆起・沈降量の反映方法	水災害リスクの軽減または回避を目的とした防災まちづくり計画の制定、市町村長による避難情報の発令判断の支援	大規模な地震に起因して発生する水害や土砂災害および津波災害のハード対策、流域全体で取り組む「流域治水」の推進
港湾空港	訪日外国人の増加の便益や効果の費用対効果分析による把握、沖波の浅海域での変化と設計波の設定、港湾鋼構造物の防食工法、空港の誘導路の種類と舗装設計	重要港湾または拠点空港における脱炭素化推進計画の作成、使用中のケーソン式岸壁または滑走路の液状化対策	物流の担い手不足への対応と物流機能の強化、港湾や空港における気候変動への適応策
電力土木	原子炉施設の地震力に対する地盤の安定性の評価、液状化のメカニズムと対策、マスコンクリートの温度ひび割れの要因と対策、ダムの耐震性能の照査方法	洪水への対処が必要なダムの降雨や流入量の予測に係る運用業務、斜面崩壊の予兆を受けた電力土木施設の対策の立案	再生可能エネルギーの電源の拡大に向けた方策、電力土木施設の維持管理におけるデジタル技術の導入と展開
道路	車道の曲線部における拡幅、「自動運行補助施設」の背景と設置および点検、アスファルト舗装の詳細調査の目的と内容および手順、補強土壁のメカニズムと特徴	道路空間を活用した地域公共交通計画（BRT）の導入計画、鉄道上空に架かる鋼橋の3回目の定期点検業務	次世代の高規格道路ネットワークの実現、大規模な災害時における迅速な道路啓開
鉄道	レール継ぎ目の遊間検査、プラットホームの安全性の確保、盛り土の変状や崩壊の防止策、営業線内の工事における仮土留め工法の特徴	地平駅舎と島式ホームを結ぶこ線橋の混雑緩和とバリアフリー化、複線の普通鉄道のスピードアップに向けた計画	重要な鉄道構造物の大規模な地震への対策、鉄道の持続的なメンテナンスの実現
トンネル	山岳トンネルのインバートに求められる力学的な性能、山岳トンネルの掘削工法、土留め壁の弾塑性設計法、密閉型シールドの切り羽の安定のための管理項目	自然由来の重金属などが分布する地山での山岳トンネルの新設、都市部に築くトンネルの安定性に関する照査	都市部に建設する山岳トンネルの安全性と公益性および品質の確保、都市部の自立しない地盤での開削またはシールドトンネルの計画の制定
施工計画	補強土壁のメカニズムや概要、「働き方改革関連法」による労働基準法の改正内容、労働安全衛生規則の改正による足場からの墜落防止措置、プレキャストコンクリート工法の利点と検討内容	市街地で構築中のソイルセメント地下連続壁における盤ぶくれや変状への対策、地すべりによる被害の拡大防止と通行不能となった村道の応急復旧工事	建設工事従事者への適切な水準の賃金の支払い、自然災害が発生した際の応急対策におけるインフラ施設の管理者と建設関連企業との契約
建設環境	気泡式循環施設によるアオコの抑制、海洋再生可能エネルギーの整備における海洋環境の保全、カーボンニュートラルポートの形成と港湾脱炭素化推進事業、歴史的な町並みの保全と活用	道路事業における「景観」に関する環境影響評価、トンネル掘削工事における自然由来の重金属などの拡散防止	河川や道路、港湾などにおける生態系の健全性の回復、防災・減災に寄与するグリーンインフラのさらなる普及

（2）白書2025からの出題にも対処

　国土交通白書はここ数年、毎年6〜7月に公表された後、8〜9月に発行されています。この公表時期が微妙です。筆記試験とほぼ同じ時期だからです。同白書が公表または発行される時点では、すでに試験問題は作成されていると考えられます。一般的な試験では、直前または直後に発行された資料から出題されることはほとんどありません。しかし、白書の内容は前年度の国土交通省の政策や施策をまとめた「年次報告」ですので、発行前でも内容はわかります。例えば、2023年度の年次報告である白書2024の場合は23年4月から24年3月までの、白書2025では24年4月から25年3月までの施策がそれぞれ対象となります。次ページの**表4.7**に白書の掲載範囲と筆記試験などとの関係を示します。

　つまり、筆記試験の直前または直後に発行される国土交通白書であっても、その内容から出題される可能性があるということです。実際、19〜24年度の筆記試験でも、同年度に発行された白書からの出題が見られました。例えば、白書2024の第Ⅱ部の5章の1節に新たに掲載された「高規格道路ネットワークのあり方 中間取りまとめ」などに関して、24年度の「道路」で出題されました。24年度の必須科目で問われた第3次国土形成計画は、第Ⅱ部の1章の3節などにポイントが記載されています。「土質基礎」や「道路」では、白書2024の特集の能登半島地震を背景として出題しています。この傾向が25年度も大きく変わらないとすれば、本書で扱う白書2024の内容は25年度の試験の出題に対してやや古くなる可能性があります。ただし、出題のテーマや項目の多くは白書2024が基本となるはずです。以下では、白書2024に掲載された内容を活用して、25年度の試験にどう対処すべきかについて説明します。この方法をマスターすれば、25年度の筆記試験の直前または直後に白書2025が発行され、その内容から出題されたとしても対応できるでしょう。

（3）選択科目に該当する箇所を読む

　筆記試験で求められる専門知識や応用能力のための対策が、白書にすべて記載されているわけではありません。問題解決能力と課題遂行能力の論文で述べる「課題」や「解決策」も同様です。しかし、これらの知識や能力はいずれも社会資本整備を進めるうえで欠かせないものです。つまり、論述時に必要なキーワードや項目の多くは白書に掲載されています。特に、すでに実施された政策で、白書にも掲載されているものは要チェックです。

　本書の第2章の2-4節と2-5節の各表に示した「該当する科目」の欄を参考に、選択科目ごとに整理したものが181ページからの**表4.8**です。自分の受験科目に該当する白書の内容に、まずは目を通してください。さらに、これらの項目をキーワードとして国土交通省のウェブサイトなどで詳細な情報や最新の話題を入手し、論文の作成に役立てましょう。論文の作成方法については、本章の4-3節で詳しく説明します。

第4章◉白書を踏まえた選択科目の論述法

表4.7　国土交通白書の内容と筆記試験の時期との関係

時期	国土交通白書の掲載範囲と発行時期	時事的な問題のテーマとなるような主な政策や施策が実施される時期		2025年度の筆記試験（主に時事的なテーマ）のための勉強方法
		2024年度の筆記試験	2025年度の筆記試験の予測	
2022年12月	白書2023			
2023年 1月				
2月				
3月				
4月				
5月				
6月				
7月				
8月		この時期に実施された政策が主な出題範囲となった		
9月	白書2023発行			
10月	白書2024			
11月				
12月				
2024年 1月				
2月				
3月				
4月			この時期に実施された政策が主な出題範囲となる	
5月				
6月				
7月		筆記試験		
8月				
9月	白書2024発行			
10月	白書2025			白書2024を使って出題範囲の内容を確認する。本書の第2章の2-5節で比較した「国土交通行政の動向」の表を参考に、新規に掲載されたり内容が追加されるなどした項目やテーマに着目。できるだけ新しい情報を、国土交通省のウェブサイトで読み取る
11月				
12月				
2025年 1月				
2月				
3月				
4月	白書2026			
5月				
6月				
7月	白書2025公表*		筆記試験*	白書2025で再確認

（注）国土交通白書2025の公表時期や2025年の筆記試験の時期などは予定

180

4-2 国土交通白書と選択科目の論文

表 4.8　筆記試験の参考になる白書の項目

選択科目	白書に掲載された項目	白書2024の掲載ページ数
土質基礎	NORTH—AI／Eye（AIを活用したインフラ管理）	70
	2050年代以降に向けた持続可能で活力ある暮らしと社会	102
	AIやロボット、ドローンによる次世代のインフラメンテナンス	115
	新しい防災のかたち	117
	デジタルツイン実現プロジェクト	117
	社会資本の老朽化対策など	139
	社会資本整備の推進	141
	ストック効果を重視した社会資本整備の推進	143
	総力戦で挑む防災・減災プロジェクト	211
	気候変動を踏まえた水災害対策「流域治水」の推進	212
	南海トラフ巨大地震や首都直下地震などへの対応	213
	水害対策	213
	土砂災害対策	217
	地震対策	223
	防災情報の高度化	227
	公共土木施設の災害復旧	230
	盛り土による災害の防止に向けた取り組み	230
	災害危険住宅の移転	231
	水道分野における災害対応能力の強化	231
	多重性と代替性の確保	232
	道路防災対策	232
	無電柱化の推進	232
	各交通機関における防災対策	233
	円滑な支援物資の輸送体制の構築	233
	地球温暖化対策の実施	255
	まちづくりのグリーン化の推進	255
	道路におけるカーボンニュートラルの取り組み	256
	公共交通機関の利用の促進	256
	高度化・総合化・効率化した物流サービスの実現に向けた取り組み	256
	鉄道や船舶、航空、港湾における脱炭素化の促進	257

	住宅や建築物の省エネ性能の向上	258
土質基礎	建設機械の環境対策の推進	259
	都市の緑化などによるCO_2の吸収源対策の推進	259
	ブルーカーボンを活用した吸収源対策の推進	259
	海洋再生可能エネルギーの利用の推進	260
	未利用の水力エネルギーの活用	260
	地球温暖化対策（適応策）の推進	261
	インフラ分野のDX	300
	地理空間情報を高度に活用する社会の実現	303
	社会の基盤となる地理空間情報の整備と更新	303
	地理空間情報の活用促進に向けた取り組み	303
	建築・都市のDX	303
	地理空間情報を活用した「建築・都市のDX」の推進	304
	国土交通データプラットフォーム	307
	BIM／CIMの取り組み	310
	建設施工への自動化・自律化技術の導入に向けた取り組み	311
鋼コンクリート	NORTH—AI／Eye（AIを活用したインフラ管理）	70
	「群マネ」モデル地域について	96
	2050年代以降に向けた持続可能で活力ある暮らしと社会	102
	AIやロボット、ドローンによる次世代のインフラメンテナンス	115
	BIM／CIMを活用した建設生産プロセス全体のデータの連携	115
	社会資本の老朽化対策など	139
	社会資本整備の推進	141
	ストック効果を重視した社会資本整備の推進	143
	建設キャリアアップシステムの推進	206
	総力戦で挑む防災・減災プロジェクト	211
	気候変動を踏まえた水災害対策「流域治水」の推進	212
	南海トラフ巨大地震や首都直下地震などへの対応	213
	水害対策	213
	土砂災害対策	217
	地震対策	223
	防災情報の高度化	227

	公共土木施設の災害復旧	230
	盛り土による災害の防止に向けた取り組み	230
	災害危険住宅の移転	231
	水道分野における災害対応能力の強化	231
	多重性と代替性の確保	232
	道路防災対策	232
	無電柱化の推進	232
	各交通機関における防災対策	233
	円滑な支援物資の輸送体制の構築	233
	地球温暖化対策の実施	255
	まちづくりのグリーン化の推進	255
	道路におけるカーボンニュートラルの取り組み	256
	公共交通機関の利用の促進	256
	高度化・総合化・効率化した物流サービスの実現に向けた取り組み	256
	鉄道や船舶、航空、港湾における脱炭素化の促進	257
鋼コンクリート	住宅や建築物の省エネ性能の向上	258
	建設機械の環境対策の推進	259
	都市の緑化などによるCO_2の吸収源対策の推進	259
	ブルーカーボンを活用した吸収源対策の推進	259
	海洋再生可能エネルギーの利用の推進	260
	未利用の水力エネルギーの活用	260
	建設リサイクルの推進	262
	インフラ分野のDX	300
	地理空間情報を高度に活用する社会の実現	303
	社会の基盤となる地理空間情報の整備と更新	303
	地理空間情報の活用促進に向けた取り組み	303
	建築・都市のDX	303
	地理空間情報を活用した「建築・都市のDX」の推進	304
	国土交通データプラットフォーム	307
	BIM／CIMの取り組み	310
	建設施工への自動化・自律化技術の導入に向けた取り組み	311
都市計画	ドローンによる災害時対応	51

第4章◉白書を踏まえた選択科目の論述法

都市計画	2050年代以降に向けた持続可能で活力ある暮らしと社会	102
	人口減少局面でも持続可能な都市構造へ	109
	モビリティハブ	120
	「ワーケーション」など未来の働き方	121
	パークアンドライドなどを活用した観光地域づくり	122
	国土政策の推進	139
	社会資本の老朽化対策など	139
	社会資本整備の推進	141
	ストック効果を重視した社会資本整備の推進	143
	交通政策基本法に基づく政策展開	144
	土地政策の推進	150
	観光立国の意義	153
	観光資源の魅力を極めて地方創生の礎に	153
	観光産業を革新して国際競争力を高め、我が国の基幹産業に	154
	すべての旅行者がストレスなく快適に観光を満喫できる環境に	155
	景観法を活用したまちづくりの推進	157
	無電柱化の推進	157、232
	「日本風景街道」の推進	158
	水辺空間の整備の推進	158
	文化的資産の保存と活用に資する国営公園などの整備	158
	歴史的な公共建造物の保存と活用	158
	歴史や文化を生かしたまちづくりの推進	159
	グリーンインフラの推進	159
	地方創生と地域の活性化に向けた取り組み	160
	地方における地方創生と地域活性化の取り組みの支援	161
	民間のノウハウと資金の活用促進	161
	コンパクトシティーの実現に向けた総合的な取り組み	162
	民間投資の誘発効果が高い都市計画道路の緊急整備	162
	交通結節点の整備	162
	交通モード間の接続（モーダルコネクト）の強化	163
	企業の立地を呼び込む広域的な基盤整備	163
	地域に密着した各種の事業や制度の推進	164

都市計画	新時代に地域力をつなぐ国土・地域づくり	166
	地域の拠点形成の促進	166
	二地域居住の推進	167
	地域の生活交通の確保・維持・改善	167
	特定都市再生緊急整備地域制度などによる民間都市開発の推進	169
	都市再生事業に対する支援措置の適用状況	169
	大街区化の推進	170
	住生活の目標と基本的な施策	173
	ニュータウンの再生	176
	緑豊かな都市環境の形成	177
	都市や地域における総合交通戦略の推進	178
	バスの利便性の向上	179
	居住や生活環境のバリアフリー化	208
	総力戦で挑む防災・減災プロジェクト	211
	気候変動を踏まえた水災害対策「流域治水」の推進	212
	南海トラフ巨大地震や首都直下地震などへの対応	213
	水害対策	213
	土砂災害対策	217
	津波対策	222
	地震対策	223
	防災情報の高度化	227
	公共土木施設の災害復旧	230
	盛り土による災害の防止に向けた取り組み	230
	災害危険住宅の移転	231
	水道分野における災害対応能力の強化	231
	多重性と代替性の確保	232
	道路防災対策	232
	各交通機関における防災対策	233
	円滑な支援物資の輸送体制の構築	233
	地球温暖化対策の実施	255
	まちづくりのグリーン化の推進	255
	道路におけるカーボンニュートラルの取り組み	256

都市計画	公共交通機関の利用の促進	256
	高度化・総合化・効率化した物流サービスの実現に向けた取り組み	256
	鉄道や船舶、航空、港湾における脱炭素化の促進	257
	住宅や建築物の省エネ性能の向上	258
	建設機械の環境対策の推進	259
	都市の緑化などによるCO_2の吸収源対策の推進	259
	ブルーカーボンを活用した吸収源対策の推進	259
	海洋再生可能エネルギーの利用の推進	260
	未利用の水力エネルギーの活用	260
	生物多様性の保全のための取り組み	264
	流域マネジメントの推進	267
	ヒートアイランド対策	274
	インフラ分野のDX	300
	地理空間情報を高度に活用する社会の実現	303
	社会の基盤となる地理空間情報の整備と更新	303
	地理空間情報の活用促進に向けた取り組み	303
	建築・都市のDX	303
	地理空間情報を活用した「建築・都市のDX」の推進	304
	スマートシティーの推進	306
	3D都市モデル（PLATEAU）	306
	国土交通データプラットフォーム	307
	建設施工への自動化・自律化技術の導入に向けた取り組み	311
河川砂防	ドローンによる災害時対応	51
	NORTH—AI／Eye（AIを活用したインフラ管理）	70
	2050年代以降に向けた持続可能で活力ある暮らしと社会	102
	AIやロボット、ドローンによる次世代のインフラメンテナンス	115
	新しい防災のかたち	117
	デジタルツイン実現プロジェクト	117
	社会資本の老朽化対策など	139
	社会資本整備の推進	141
	ストック効果を重視した社会資本整備の推進	143
	水辺空間の整備の推進	158

	グリーンインフラの推進	159
	民間のノウハウと資金の活用促進	161
	コンパクトシティーの実現に向けた総合的な取り組み	162
	地域に密着した各種の事業や制度の推進	164
	総力戦で挑む防災・減災プロジェクト	211
	気候変動を踏まえた水災害対策「流域治水」の推進	212
	南海トラフ巨大地震や首都直下地震などへの対応	213
	水害対策	213
	土砂災害対策	217
	火山災害対策	219
	高潮や浸食などへの対策	221
	津波対策	222
	地震対策	223
	防災情報の高度化	227
	ICTを活用した施設管理体制の充実と強化	230
河川砂防	公共土木施設の災害復旧	230
	盛り土による災害の防止に向けた取り組み	230
	災害危険住宅の移転	231
	水道分野における災害対応能力の強化	231
	多重性と代替性の確保	232
	道路防災対策	232
	無電柱化の推進	232
	各交通機関における防災対策	233
	円滑な支援物資の輸送体制の構築	233
	地球温暖化対策の実施	255
	まちづくりのグリーン化の推進	255
	道路におけるカーボンニュートラルの取り組み	256
	公共交通機関の利用の促進	256
	高度化・総合化・効率化した物流サービスの実現に向けた取り組み	256
	鉄道や船舶、航空、港湾における脱炭素化の促進	257
	住宅や建築物の省エネ性能の向上	258
	建設機械の環境対策の推進	259

	都市の緑化などによるCO_2の吸収源対策の推進	259
	ブルーカーボンを活用した吸収源対策の推進	259
	海洋再生可能エネルギーの利用の推進	260
	未利用の水力エネルギーの活用	260
	地球温暖化対策（適応策）の推進	261
	生物多様性の保全のための取り組み	264
	良好な河川環境の保全と再生、創出	265
	河川水量の回復のための取り組み	265
	流域の源頭部から海岸までの総合的な土砂管理の取り組みの推進	265
	河川における環境教育	265
	海岸や沿岸域の環境の整備と保全	266
	水循環基本法に基づく政策展開	267
	流域マネジメントの推進	267
	水の恵みを将来にわたって享受できる社会を目指して	267
河川砂防	水質浄化の推進	268
	水質調査と水質事故への対応	268
	閉鎖性海域の水環境の改善	268
	水資源の安定供給	269
	水資源の有効利用	269
	雨水の浸透対策の推進	269
	インフラ分野のDX	300
	地理空間情報を高度に活用する社会の実現	303
	社会の基盤となる地理空間情報の整備と更新	303
	地理空間情報の活用促進に向けた取り組み	303
	建築・都市のDX	303
	地理空間情報を活用した「建築・都市のDX」の推進	304
	水管理・国土保全分野におけるDXの推進	305
	国土交通データプラットフォーム	307
	建設施工への自動化・自律化技術の導入に向けた取り組み	311
	ドローンによる災害時対応	51
港湾空港	サイバーポート	67
	NORTH—AI／Eye（AIを活用したインフラ管理）	70

	「2024年問題」の解決などに向けた持続可能な物流業の実現	82
	2050年代以降に向けた持続可能で活力ある暮らしと社会	102
	AIやロボット、ドローンによる次世代のインフラメンテナンス	115
	新しい防災のかたち	117
	デジタルツイン実現プロジェクト	117
	社会資本の老朽化対策など	139
	社会資本整備の推進	141
	ストック効果を重視した社会資本整備の推進	143
	観光立国の意義	153
	すべての旅行者がストレスなく快適に観光を満喫できる環境に	155
	企業の立地を呼び込む広域的な基盤整備	163
	地域に密着した各種の事業や制度の推進	164
	新時代に地域力をつなぐ国土・地域づくり	166
	地域の生活交通の確保・維持・改善	167
	航空ネットワークの拡充	183
港湾空港	空港運営の充実と効率化	185
	航空交通システムの整備	186
	航空インフラの海外展開の戦略的な推進	186
	空港への交通アクセスの強化	186
	強靱性と持続可能性を確保した物流ネットワークの構築	190
	国際海上貨物の輸送ネットワークの機能強化	190
	国際競争力の強化に向けた航空物流機能の高度化	192
	農林水産物や食品の輸出拡大に向けた物流の改善	192
	国際物流機能の強化に資するそのほかの施策	192
	ユニバーサルデザインの考え方を踏まえたバリアフリー化の実現	208
	公共交通機関のバリアフリー化	208
	総力戦で挑む防災・減災プロジェクト	211
	気候変動を踏まえた水災害対策「流域治水」の推進	212
	南海トラフ巨大地震や首都直下地震などへの対応	213
	水害対策	213
	土砂災害対策	217
	高潮や浸食などへの対策	221

第4章●白書を踏まえた選択科目の論述法

港湾空港	津波対策	222
	地震対策	223
	防災情報の高度化	227
	ICTを活用した施設管理体制の充実と強化	230
	公共土木施設の災害復旧	230
	盛り土による災害の防止に向けた取り組み	230
	災害危険住宅の移転	231
	水道分野における災害対応能力の強化	231
	多重性と代替性の確保	232
	道路防災対策	232
	無電柱化の推進	232
	各交通機関における防災対策	233
	円滑な支援物資の輸送体制の構築	233
	運輸事業者における安全管理体制の構築と改善	234
	船舶の安全性の向上と航行の安全確保	237
	航空の安全対策の強化	239
	地球温暖化対策の実施	255
	まちづくりのグリーン化の推進	255
	道路におけるカーボンニュートラルの取り組み	256
	公共交通機関の利用の促進	256
	高度化・総合化・効率化した物流サービスの実現に向けた取り組み	256
	鉄道や船舶、航空、港湾における脱炭素化の促進	257
	住宅や建築物の省エネ性能の向上	258
	建設機械の環境対策の推進	259
	都市の緑化などによるCO_2の吸収源対策の推進	259
	ブルーカーボンを活用した吸収源対策の推進	259
	海洋再生可能エネルギーの利用の推進	260
	未利用の水力エネルギーの活用	260
	今後の港湾環境政策の基本的な方向	266
	良好な海域環境の積極的な保全と再生、創出	266
	閉鎖性海域の水環境の改善	268
	空港と周辺地域の環境対策	274

港湾空港	インフラ分野のDX	300
	地理空間情報を高度に活用する社会の実現	303
	社会の基盤となる地理空間情報の整備と更新	303
	地理空間情報の活用促進に向けた取り組み	303
	建築・都市のDX	303
	地理空間情報を活用した「建築・都市のDX」の推進	304
	国土交通データプラットフォーム	307
	建設施工への自動化・自律化技術の導入に向けた取り組み	311
電力土木	NORTH—AI／Eye（AIを活用したインフラ管理）	70
	2050年代以降に向けた持続可能で活力ある暮らしと社会	102
	AIやロボット、ドローンによる次世代のインフラメンテナンス	115
	社会資本の老朽化対策など	139
	社会資本整備の推進	141
	ストック効果を重視した社会資本整備の推進	143
	総力戦で挑む防災・減災プロジェクト	211
	気候変動を踏まえた水災害対策「流域治水」の推進	212
	南海トラフ巨大地震や首都直下地震などへの対応	213
	水害対策	213
	土砂災害対策	217
	地震対策	223
	防災情報の高度化	227
	公共土木施設の災害復旧	230
	盛り土による災害の防止に向けた取り組み	230
	災害危険住宅の移転	231
	水道分野における災害対応能力の強化	231
	多重性と代替性の確保	232
	道路防災対策	232
	無電柱化の推進	232
	各交通機関における防災対策	233
	円滑な支援物資の輸送体制の構築	233
	地球温暖化対策の実施	255
	まちづくりのグリーン化の推進	255

第4章●白書を踏まえた選択科目の論述法

	道路におけるカーボンニュートラルの取り組み	256
電力土木	公共交通機関の利用の促進	256
	高度化・総合化・効率化した物流サービスの実現に向けた取り組み	256
	鉄道や船舶、航空、港湾における脱炭素化の促進	257
	住宅や建築物の省エネ性能の向上	258
	建設機械の環境対策の推進	259
	都市の緑化などによるCO_2の吸収源対策の推進	259
	ブルーカーボンを活用した吸収源対策の推進	259
	海洋再生可能エネルギーの利用の推進	260
	未利用の水力エネルギーの活用	260
	インフラ分野のDX	300
	地理空間情報を高度に活用する社会の実現	303
	社会の基盤となる地理空間情報の整備と更新	303
	地理空間情報の活用促進に向けた取り組み	303
	建築・都市のDX	303
	地理空間情報を活用した「建築・都市のDX」の推進	304
	国土交通データプラットフォーム	307
	建設施工への自動化・自律化技術の導入に向けた取り組み	311
道路	自動運転・隊列走行BRT	62
	NORTH─AI／Eye（AIを活用したインフラ管理）	70
	「2024年問題」の解決などに向けた持続可能な物流業の実現	82
	「群マネ」モデル地域について	96
	2050年代以降に向けた持続可能で活力ある暮らしと社会	102
	AIやロボット、ドローンによる次世代のインフラメンテナンス	115
	モビリティハブ	120
	パークアンドライドなどを活用した観光地域づくり	122
	社会資本の老朽化対策など	139
	社会資本整備の推進	141
	ストック効果を重視した社会資本整備の推進	143
	交通政策基本法に基づく政策展開	144
	持続可能な地域旅客運送サービスの提供の確保に資する取り組み	144
	観光立国の意義	153

	観光資源の魅力を極めて地方創生の礎に	153
	すべての旅行者がストレスなく快適に観光を満喫できる環境に	155
	無電柱化の推進	157、232
	「日本風景街道」の推進	158
	グリーンインフラの推進	159
	地方創生と地域の活性化に向けた取り組み	160
	民間のノウハウと資金の活用促進	161
	コンパクトシティーの実現に向けた総合的な取り組み	162
	民間投資の誘発効果が高い都市計画道路の緊急整備	162
	交通結節点の整備	162
	交通モード間の接続（モーダルコネクト）の強化	163
	企業の立地を呼び込む広域的な基盤整備	163
	地域に密着した各種の事業や制度の推進	164
	新時代に地域力をつなぐ国土・地域づくり	166
	地域の生活交通の確保・維持・改善	167
道路	歩行者・自転車優先の道づくりの推進	177
	自転車活用推進法に基づく自転車活用推進計画の推進	178
	都市や地域における総合交通戦略の推進	178
	公共交通の利用環境の改善に向けた取り組み	179
	バスの利便性の向上	179
	幹線道路ネットワークの整備	180
	道路のネットワークの機能を最大限発揮する取り組みの推進	181
	強靭性と持続可能性を確保した物流ネットワークの構築	190
	物流上重要な道路ネットワークの戦略的な整備と活用	190
	ユニバーサルデザインの考え方を踏まえたバリアフリー化の実現	208
	公共交通機関のバリアフリー化	208
	居住や生活環境のバリアフリー化	208
	高速道路のサービスエリアや「道の駅」における子育て応援	210
	歩行空間における移動支援サービスの普及と高度化	211
	総力戦で挑む防災・減災プロジェクト	211
	気候変動を踏まえた水災害対策「流域治水」の推進	212
	南海トラフ巨大地震や首都直下地震などへの対応	213

	水害対策	213
	土砂災害対策	217
	地震対策	223
	雪害対策	226
	防災情報の高度化	227
	ICTを活用した施設管理体制の充実と強化	230
	公共土木施設の災害復旧	230
	盛り土による災害の防止に向けた取り組み	230
	災害危険住宅の移転	231
	水道分野における災害対応能力の強化	231
	多重性と代替性の確保	232
	道路防災対策	232
	各交通機関における防災対策	233
	円滑な支援物資の輸送体制の構築	233
	運輸事業者における安全管理体制の構築と改善	234
	踏切対策の推進	236
道路	道路交通における安全対策	243
	道路の交通安全対策	243
	安全で安心な道路サービスを提供する計画的な道路施設の管理	244
	地球温暖化対策の実施	255
	まちづくりのグリーン化の推進	255
	道路におけるカーボンニュートラルの取り組み	256
	公共交通機関の利用の促進	256
	高度化・総合化・効率化した物流サービスの実現に向けた取り組み	256
	鉄道や船舶、航空、港湾における脱炭素化の促進	257
	住宅や建築物の省エネ性能の向上	258
	建設機械の環境対策の推進	259
	都市の緑化などによるCO_2の吸収源対策の推進	259
	ブルーカーボンを活用した吸収源対策の推進	259
	海洋再生可能エネルギーの利用の推進	260
	未利用の水力エネルギーの活用	260
	地球温暖化対策（適応策）の推進	261

4-2 国土交通白書と選択科目の論文

道路	道路の緑化と自然環境対策の推進	267
	交通流対策の推進	274
	インフラ分野のDX	300
	ITSの推進	301
	地理空間情報を高度に活用する社会の実現	303
	社会の基盤となる地理空間情報の整備と更新	303
	地理空間情報の活用促進に向けた取り組み	303
	建築・都市のDX	303
	地理空間情報を活用した「建築・都市のDX」の推進	304
	交通関連のビッグデータを活用した新たなまちづくり	306
	国土交通データプラットフォーム	307
	BIM／CIMの取り組み	310
	建設施工への自動化・自律化技術の導入に向けた取り組み	311
鉄道	2050年代以降に向けた持続可能で活力ある暮らしと社会	102
	AIやロボット、ドローンによる次世代のインフラメンテナンス	115
	社会資本の老朽化対策など	139
	社会資本整備の推進	141
	ストック効果を重視した社会資本整備の推進	143
	交通政策基本法に基づく政策展開	144
	持続可能な地域旅客運送サービスの提供の確保に資する取り組み	144
	観光立国の意義	153
	すべての旅行者がストレスなく快適に観光を満喫できる環境に	155
	地方創生と地域の活性化に向けた取り組み	160
	民間のノウハウと資金の活用促進	161
	交通モード間の接続（モーダルコネクト）の強化	163
	企業の立地を呼び込む広域的な基盤整備	163
	地域に密着した各種の事業や制度の推進	164
	新時代に地域力をつなぐ国土・地域づくり	166
	地域の生活交通の確保・維持・改善	167
	都市や地域における総合交通戦略の推進	178
	公共交通の利用環境の改善に向けた取り組み	179
	都市鉄道ネットワークの充実	179

195

第4章◉白書を踏まえた選択科目の論述法

	都市モノレールや新交通システム、LRTの整備	179
	新幹線鉄道の整備	181
	強靱性と持続可能性を確保した物流ネットワークの構築	190
	ユニバーサルデザインの考え方を踏まえたバリアフリー化の実現	208
	公共交通機関のバリアフリー化	208
	総力戦で挑む防災・減災プロジェクト	211
	気候変動を踏まえた水災害対策「流域治水」の推進	212
	南海トラフ巨大地震や首都直下地震などへの対応	213
	水害対策	213
	土砂災害対策	217
	地震対策	223
	防災情報の高度化	227
	公共土木施設の災害復旧	230
	盛り土による災害の防止に向けた取り組み	230
	災害危険住宅の移転	231
	水道分野における災害対応能力の強化	231
鉄道	多重性と代替性の確保	232
	道路防災対策	232
	無電柱化の推進	232
	各交通機関における防災対策	233
	円滑な支援物資の輸送体制の構築	233
	運輸事業者における安全管理体制の構築と改善	234
	鉄軌道の安全性の向上	235
	踏切対策の推進	236
	ホームドアの整備促進	236
	鉄道施設の戦略的な維持管理・更新	237
	地球温暖化対策の実施	255
	まちづくりのグリーン化の推進	255
	道路におけるカーボンニュートラルの取り組み	256
	公共交通機関の利用の促進	256
	高度化・総合化・効率化した物流サービスの実現に向けた取り組み	256
	鉄道や船舶、航空、港湾における脱炭素化の促進	257

鉄道	住宅や建築物の省エネ性能の向上	258
	建設機械の環境対策の推進	259
	都市の緑化などによるCO_2の吸収源対策の推進	259
	ブルーカーボンを活用した吸収源対策の推進	259
	海洋再生可能エネルギーの利用の推進	260
	未利用の水力エネルギーの活用	260
	鉄道の騒音対策	274
	インフラ分野のDX	300
	地理空間情報を高度に活用する社会の実現	303
	社会の基盤となる地理空間情報の整備と更新	303
	地理空間情報の活用促進に向けた取り組み	303
	建築・都市のDX	303
	地理空間情報を活用した「建築・都市のDX」の推進	304
	国土交通データプラットフォーム	307
	BIM／CIMの取り組み	310
	建設施工への自動化・自律化技術の導入に向けた取り組み	311
トンネル	NORTH—AI／Eye（AIを活用したインフラ管理）	70
	2050年代以降に向けた持続可能で活力ある暮らしと社会	102
	AIやロボット、ドローンによる次世代のインフラメンテナンス	115
	社会資本の老朽化対策など	139
	社会資本整備の推進	141
	ストック効果を重視した社会資本整備の推進	143
	総力戦で挑む防災・減災プロジェクト	211
	気候変動を踏まえた水災害対策「流域治水」の推進	212
	南海トラフ巨大地震や首都直下地震などへの対応	213
	水害対策	213
	土砂災害対策	217
	地震対策	223
	防災情報の高度化	227
	公共土木施設の災害復旧	230
	盛り土による災害の防止に向けた取り組み	230
	災害危険住宅の移転	231

トンネル	水道分野における災害対応能力の強化	231
	多重性と代替性の確保	232
	道路防災対策	232
	無電柱化の推進	232
	各交通機関における防災対策	233
	円滑な支援物資の輸送体制の構築	233
	地球温暖化対策の実施	255
	まちづくりのグリーン化の推進	255
	道路におけるカーボンニュートラルの取り組み	256
	公共交通機関の利用の促進	256
	高度化・総合化・効率化した物流サービスの実現に向けた取り組み	256
	鉄道や船舶、航空、港湾における脱炭素化の促進	257
	住宅や建築物の省エネ性能の向上	258
	建設機械の環境対策の推進	259
	都市の緑化などによるCO_2の吸収源対策の推進	259
	ブルーカーボンを活用した吸収源対策の推進	259
	海洋再生可能エネルギーの利用の推進	260
	未利用の水力エネルギーの活用	260
	インフラ分野のDX	300
	地理空間情報を高度に活用する社会の実現	303
	社会の基盤となる地理空間情報の整備と更新	303
	地理空間情報の活用促進に向けた取り組み	303
	建築・都市のDX	303
	地理空間情報を活用した「建築・都市のDX」の推進	304
	国土交通データプラットフォーム	307
	建設施工への自動化・自律化技術の導入に向けた取り組み	311
施工計画	建設業の担い手の確保と育成に向けた取り組み	80
	建設キャリアアップシステムの概要と活用の拡大	81
	持続可能な建設業に向けた制度のあり方の検討	82
	担い手不足の解消〜外国人材に選ばれる国へ〜	85
	2050年代以降に向けた持続可能で活力ある暮らしと社会	102
	AIやロボット、ドローンによる次世代のインフラメンテナンス	115

	BIM／CIMを活用した建設生産プロセス全体のデータの連携	115
	社会資本の老朽化対策など	139
	社会資本整備の推進	141
	ストック効果を重視した社会資本整備の推進	143
	公共工事の品質確保	203
	建設産業の担い手の確保と育成	205
	建設キャリアアップシステムの推進	206
	建設機械の現状と建設生産技術の発展	207
	総力戦で挑む防災・減災プロジェクト	211
	気候変動を踏まえた水災害対策「流域治水」の推進	212
	南海トラフ巨大地震や首都直下地震などへの対応	213
	水害対策	213
	土砂災害対策	217
	地震対策	223
	防災情報の高度化	227
施工計画	公共土木施設の災害復旧	230
	盛り土による災害の防止に向けた取り組み	230
	災害危険住宅の移転	231
	水道分野における災害対応能力の強化	231
	多重性と代替性の確保	232
	道路防災対策	232
	無電柱化の推進	232
	各交通機関における防災対策	233
	円滑な支援物資の輸送体制の構築	233
	地球温暖化対策の実施	255
	まちづくりのグリーン化の推進	255
	道路におけるカーボンニュートラルの取り組み	256
	公共交通機関の利用の促進	256
	高度化・総合化・効率化した物流サービスの実現に向けた取り組み	256
	鉄道や船舶、航空、港湾における脱炭素化の促進	257
	住宅や建築物の省エネ性能の向上	258
	建設機械の環境対策の推進	259

第4章◉白書を踏まえた選択科目の論述法

施工計画	都市の緑化などによるCO_2の吸収源対策の推進	·259
	ブルーカーボンを活用した吸収源対策の推進	259
	海洋再生可能エネルギーの利用の推進	260
	未利用の水力エネルギーの活用	260
	建設リサイクルの推進	262
	建設施工における環境対策	275
	インフラ分野のDX	300
	地理空間情報を高度に活用する社会の実現	303
	社会の基盤となる地理空間情報の整備と更新	303
	地理空間情報の活用促進に向けた取り組み	303
	建築・都市のDX	303
	地理空間情報を活用した「建築・都市のDX」の推進	304
	国土交通データプラットフォーム	307
	スタートアップへの支援	309
	公共事業における新技術の活用と普及の推進	309
	公共工事における積算技術の充実	310
	BIM／CIMの取り組み	310
	建設機械の開発と整備	310
	建設施工への自動化・自律化技術の導入に向けた取り組み	311
建設環境	社会資本の老朽化対策など	139
	社会資本整備の推進	141
	ストック効果を重視した社会資本整備の推進	143
	グリーンインフラの推進	159
	住生活の目標と基本的な施策	173
	総力戦で挑む防災・減災プロジェクト	211
	気候変動を踏まえた水災害対策「流域治水」の推進	212
	南海トラフ巨大地震や首都直下地震などへの対応	213
	水害対策	213
	土砂災害対策	217
	地震対策	223
	防災情報の高度化	227
	公共土木施設の災害復旧	230

	盛り土による災害の防止に向けた取り組み	230
	災害危険住宅の移転	231
	水道分野における災害対応能力の強化	231
	多重性と代替性の確保	232
	道路防災対策	232
	無電柱化の推進	232
	各交通機関における防災対策	233
	円滑な支援物資の輸送体制の構築	233
	地球温暖化対策の実施	255
	まちづくりのグリーン化の推進	255
	道路におけるカーボンニュートラルの取り組み	256
	公共交通機関の利用の促進	256
	高度化・総合化・効率化した物流サービスの実現に向けた取り組み	256
	鉄道や船舶、航空、港湾における脱炭素化の促進	257
	住宅や建築物の省エネ性能の向上	258
	建設機械の環境対策の推進	259
建設環境	都市の緑化などによるCO_2の吸収源対策の推進	259
	ブルーカーボンを活用した吸収源対策の推進	259
	海洋再生可能エネルギーの利用の推進	260
	未利用の水力エネルギーの活用	260
	建設リサイクルの推進	262
	生物多様性の保全のための取り組み	264
	良好な河川環境の保全と再生、創出	265
	河川水量の回復のための取り組み	265
	流域の源頭部から海岸までの総合的な土砂管理の取り組みの推進	265
	河川における環境教育	265
	海岸や沿岸域の環境の整備と保全	266
	今後の港湾環境政策の基本的な方向	266
	良好な海域環境の積極的な保全と再生、創出	266
	道路の緑化と自然環境対策の推進	267
	水の恵みを将来にわたって享受できる社会を目指して	267
	水質浄化の推進	268

第4章●白書を踏まえた選択科目の論述法

	水質調査と水質事故への対応	268
	閉鎖性海域の水環境の改善	268
	水資源の安定供給	269
	水資源の有効利用	269
	雨水の浸透対策の推進	269
	交通流対策の推進	274
	空港と周辺地域の環境対策	274
	鉄道の騒音対策	274
	ヒートアイランド対策	274
建設環境	建設施工における環境対策	275
	インフラ分野のDX	300
	地理空間情報を高度に活用する社会の実現	303
	社会の基盤となる地理空間情報の整備と更新	303
	地理空間情報の活用促進に向けた取り組み	303
	建築・都市のDX	303
	地理空間情報を活用した「建築・都市のDX」の推進	304
	国土交通データプラットフォーム	307
	建設施工への自動化・自律化技術の導入に向けた取り組み	311

（注）項目名は一部、略した

4-3 論文作成のポイント

（1）国土交通政策と出題方法

前節の4-2で述べたように、国土交通白書には時事的なテーマが多く盛り込まれていますが、そのテーマが白書から出題されるタイミングを読むには、政策や施策の流れを理解しておく必要があります。例えば、政策や法律、基準などに影響を与えるような自然災害や事故が発生すると、まずは審議会などを設けて国の調査が始まります。その後、審議会などのアウトプットとして、中間取りまとめや答申、提言などが公表されます。

この段階では、総論的に問われる選択科目Ⅲの論文で出題されます。次に、そのテーマに関連する事業が予算化され、政策などが進展して具体的な運用が始まります。それに伴って問題点や留意点などが明らかになってくると、選択科目Ⅱ-2で応用能力を問う形で出題されます。そして、政策などがルールとして定着してくると、選択科目Ⅱ-1で専門知識について問われるパターンが一般的です。これらの流れを以下の**表4.9**に示します。

表 4.9　政策などの進展と出題方法との関連

政策や法改正などの一般的な流れ	筆記試験での出題方法
災害や事故など、社会的な問題やニーズが発生	明確な方針が定まっていないこの時点では、対応策はまだ出題されない。ただし、左記の事象に関連する既往の政策や施策は出題されやすくなる
審議会や委員会を設けて検討	
審議会などのアウトプットとして中間取りまとめや答申、提言などを公表	選択科目Ⅲの論文で、総論的な内容について問われる
法改正や仕様書の改定などを受けて具体的な運用が始まり、問題点や留意点などが明らかになる	選択科目Ⅱ-2の論文で、実務を対象にしたような応用能力が問われる
政策などがルールとして定着	選択科目Ⅱ-1の論文で、専門知識が問われる

（注）2024年度までの出題に基づく一般的な例。法律の改正や仕様書の改定などの段階で、専門知識を問う形でⅡ-1に出題されることもある

例えばこれまでの出題を振り返ると、防災・減災の分野では相次ぐ地震や頻発する豪雨災害を背景に、耐震や防災まちづくりなどに関する問題が上記のような流れで出題されました。2024年度は24年1月の能登半島地震を受けて、複数の科目が地震関連のテーマを取り上げています。新たな方針が決まれば、まずは選択科目Ⅲで地震対策の方向性などについて問われる可能性があります。大きな災害や事故が発生した後に、国土交通省が公表する取りまとめの内容に注意しておきましょう。台風や豪雨などによる被害を受けて、水害や土砂災害への対策が毎年、バージョンアップされています。具体的な対策が始まり、ガイドラインや手引などがまとめられたら、Ⅱ-2での出題を想定して備えておきましょう。ただし、施策の進展や運用の状況によっては、Ⅱ-2やⅡ-1で取り上げられたテーマが再びⅢの対象となる場合もあります。政策などの状況を確認しておいてください。

「都市計画」や「河川砂防」、「港湾空港」、「電力土木」、「道路」、「鉄道」といった計画分野からの出題の比率が高い科目では、25年度もこのような政策や施策の流れに沿って時事的なテーマが出題されるとみられます。主に工学的な専門知識がベースとなる「土質基礎」や「鋼コンクリート」に加え、経験が重視される「トンネル」や「施工計画」、「建設環境」でも同様です。さらに、土質基礎の科目が対象とする土構造物や基礎のほか、トンネルや鋼コンクリートの橋は多くが道路構造物です。したがって、道路政策の影響を必ず受けます。「道路」以外の科目であっても、道路政策を注視しておく必要があります。

(2) テーマの絞り方

筆記試験の勉強にあたっては、複数のテーマを想定して準備する必要があります。テーマを選ぶ際には、出題される確率が高いことはもちろん、出題文の内容が多少変わっても解答できる可能性が高いものに絞ることがポイントです。出題の確率が高いテーマとは、前述した時事的なテーマです。一方、解答できる可能性が高いテーマとは、選択科目の場合は自分が得意とする専門分野や実務経験のあるテーマになります。受験する科目の中から、これまでの出題範囲を踏まえて選んでください。これらの関係を下の**図4.1**に示します。この段階では、それらのテーマが「専門知識」や「応用能力」、「問題解決能力および課題遂行能力」のどの論文に該当するかは意識しなくてもかまいません。

当然のことながら、出題確率や解答できる可能性が高いAゾーンのテーマを優先します。図の時事的なテーマと自身の得意分野などとの重なりが少なければBを、次にCの順でテーマを絞っていきます。Dゾーンは勉強時間が無駄になる可能性がありますので、思い切って捨てましょう。そして、A～Cゾーンに入る具体的なテーマを書き出します。

時事的なテーマは、ほとんどが国土交通白書に掲載されています。2025年度の選択科

図4.1　テーマを絞る際のポイント

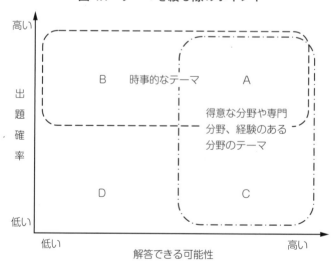

目の論文に出題される可能性がある時事的なテーマとして、建設部門におおむね共通するものを参考までに挙げれば以下の①〜⑤のようになります。本書の執筆時点で、可能性が高い順に並べています。これらはすべて国土交通白書2024に記載されています。

①観光の推進やまちづくり

新型コロナウイルス感染症の影響によって地域の公共交通や観光産業は大きな打撃を受けましたが、コロナ禍を経て訪日外国人が大幅に増えるなど、我が国の観光需要は一気に回復しました。今後の方向性として、地域公共交通の維持と利便性の向上、観光需要の回復を踏まえた持続可能な観光地域づくり、まちの機能や活力の維持・向上が必要になりますので、特に「都市計画」や「港湾空港」、「道路」、「鉄道」の受験者は、これらの公共交通や地域の持続性の確保に向けた政策や施策の動向を理解しておく必要があります。

②自然災害に対する防災・減災

豪雨や地震などの自然災害に対する防災・減災は選択科目でも定番のテーマです。毎年度、どの科目でも出題される可能性があります。24年度は複数の科目が能登半島地震を背景として出題していましたが、25年度は国交省の能登半島地震に関する取りまとめなどを受けて問われる可能性があります。大雨や洪水への対策も出題の可能性が高いテーマです。地震への対策だけでなく、昨今の豪雨や洪水を受けて打ち出された政策や施策も押さえておきましょう。いずれも国土交通白書2024に掲載されています。以下の維持管理・更新と防災・減災との両分野を対象としたテーマも想定されます。

③老朽化インフラの維持管理・更新

老朽化が進む膨大なインフラへの対応も定番のテーマです。大量更新時代を迎えて、いかに優先順位を定めて維持管理・更新するかがますます重要になってきました。災害への対応も課題となっています。上記②の防災・減災の分野とセットで準備してください。

④働き方改革

少子高齢社会を迎えて建設産業の人材不足が深刻になるなか、働き方改革も防災・減災などと並んで主流のテーマとなりつつあります。関連する政策や施策が進展していきますので、最新の話題を追い続けなければなりません。特に、業務の効率化や生産性の向上に関するものをチェックしておきましょう。さらに、人材不足は重大事故にもつながる可能性があります。昨今の工事現場の事故を背景に、「鋼コンクリート」や「トンネル」、「施工計画」などでは安全管理について問われることも想定されます。

⑤地球温暖化や気候変動の緩和策の推進

地球温暖化や気候変動の緩和策は、政策や施策の進展とともに、24年度に続いて25年

205

度も、各選択科目の専門性を踏まえたより具体的な形で出題されることが考えられます。脱炭素や低炭素の取り組みは、主に「道路」などの交通系の科目の受験者にとって重要です。緩和策以外の対策も押さえておきましょう。例えば、気候変動への適応策は「鋼コンクリート」や「河川砂防」、自然との共生は「建設環境」、循環型社会の構築は「鋼コンクリート」や「施工計画」、「建設環境」などが該当します。

　自分の選択科目の時事的なテーマを抽出したら、それらをAゾーンとBゾーンに分けます。自分が得意とする専門分野や経験のある分野のテーマと重なっていればAゾーンに、重なっていなければBゾーンに入れます。この結果、AゾーンとBゾーンに入るテーマを列挙できます。次に、Cゾーンのテーマを決めます。受験する選択科目のこれまでの出題範囲の中から、自分の得意分野などに該当するテーマを挙げていき、それらのテーマでAゾーンに入っていないものをCゾーンとして整理します。選択科目ごとの出題範囲は、本書の第1章にまとめた表1.11〜1.22などを参照してください。

（3）準備するテーマの数

　準備するテーマの数は、重要度で2つに分けます。一つは、試験で指定される枚数分を論文の形式で作成するテーマ。もう一つは論文の形式では作成せずに、論文の見出しに当たる項目だけを列挙して受験対策とするテーマです。本書では便宜上、前者を「論文化テーマ」、後者を「項目整理テーマ」と呼びます。

　「項目整理テーマ」とは、例えば「コンクリートの耐久性に影響する項目を述べよ」といった設問に対し、「①塩害、②アルカリシリカ反応、③中性化」の3項目だけを用意するものです。前項で示したA〜Cゾーンのすべてのテーマを論文にまとめることは困難ですし、論文を丸暗記するリスクもありますから、このように2つの段階に分けます。
　「論文化テーマ」の数は少し余裕をみて、筆記試験で解答する問題数の3倍程度を用意します。問題の種類ごとに、以下に示す合計9テーマです。できるだけAゾーンから選びます。数が足りなければBゾーン、次にCゾーンの順で選びます。以下の枚数でそれぞれ論述できるように備えておけばよいでしょう。

　　専門知識を対象としたテーマ（解答用紙1枚ずつ）………………解答数1問×3＝3
　　応用能力を対象としたテーマ（解答用紙2枚ずつ）………………解答数1問×3＝3
　　問題解決能力および課題遂行能力のテーマ（解答用紙3枚ずつ）……解答数1問×3＝3

　もう一つの「項目整理テーマ」の数は、A〜Cゾーンのテーマのうち、これらの「論文化テーマ」から漏れたテーマの数です。

上記で抽出したA〜Cゾーンのテーマを、「専門知識および応用能力」（Ⅱ）と「問題解決能力および課題遂行能力」（Ⅲ）でそれぞれ想定される設問内容に合わせ、分解または整理します。Ⅱはさらに、専門知識（Ⅱ-1）と応用能力（Ⅱ-2）の2つに分けます。それぞれで問われ方や内容が異なるからです。例えば、Ⅱ-1の設問では「○○のメカニズムや対策」、「○○の特徴や概要」、「○○の効果」といった形で考えます。Ⅱ-2では173〜174ページの表4.2や表4.3を、Ⅲでは176ページの表4.5をそれぞれ参考に備えればよいでしょう。選択科目が「鋼コンクリート」の場合を例に説明します。「鋼コンクリート」のⅡ-2は他の科目と小問の内容は異なりますが、テーマの抽出や選定の考え方は同じです。

鋼コンクリートの過去の出題範囲のうち、自分の得意分野が構造物の設計（補修・補強設計や耐震設計）で、過去にコンクリートの品質管理や複合構造の設計にも携わった経験があるとします。この場合は下の**表4.10**のように整理できます。太枠で囲んだ上から3つが「論文化テーマ」です。残りが「項目整理テーマ」にあたります。結果、構造物の設計の多くは、「論文化テーマ」に含まれることになります。一方、コンクリートの品質管理や複合構造の設計は計9の論文化テーマから外れて、「項目整理テーマ」になります。

このようにCゾーンのテーマは「項目整理テーマ」になる場合が多いですが、得意な分野や経験のあるテーマですので、主な項目を押さえておけば十分、対応できるでしょう。

表4.10　「鋼コンクリート」のテーマを整理した例

ゾーン	テーマ	Ⅱ-1のテーマや内容 専門知識（○○のメカニズムや特徴、対策や留意点、○○の概要や方法など）	Ⅱ-2のテーマや内容 (1) 調査、検討すべき事項 (2) 手順（留意点や工夫） (3) 関係者との調整方策	Ⅲのテーマや内容 (1) 多面的な課題と観点 (2) 重要な課題と解決策 (3) 効果、リスクと対策
A	補修・補強設計	劣化のメカニズムや対策	具体的な症状に対する劣化要因の調査と対策	維持管理のあり方
		補修や補強の工法		
	耐震設計	性能設計の概要	具体的な構造物に対する性能照査や耐震設計の方法	耐震化のあり方
		耐震設計の方法		
B	生産性の向上	高流動コンクリートや鉄筋の機械式継ぎ手の効果とデメリット	具体的な構造物を対象とした施工の省力化や効率化	コンクリート工事の生産性の向上に向けて
	プレキャスト化	プレキャストのメリットとデメリット	具体的な構造物のプレキャスト化の方法	プレキャストの推進のあり方
C	コンクリートの品質管理	耐久性に影響する配合	具体的な構造物のコンクリート打設における品質管理の方法	初期の品質管理のあり方
	複合構造	複合構造のメリットとデメリット	具体的な複合構造物の設計方法	複合構造物の今後の役割

（注）いずれの欄も太枠で囲んだ上から3つが論文化テーマで、残りは項目整理テーマになる。Ⅱ-2やⅢの具体的な問われ方は173〜174ページの表4.2や表4.3、176ページの表4.5を参照

(4) 論文の作成に必要な情報

　テーマを絞ったら、それに関連する情報を収集します。以下では時事的なテーマの場合を中心に、情報の探し方について説明します。この方法は「論文化テーマ」、「項目整理テーマ」とも同じです。選択科目では、国土交通白書の記述だけでは不十分な場合があります。その際は白書に掲載された政策などを基に国土交通省のウェブサイトでより詳しい情報や最新の話題を入手します。検索時のインデックスとして白書を利用するわけです。

　検索の方法は2つあります（下の**資料4.1**を参照）。一つは、国交省のウェブサイトの検索窓にキーワードを入力して検索する方法。もう一つは都市や道路、鉄道、港湾といった分野ごとに各政策や施策をそれぞれたどっていく方法です。前者は資料に直接、たどり着ける良さがありますが、キーワードなどによっては多量の検索結果が出てしまい、そこから探すことが困難な場合があります。後者は専門分野に関する情報がまとまっていてわかりやすいのですが、必要とする情報までたどり着くのに階層が深い場合があります。それぞれに一長一短がありますので、使い分けてください。最初は分野ごとに各政策などをたどっていく後者の方法がよいでしょう。ここではキーワードを使って検索し、最新の政策や施策の情報を得る方法について説明します。

資料4.1　国土交通省のウェブサイトで検索する方法

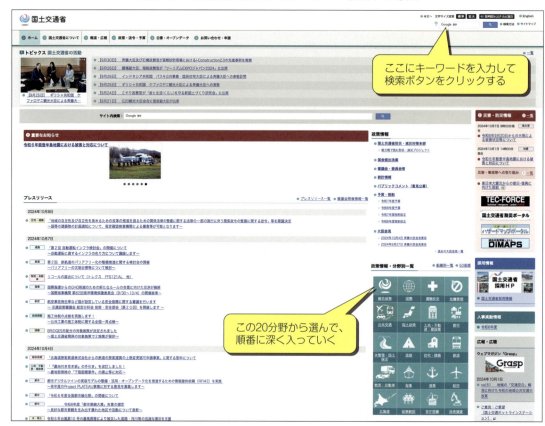

（210ページまでの資料：国土交通省のウェブサイトを基に作成）

まず、国交省の最新の政策や施策に基づく出題テーマとして、本書の205ページで取り上げた①～⑤が挙げられます。次に、先述の表4.8の「筆記試験の参考になる白書の項目」を参考に、自分の選択科目の欄からこれらのテーマに関連する項目を抽出します。例えば、「道路」の科目で②の「自然災害に対する防災・減災」の地震対策に関する項目を表4.8から探すと、「南海トラフ巨大地震や首都直下地震などへの対応」（国土交通白書2024の213ページ）や「地震対策」（同223ページ）、「道路防災対策」（同232ページ）の項目などがあります。これらの項目を本書の2-5節の表2.6も参考にチェックすると、道路防災対策では能登半島地震の記載を加えて更新されています。能登半島地震については特集でも取り上げています。そこで、道路や能登半島地震をキーワードとして国交省のウェブサイトで二次検索します。必要な資料を得るまでの手順の例を以下に示します。

①国交省のウェブサイトのトップページ上部の検索窓（208ページの資料4.1）に「道路　能登半島地震」と入力して検索する。

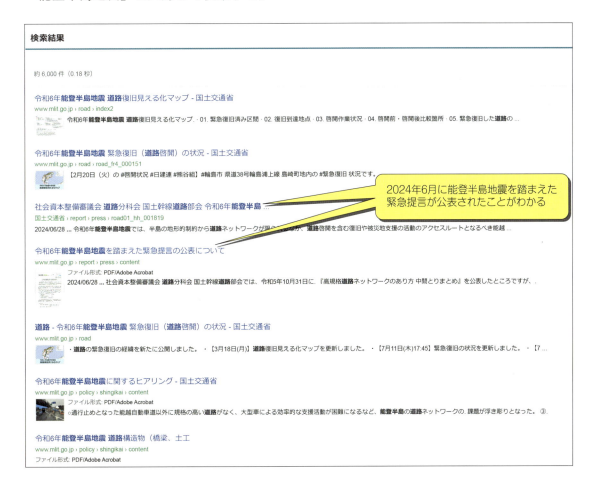

第4章 ● 白書を踏まえた選択科目の論述法

②報道発表資料の「令和6年能登半島地震を踏まえた緊急提言の公表について」をクリックすると、以下の提言の概要と本文が表示される。赤い枠で囲った箇所から、施策の方向性を読み取る。これらを書かせるような出題が予測される。

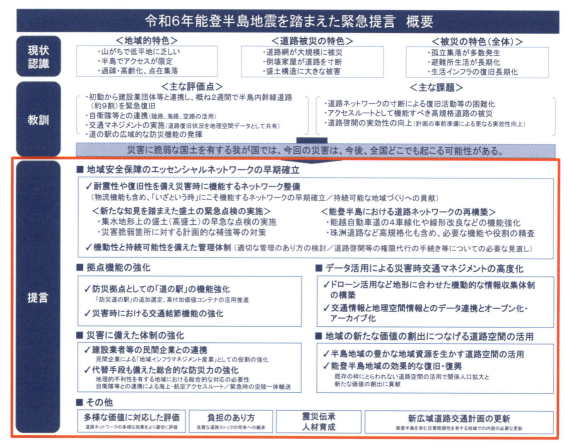

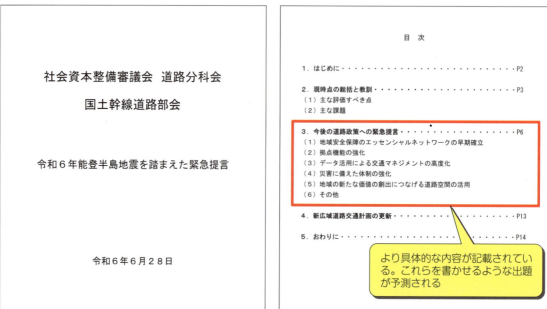

4-3 論文作成のポイント

表 4.11　収集した情報から論文を作成する方法

種類	論文構成例	論述時のポイント	事例
Ⅱ-1（1枚）	問題　○○について3つ述べよ 1. 2.｝おおむね3等分 3.	出題文によって構成は大きく変わります。基本的には問われていることに忠実に、教科書的に書きます。	問題　都市公園の整備の目的を3つ挙げよ 1. 環境の保全や創出（癒やしや景観、CO_2の吸収、生物の生息場所など） 2. コミュニティーの場（運動など） 3. 防災・減災への対策（避難場所など）
Ⅱ-2（2枚）	問題　○○について以下の問いに答えよ 1. 調査、検討すべき事項と内容 2. 手順（留意点や工夫を要する点） 3. 関係者との調整方策	2024年度の出題パターンや問われ方を基に、3つの小問をおおむね3等分で書きます。設問の条件によって配分は増減します。単に知識だけでなく、出題条件に見合う実務上の留意点など応用能力が試されます。 　したがって、白書に記載されたテーマから国土交通省のウェブサイトで検索し、見つかった資料と自分の実務とを関連付けて留意点を整理する必要があります。これらの留意点は白書や国交省のウェブサイトには載っていないケースが多いです。	問題　交差点の改良業務について以下の問いに答えよ 1. 調査、検討すべき事項と内容 （1）調査事項 　交通量や道路構造、支障物、住民、作業スペースなど （2）検討事項 　改良方法や利用者がいる中での施工方法など 2. 留意点や工夫を含めた手順 ①調査 ②分析や検討、③計画、④設計 3. 関係者との調整方策 ・受発注者間での協議 ・住民への事前説明や承諾 ・利用者への案内
Ⅲ（3枚）	問題　○○について以下の問いに答えよ 1. 課題の抽出と観点 2. 最も重要な課題 3. 解決策 （1）解決策1 （2）解決策2 （3）解決策3 4. リスク（懸念事項）と対策	審議会の議事録など経過がわかる資料があれば、1回目の資料にそのテーマに関する背景や現状、課題、検討の方向性や今後のスケジュールなどが書かれています。 　解決策は中間取りまとめや最終答申などに盛り込まれます。解決策がまだ示されていないテーマは、技術士試験でも出題されません。	問題　構造物の耐震化について、以下の問いに答えよ 1. 課題の抽出と観点 ・技術面の観点から、いかに不足する耐荷力を確保するか ・事前準備の観点から、いかに調査を進めるか ・人材面の観点から、いかに人材不足の中で実施するか 2. 最も重要な課題 ・いかに不足する耐荷力を確保するか 3. 解決策 （1）耐震化 ①機能の確保 ②地震力や断面力の軽減、分散 ③補強 （2）日常的な維持管理 ①予防保全 ②長寿命化 4. リスク（懸念事項）と対策 （1）想定外の外力 （2）粘り強い構造や落橋防止装置など

（注）解決策は出題内容などによって2～4つになる場合もある

211

第4章◉白書を踏まえた選択科目の論述法

　この緊急提言は道路局の「新着情報」のページにも掲載されていますので、もう一つの方法である分野ごとに政策をたどっていく方法でも見つけることが可能です。ただし、資料の場所がわかりにくい場合もあることから、最新の政策や施策を押さえるには、キーワードによって検索する上記の方法も併用してみてください。

　「問題解決能力および課題遂行能力」を問う論文で、例えば「能登半島地震を踏まえた道路の地震対策のあり方」といったテーマの場合は、上記の提言で示した施策を解決策に記述すればよいでしょう。他のテーマの場合も同様に、そのテーマに関係する施策やキーワードを基に構成します。論文の構成や書き方などは次項の（5）で説明します。214ページの論文例も上記の提言に掲載されたキーワードを参考にして作成しています。

　一方、時事的なテーマではなく、得意とする専門分野や経験のある分野のテーマについて情報を収集する場合は、国土交通白書に記載されていれば時事的なテーマと同様の方法で検索します。白書から見つけるのが困難な場合は、別の情報ソースを探してください。普段の業務に関わりのある学会のウェブサイトや専門誌などです。例えば、圧密沈下の留意点や砂防ダムの種類などは、白書には載っていません。

（5）収集した情報から論文を作成

　「論文化テーマ」の場合は、テーマごとに収集した情報を論文の種類ごとに前ページの**表4.11**のように整理します。左欄の論文構成例の該当する箇所に、収集した情報をそれぞれ書き込んでいきます。これによって、論文を実際に作成します。上司や身近な人に技術士がいれば添削してもらうとよいでしょう。一方、「項目整理テーマ」では表4.11の右側の欄に示した事例のような形で、各項目を整理するだけです。「道路」の科目を例に、論文にするまでの流れについて解説します。前項で抽出した「令和6年能登半島地震を踏まえた緊急提言」の資料の内容をまとめると、以下の**表4.12**のような趣旨になります。これは、問題解決能力および課題遂行能力が問われる3枚の論文の場合です。

表4.12　「能登半島地震を踏まえた道路の地震対策のあり方」の趣旨と記述量の目安

小問や解答項目、記述量		趣旨やキーワード
（1）多面的な観点と課題 （1.0枚程度）	課題1	・技術面の観点から、2024年1月の能登半島地震を踏まえて、いかに道路の地震対策を推進するか
	内容	・能登半島地震では高規格道路や市町村道など、道路網が大規模に被災した ・道路ネットワークの寸断によって復旧に時間を要した
	課題2	・人材面の観点から、いかに少ない人材で実施するか
	内容	・今後も少子高齢化が進むので、人材不足は続く ・子供の理科離れや就職者の建設業離れが進んでいる
	課題3	・コスト面の観点から、いかに財政難の中で実施するか
	内容	・少子高齢社会を迎え、慢性的な財政難が続いている ・防災や維持管理にも事業費がかかる

（2）最も重要な課題と解決策	重要な課題	・能登半島地震を踏まえて、いかに道路の地震対策を推進するか
（1.5枚程度）	解決策	①「エッセンシャルネットワーク」の早期確立 ・耐震性や復旧性を備え、災害時に機能するネットワークの整備 ・新たな知見を踏まえた盛り土の緊急点検の実施 ・機動性と持続可能性を備えた管理体制の構築 ②拠点機能の強化 ・防災拠点としての「道の駅」の機能強化 ・災害時における交通結節機能の強化 ③データ活用による災害時の交通マネジメントの高度化 ・ドローンの活用など地形に合わせた機動的な情報収集体制の構築 ・交通情報と地理空間情報とのデータの連携とオープン化 ④災害に備えた体制の強化 ・建設会社などの民間企業との連携 ・代替手段も備えた総合的な防災力の強化 ・道路啓開計画などの事前準備と訓練などによる実効性の向上 ⑤地域の新たな価値の創出につなげる道路空間の活用 ・地域の豊かな資源を生かす道路空間の活用 ・道路ネットワークの整備と連携した効果的な復旧・復興
（3）リスクと対策 （0.5枚程度）	リスク	・災害対策を進めると、ハザードの位置が変化して従来の避難所や避難経路、ハザードマップやタイムラインが使えなくなる可能性がある
	対策	・ハード面の整備に伴ってソフト面の対策も随時、見直す仕組みづくり

　「項目整理テーマ」の場合は解決策に記した①〜⑤の内容を覚えればよいでしょう。もう一つの「論文化テーマ」の場合は、表4.12の見出しや項目を基に論文を作成します。問題解決能力および課題遂行能力を問う論文での出題を想定し、論文の形にまとめた例を次ページに示します。公表資料を論文にする際のあくまで参考例として考えてください。

論文例の出題内容

　問題　2024年1月の能登半島地震では、半島の地形的制約から道路ネットワークが限られるなか、道路啓開を含む復旧や被災地支援のアクセスルートとなるべき能越自動車道などの幹線道路が被災した。さらに、厳冬期の降雪や積雪とも重なり、初動時における被災状況の把握や復旧などの対応が困難になった。このような災害は能登半島に限らず、地方における災害の典型例として捉え、今後の地震に対応していく必要があることを踏まえて、以下の問いに答えよ。

（1）能登半島地震を踏まえて今後の道路の地震対策を進めるにあたり、道路に携わる技術者としての立場で多面的な観点から3つの課題を抽出し、それぞれの観点を明記したうえで、その課題の内容を示せ。

（2）前問（1）で抽出した課題のうち、最も重要と考える課題を1つ挙げ、その課題に対する複数の解決策を示せ。

（3）前問（2）で示したすべての解決策を実行しても新たに生じうるリスクとそれへの対策について、専門技術を踏まえた考えを示せ。

第4章●白書を踏まえた選択科目の論述法

問題解決能力および課題遂行能力（道路）の論文例

> 課題の表現では「いかに○○するかが課題である」とはっきり書く

1．多面的な観点と課題

（1）技術面の観点から、能登半島地震を踏まえて、いかに道路の地震対策を推進するか

> 内容の中に背景や現状、問題点などを書く

　2024年1月の能登半島地震では、高規格道路から市町村道に至るまで、道路網が大規模に被災し、多数の被害だけでなく、土砂崩落や液状化によって道路ネットワークが寸断され、救助隊が被災地に入れなかったり救援物資が届けられなかったりした。ライフラインの復旧にも時間がかかり、断水や避難生活が長期化した。

　これらの災害への対応や教訓を踏まえて、いかに道路の地震対策を進めていくかが課題となる。

（2）人材面の観点から、いかに技術者を確保するか

　少子高齢化などの影響によって建設産業の人材不足は深刻である。子供の理科離れや就職者の建設業離れが進んでいるなかで、建設産業に従事する人材の確保は今後も困難と予測される。したがって、道路整備などによって地震対策を進めていくには、いかに技術者を確保するかが課題となる。

（3）コスト面の観点から、いかに財政難の中で推進するか

　我が国は少子高齢化が進行しており、厳しい財政状況が続くことが予想される。道路の地震対策を進めていくうえでも、多大な費用が必要となる。したがって、いかに財政難の中で対策を推進するかが課題となる。

214

２．最も重要な課題

　上記３つの課題のうち、「能登半島地震を踏まえて、いかに道路の地震対策を推進するか」を最も重要な課題に選択し、以下に解決策を述べる。

３．解決策

> 解決策は1.5枚程度書く

（１）「エッセンシャルネットワーク」の早期確立

> 論文中の網掛けの箇所は、このテーマの重要なキーワード。これが漏れると減点の対象となる場合がある

　地域安全保障の「エッセンシャルネットワーク」として、「いざという時」にこそ確実に機能するよう耐震性と復旧性を備えたネットワークを早期に整備する。道路や道路構造物の耐震性能を強化するとともに、4車線化や線形改良などの機能強化も図る。

　さらに、盛り土の被災メカニズムに係る知見を踏まえて全国の盛り土に対して緊急点検を実施し、脆弱な箇所については補強などの必要な対策を追加する。

　道路の啓開や復旧では、権限代行による国の機動的な支援が重要である。能登半島地震から得られた教訓なども踏まえ、災害に際してこれらの対応が迅速に図られるよう、地方における直轄組織の体制確保に取り組む。併せて、代行にあたっての手続きなども見直す。

（２）拠点機能の強化

> 解決策の見出しにも重要なキーワードを入れる

　ネットワークでの災害対応力を強化するためにも、「道の駅」をはじめとする防災拠点を新広域道路交通計画に位置付けるとともに、「防災道の駅」の追加選定を進める。さらに、災害時における交通結節点としての使われ方を想定し、交通結節機能の強化を図る。

（3）データ活用による交通マネジメントの高度化

　ETC2.0やプローブデータ、カメラなどの交通情報と地理空間情報とのデータ連携によって、道路の復旧や交通の状況を効果的に把握する。ドローンの活用など、地形に合わせた機動的な情報収集体制も構築する。データのオープン化やアーカイブ化も進める。

（4）災害に備えた体制の強化

　インフラの日常的な維持管理を担う地元の建設会社など、民間企業との連携を強化して非常時の協力体制を整える。さらに、海上や航空からのアクセスルートを確保するなど、代替手段も備えた総合的なネットワーク計画を構築する。NPOなどとも連携して、平時から地域の総合的な防災力を高めておく。

（5）新たな価値の創出につなげる道路空間の活用

　地域の豊かな資源を生かすよう、地域に合った道路空間の活用を進める。道路整備と連携した効果的な復旧・復興によって新たな価値の創出につなげる。

4．リスクと対策

（1）リスク

　災害対策でハード面の整備が進むと、ハザードの位置が変化して、従来のハザードマップやタイムライン、避難所や避難路などが使えなくなる可能性がある。

（2）対策

　ハード面の整備に伴って、ソフト面の対策も随時、見直していける仕組みをつくる。　　　　　　　　　以上

（6）項目整理テーマの例

「論文化テーマ」の場合と異なり、「項目整理テーマ」では論文の見出しを抽出するだけです。参考までに、主な選択科目について例示します。以下の例に限らず、テーマごとに課題や解決策などを3つは挙げられるようにしておきましょう。

土質基礎の例

問題　軟弱な粘性土地盤上に高盛り土する場合の基礎地盤の検討項目を3つ挙げよ。

①支持力の確認

②圧密の有無

③側方流動の影響

鋼コンクリートの例

問題　生コンクリートの品質管理項目を3つ挙げよ。

①強度

②スランプや空気量、塩分やアルカリ分

③コンクリートの温度や練り混ぜ時間

都市計画の例

問題　都市公園の整備の目的を3つ挙げよ。

①環境の保全や創出

②防災の拠点

③コミュニティーの場

河川砂防の例

問題　ダム湖の堆砂の排砂方法を3つ挙げよ。

①浚渫

②排砂ゲート

③排砂バイパス

道路の例

問題　暫定2車線の道路のデメリットを3つ挙げよ。

①渋滞の発生

②維持管理の際に通行止めが発生

③交通事故の危険性が高い

トンネルの例

問題　NATMにおける湧水対策を3つ挙げよ。

①排水

②先受け

③止水

施工計画の例

問題　大規模土留めの管理項目を3つ挙げよ。

①土留め壁の変形量

②底盤の崩壊

③背面の地下水位の低下

建設環境の例

問題　道路事業が環境に与える負荷を3つ挙げよ。

①開通後の振動や騒音、排気ガス

②生態系の生息地の損失

③動物の移動経路の分断

第5章

2025年度の
試験に役立つ文献

第5章◉2025年度の試験に役立つ文献

5-1 最新の国土交通政策を押さえる

国土交通省のウェブサイトには、技術士試験の必須科目や選択科目に役立つ多くの政策や施策が掲載されています。国土交通白書に記載された情報はその後、更新されていきますので、定期的にチェックして各テーマに関わる最新の動向や話題、キーワードを押さえておきましょう。政策や施策のより詳細な内容を知るうえでも欠かせません。技術士試験に出題される政策などには、大きく分けて以下の2種類があります。

①すでに確定した政策や施策

具体的な政策や施策、法令などとして定められているものです。答申や取りまとめ、提言のほか、中長期の計画や「○○の方針」など、政策や施策の方向性を明示した形で公表される場合もあります。国交省の各部局のウェブサイトを見れば、関連した資料がそれぞれ収められています。これらの資料は、わかりやすく整理されたものが多いです。

②審議中の政策や施策

これから具体的な対策に取り組もうとしている政策や施策です。審議中の政策などであっても、その途中の議論を整理した「中間整理」や案だけでなく、検討のための資料やデータから、方向性などについて出題されることがあります。これらの資料は、国交省の審議会の部会や分科会に加え、各部局が設けた検討会や委員会などがそれぞれ公表しています。そのテーマの方向性だけでなく、背景や現状、課題などを理解するうえでも役立ちます。参考文献にも重要なデータや傾向が記されています。

（1）すでに確定した政策などの収集方法

すでに確定した政策などの情報は、主に国交省の各部局のウェブサイトにそれぞれ収められており、同省のトップページ（http://www.mlit.go.jp/index.html）の「政策情報・分野別一覧」（次ページの**資料5.1**）から調べます。この一覧から調べたい分野をクリックすると、主要な政策や施策のテーマが表示されます。例えば「総合政策」の分野には、インフラのメンテナンスや環境など、必須科目や多くの選択科目にとって重要なテーマが掲載されています。2024年度の必須科目で出題された第3次国土形成計画については「地域づくり」の中で詳しく説明しています。「土地・不動産・建設業」の建設業関係のページでは、第3次担い手3法や「工期に関する基準」のほか、外国人材の活用などを取り上げており、昨今の働き方改革や担い手の確保に関連する話題を押さえるうえで役立ちます。

働き方改革などに関しては「技術調査」の「働き方改革・建設現場の週休2日応援サイト」のページもチェックしておきましょう。この「技術調査」には、ほかにもインフラ分野のDX（デジタルトランスフォーメーション）やBIM／CIMなどのICT関連の施策がまとめられています。各ウェブサイトに掲載された資料に目を通して、方向性を理解するよ

220

資料 5.1　分野ごとの政策などが掲載されている国土交通省のトップページ

（資料：228ページも国土交通省のウェブサイトを基に作成）

うにしてください。DXは22年度や24年度の必須科目で問われましたが、25年度も重要です。自身の選択科目に関係する活用策や方向性を確認しておいてください。

　25年度に出題の可能性が高い防災・減災については、「都市」や「水管理・国土保全」、「道路」、「港湾」といった分野ごとに主な施策がそれぞれ整理されています。新着情報の欄に掲載されたものも含めて目を通し、動向などを押さえるようにしてください。25年度は地球温暖化や気候変動など、環境に関する出題も増えると思われます。先述の「環境」のウェブサイトに掲載されている施策の全体をざっとチェックしたうえで、自身の選択科目に関わる主要なキーワードや施策の方向性を把握しておきましょう。
　次ページからの表5.2は、「政策情報・分野別一覧」に掲載された合計20分野の中から技術士試験の対策に役立つ部分を抜粋し、分野別にまとめたものです。各分野の主なテーマごとに、施策の項目や参考文献などをそれぞれ挙げています。右欄の「該当する科目」には、必須科目の論文で押さえておくべき箇所に加え、選択科目の論文で対象となる科目の名称をそれぞれ示しました。必須科目や選択科目に役立つ主な文献については、試験に生かすポイントも交えながら次節の5-2や5-3で改めて説明します。

第5章◉2025年度の試験に役立つ文献

表 5.1 「該当する科目」の見方

凡例	該当する試験や科目	凡例	該当する科目
■	必須科目の論文	電	電力土木
全	建設部門の全11科目が対象	道	道路
土	土質及び基礎	鉄	鉄道
鋼	鋼構造及びコンクリート	ト	トンネル
都	都市及び地方計画	施	施工計画、施工設備及び積算
川	河川、砂防及び海岸・海洋	環	建設環境
港	港湾及び空港		―

表 5.2 分野ごとの主な政策や施策のテーマと参考文献

分野	政策や施策のテーマ	URL[*1]	技術士試験に役立つ主な項目や参考文献[*2]	該当する科目
総合政策	インフラメンテナンス	https://www.mlit.go.jp/sogoseisaku/maintenance/index.html	「国や地方公共団体の取り組み」の欄に掲載された以下の項目 ・2024年4月に改訂された国土交通省インフラ長寿命化計画（行動計画） ・地方自治体への支援の中で挙げている「インフラの集約・再編」の参考資料「新たな暮らし方に適応したインフラマネジメント」（2023年10月）	■ 土 都 港 道 ト 鋼 川 電 鉄 施
	環境	https://www.mlit.go.jp/sogoseisaku/environment/index.html	・グリーンインフラポータルサイト ・環境行動計画 ・国土交通省の地球温暖化対策 ・運輸部門における二酸化炭素排出量 ・環境に配慮したまちづくりと公共交通 ・交通流対策や物流の効率化 ・ヒートアイランド対策 ・ネイチャーポジティブを実現する川づくりに向けた2024年5月の提言[*3]	■ 全
	建設リサイクル	https://www.mlit.go.jp/sogoseisaku/recycle/index.html	・建設発生土の官民有効利用マッチング運用マニュアル（案） ・建設リサイクル推進計画	■ 鋼 施 環
	建設施工・建設機械	https://www.mlit.go.jp/tec/constplan/index.html	・「i-Construction 2.0」の制定[*3] ・「GX建設機械」の認定制度[*3] ・施工の自動化・自律化 ・建設ロボット技術 ・ICTの全面活用 ・地球温暖化対策	施
	総合的な交通体系を目指して	https://www.mlit.go.jp/sogoseisaku/soukou/index.html	・地域のモビリティー確保に向けた施策 ・歩行空間ナビ・プロジェクト（歩行空間における移動支援サービスの普及・高度化）	都 港 道 鉄
	交通安全	https://www.mlit.go.jp/sogoseisaku/koutu/index.html	・2024年度の国土交通省交通安全業務計画（道路交通の施策など） ・交通安全基本計画	道

222

総合政策	公共交通の活性化	https://www.mlit.go.jp/sogoseisaku/transport/index.html	・地域の公共交通リ・デザイン実現会議の2024年5月の取りまとめ*3 ・地域公共交通活性化再生法の概要 ・地域公共交通計画などの作成の手引 ・新モビリティーサービスの推進 ・2024年版の交通政策白書*3	■ 都 港 道 鉄
	地域づくり	https://www.mlit.go.jp/sogoseisaku/region/index.html	・国土形成計画（全国計画） ・国土形成計画（広域地方計画） ・国土強靱化5カ年加速化対策の事例集 ・インフラツーリズムポータルサイト	都 港 道 鉄
	津波防災地域づくりに関する法律	https://www.mlit.go.jp/sogoseisaku/point/tsunamibousai.html	・2024年3月に公表された「津波防災地域づくり推進計画作成ガイドライン」 ・避難確保計画作成の手引 ・津波浸水想定などの作成状況	都 川 道
	PPP／PFI	https://www.mlit.go.jp/sogoseisaku/kanminrenkei/index.html	・スモールコンセッション推進方策*3 ・「手引き・事例集」の中の「官民連携（PPP／PFI）のススメ」や「包括的民間委託の導入検討事例」	■ 施
	バリアフリーやユニバーサルデザイン	https://www.mlit.go.jp/sogoseisaku/barrierfree/index.html	・公共交通機関の「バリアフリー整備ガイドライン」の改訂 ・公共交通機関の「移動等円滑化整備ガイドライン」などの2024年3月の改訂*3 ・バリアフリーの整備状況	都 港 道 鉄
土地・不動産・建設業	建設業関係	https://www.mlit.go.jp/totikensangyo/const/1_6_bt_000283.html	・第3次担い手3法について ・工期に関する基準 ・ガイドラインやマニュアルの欄の「監理技術者制度運用マニュアル」や「建設業法令順守ガイドライン」 ・建設発生土の搬出先計画制度 ・ストックヤード運営事業者の登録制度 ・建設キャリアアップシステム ・外国人材の活用	■ 施
	土地関係	https://www.mlit.go.jp/totikensangyo/index.html	・所有者不明土地や管理不全土地への対策 ・上記のページのメニュー欄にある土地基本方針（2024年6月11日閣議決定） ・空き家や空き地の流通の活性化の推進	都
都市	都市防災	https://www.mlit.go.jp/toshi/toshi_bosai/index.html	・復興事前準備 ・都市防災の参考事例など ・防災集団移転促進事業 ・都市防災総合推進事業	都
	盛り土・宅地防災、宅地の耐震化	https://www.mlit.go.jp/toshi/web/index.html	・盛り土規制法のポータルサイト ・2023年12月に公表された大規模盛り土造成地の経過観察マニュアル ・大規模盛り土造成地の現在の取り組み	■ 土 都 道 施
	街路・連立・新交通	https://www.mlit.go.jp/toshi/gairo/index.html	・「居心地が良く歩きたくなる」まちなかづくりとは ・まちなかウオーカブル推進事業	都 道
	都市環境	https://www.mlit.go.jp/toshi/kankyo/index_00001.html	・都市緑地法などの改正案の閣議決定*3 ・まちづくりGX（緑地の保全や緑化、脱炭素化などの推進）	都

第5章◉2025年度の試験に役立つ文献

都市	公園とみどり	https://www.mlit.go.jp/toshi/park/index.html	・Park-PFIなどの活用 ・PFI事業の推進 ・都市公園の関係施策	都
	都市再生	https://www.mlit.go.jp/toshi/machi/index.html	・地方都市のまちづくり ・「居心地が良く歩きたくなる」まちなかづくりに関する制度や取り組み状況 ・官民連携まちづくりのポータルサイト ・「都市再生関連施策」のページの都市再生制度の概要（今後の都市再生）	都
	都市計画	https://www.mlit.go.jp/toshi/city_plan/index.html	・都市計画運用指針の改正 ・立地適正化計画作成の手引の改訂	都
	市街地整備	https://www.mlit.go.jp/toshi/city/sigaiti/index.html	・市街地整備制度の概要 ・市街地整備手法の紹介（防災・省エネまちづくり緊急促進事業や流通業務市街地、無電柱化関連の施策など）	都
	立地適正化計画	https://www.mlit.go.jp/en/toshi/city_plan/compactcity_network.html	・立地適正化計画の実効性の向上に向けたあり方検討会が2024年7月に公表した全体取りまとめ（案） ・立地適正化計画作成の取り組み状況	都
	Project PLATEAU	https://www.mlit.go.jp/toshi/daisei/plateau_hojo.html	・「都市空間情報デジタル基盤構築支援事業」の概要や活用事例 ・都市局によるユースケース開発事例	都
	景観まちづくり	https://www.mlit.go.jp/toshi/townscape/index_00001.html	・景観法運用指針の改正 ・景観改善推進事業 ・景観法の施行状況	都
	歴史まちづくり	https://www.mlit.go.jp/toshi/rekimachi/index.html	・歴史的風致維持向上計画の認定状況 ・歴史まちづくりのパンフレット	都
水管理・国土保全		https://www.mlit.go.jp/mizukokudo/index.html	・水管理・国土保全局のDX（DXの目指す姿や促進策、取り組み事例など）	川
	河川	https://www.mlit.go.jp/river/kasen/index.html	・流域治水の推進 ・流域治水プロジェクト ・緊急治水対策プロジェクト ・特定都市河川の指定制度 ・水防法などの改正 ・総合的な土砂管理 ・河川整備基本方針などの制定状況 ・水害リポート	都 川
	ダム	https://www.mlit.go.jp/river/dam/index.html	・ハイブリッドダム ・事前放流 ・ダムの堆砂対策について ・総合的な土砂管理	川
	砂防	https://www.mlit.go.jp/mizukokudo/sabo/index.html	・流域治水「砂防」 ・気候変動を踏まえた砂防技術検討会の2023年度版の取りまとめ[3] ・2023年の砂防関係施設の効果事例 ・土砂災害情報 ・「ダイナミックSABOプロジェクト」 ・要配慮者利用施設の避難確保計画 ・総合的な土砂管理	川

	海岸	https://www.mlit.go.jp/river/kaigan/index.html	・海岸利用の活性化に向けたナレッジ集 ・高潮浸水想定区域の検討状況 ・総合的な土砂管理	川
道路		https://www.mlit.go.jp/road/news.html	・2024年6月に公表された「令和6年能登半島地震を踏まえた緊急提言」*3	道
	災害対策・復興事業	https://www.mlit.go.jp/road/bosai/bosai.html	・道路における震災対策 ・首都直下地震での道路啓開計画 ・緊急輸送道路 ・大規模災害からの復興に関する法律	道
	維持管理	https://www.mlit.go.jp/road/sum-ijikanri.html	・道路の老朽化対策 ・ボランティア・サポート・プログラム	道
	交通安全・通学路・直轄駐車場	https://www.mlit.go.jp/road/road/traffic/sesaku/index.html	・生活道路の交通安全対策 ・通学路などの交通安全対策 ・交通事故の状況 ・パンフレットなど（ゾーン30プラス）	道
	無電柱化	https://www.mlit.go.jp/road/road/traffic/chicyuka/index.html	・「無電柱化のコスト縮減の手引き」*3 ・「無電柱化事業における合意形成の進め方ガイド(案)」の2023年7月の改訂*3 ・届け出・勧告制度	都道
	ユニバーサルデザイン	https://www.mlit.go.jp/road/road/traffic/bf/index.html	・バリアフリー法に基づく「道路の移動等円滑化に関するガイドライン」 ・ユニバーサルデザインの取り組み状況	道
	踏切対策	https://www.mlit.go.jp/road/sisaku/fumikiri/fu_index.html	・踏切道の現状や課題 ・踏切道改良促進法 ・踏切対策の推進	道鉄
	道路空間の利活用・景観・緑化・環境	https://www.mlit.go.jp/road/sisaku/utilization/	・歩いて楽しめる道路空間の構築 ・民間団体などとの連携による価値や魅力の向上（道路協力団体、道路緑化） ・道路におけるカーボンニュートラル推進戦略の2023年9月の中間取りまとめ	都道
	道の駅	https://www.mlit.go.jp/road/Michi-no-Eki/index.html	・2024年7月に公表された「道の駅」第3ステージの今後の方向性など ・「道の駅」における高付加価値コンテナ活用ガイドラインの制定 ・「防災拠点自動車駐車場」の指定 ・「防災道の駅」	道
	高速道路	https://www.mlit.go.jp/road/yuryo/index.html	・スマートインターチェンジの整備 ・SA・PA事業への民間事業者の参入促進	道
	道路の効果	https://www.mlit.go.jp/road/road_effect.html	・物流ネットワーク（重要物流道路や大都市圏の環状道路など）	道
	新技術の活用	https://www.mlit.go.jp/road/tech/index.html	・「点検支援技術性能カタログ」の拡充 ・2024年度の新技術導入促進計画 ・2023年度から現場実装する技術 ・2024年の能登半島地震の専門調査結果（中間報告）の公表	道

鉄道	都市鉄道の整備	https://www.mlit.go.jp/tetudo/tetudo_tk4_000002.html	・今後の都市鉄道整備の促進策のあり方に関する検討会の2024年6月の報告書 ・鉄道駅総合改善事業費（駅改良事業）の事例集と概要	鉄
	地域鉄道対策	https://www.mlit.go.jp/tetudo/tetudo_tk5_000002.html	・地域鉄道とは ・地域鉄道の現状	鉄
	鉄道分野における地球温暖化対策	https://www.mlit.go.jp/tetudo/tetudo_fr1_000045.html	・鉄道分野におけるカーボンニュートラル加速化検討会の2023年5月の最終取りまとめ	鉄
	バリアフリー関連の事業	https://www.mlit.go.jp/tetudo/tetudo_tk6_000008.html	・鉄道駅のバリアフリーの加速 ・鉄軌道駅などのバリアフリー化の状況 ・ホームドア関係の情報	鉄
	鉄道分野における新たな外国人材の受け入れ	https://www.mlit.go.jp/tetudo/tetudo_fr7_000056.html	・「鉄道分野における特定技能の在留資格に係る制度の運用に関する方針」と同方針に係る運用要領	鉄
港湾		https://www.mlit.go.jp/kowan/news.html	・2024年7月に公表された「令和6年能登半島地震を踏まえた港湾の防災・減災対策のあり方」の取りまとめ*3	港
	港湾における防災・減災、国土強靱化	https://www.mlit.go.jp/kowan/kowan_tk7_000003.html	・港湾における気候変動適応策の実装に向けた技術検討委員会が2024年3月に公表した実装方針 ・命のみなとネットワークの形成	港
	洋上風力発電の導入促進	https://www.mlit.go.jp/kowan/kowan_mn6_000005.html	・「海洋再生可能エネルギー発電設備整備促進区域指定ガイドライン」の改訂 ・都道府県からの情報提供の受け付け ・今後の促進区域の指定に向けた有望な区域などの整理 ・「海洋再生可能エネルギー発電設備等拠点港湾」（基地港湾）の概要	港
	カーボンニュートラルポートの形成	https://www.mlit.go.jp/kowan/kowan_tk4_000054.html	・「港湾脱炭素化推進協議会」と「港湾脱炭素化推進計画」の概要と状況 ・水素社会推進法案の閣議決定	港
	国際コンテナ戦略港湾	https://www.mlit.go.jp/kowan/kowan_tk2_000002.html	・新しい国際コンテナ戦略港湾政策の進め方検討委員会が2024年2月に公表した最終取りまとめ	港
	維持管理・技術関係	https://www.mlit.go.jp/kowan/kowan_00003.html	・新しい点検技術について ・港湾工事における設計段階からの新技術導入促進	港
	みなと緑地PPP	https://www.mlit.go.jp/kowan/kowan_tk4_000061_2.html	・制度の概要など ・制度のイメージと活用のメリット ・実績	港
	港湾におけるi-Construction	https://www.mlit.go.jp/kowan/kowan_fr5_000061.html	・港湾におけるICT活用に関する実施方針と基準類 ・港湾におけるBIM／CIM適用に関する実施方針と基準類	港
航空	航空分野における新たな外国人材の受け入れ	https://www.mlit.go.jp/koku/koku_fr19_000011.html	・「航空分野における特定技能の在留資格に係る制度の運用に関する方針」と同方針に係る運用要領	港

航空	主な施策や取り組み	https://www.mlit.go.jp/koku/index.html	・航空の脱炭素化の取り組み ・無人航空機の飛行ルール ・航空輸送の現状	港
技術調査	インフラ分野のDX	https://www.mlit.go.jp/tec/tec_tk_000073.html	・2023年8月に公表されたインフラ分野のDXアクションプランの第2版	■全
	BIM／CIM	https://www.mlit.go.jp/tec/tec_tk_000037.html	・BIM／CIMに関する基準や要領など（直轄土木業務・工事におけるBIM／CIM適用に関する実施方針）	鋼港施
	国土交通データプラットフォーム	https://www.mlit.go.jp/tec/tec_tk_000066.html	・国土交通データプラットフォームの公開 ・2024年9月にまとめられた「国土交通データプラットフォームデータ連携標準仕様（案）Ver1.0」	■全
	働き方改革・建設現場の週休2日応援サイト	https://www.mlit.go.jp/tec/tec_tk_000041.html	・工事における週休2日の取得に要する費用の計上（試行）や運用について ・週休2日交代制適用工事の試行や運用 ・国土交通省の直轄土木工事における適正な工期設定指針（2024年3月） ・市場単価方式や土木工事標準単価による週休2日の取得に要する費用の計上	施
	総合技術開発プロジェクト	https://www.mlit.go.jp/tec/tec_tk_000124.html	・建設事業の各段階のDXによる抜本的な労働生産性の向上に関する技術開発の中間評価	施
	入札・契約関係	https://www.mlit.go.jp/tec/nyusatukeiyaku.html	・2024年4月に改正された「国土交通省直轄の事業促進PPPに関するガイドライン」	施
	土木工事積算基準関係	https://www.mlit.go.jp/tec/koujisekisan.html	・2024年度の国土交通省土木工事・業務の積算基準などの改定	施

（注）＊1のURLは2024年10月時点。項目などはその後、更新されていく可能性がある。＊2の主な文献などは後述する表5.3や表5.4を含め、本書の5-2節や5-3節で改めて取り上げている。＊3は新着情報や最新の情報、報道発表などの欄に掲載

（2）審議中の政策などの収集方法

　審議中の政策や施策に関する資料は、国土交通省の各審議会や各部局の検討会などの情報をまとめたウェブサイトにそれぞれ収められています。国交省が新しい政策に取り組もうとしても、いきなり予算を確保して実行することは容易ではありません。まずは、審議会などを立ち上げて外部の学識者を集め、政策を議論したうえで、お墨付きを得るのが一般的です。そして、その成果を掲げて次年度の予算を概算要求し、政策の実現を図っていきます。さらに、最初の会合でその審議会などの目的や議論の方向性、結論を出す時期などが明らかになるケースが珍しくありません。つまり、初回の資料を読めば、それらの内容に加えてスケジュールなども確認できます。審議会に設けられた部会なども同様です。受験者はこうした情報を、論文をまとめるために収集・整理しておくとよいでしょう。

資料 5.2　審議会や委員会の一覧が掲載されているウェブサイト

(注) 技術士試験では赤い枠で囲った審議会が重要

　審議会や委員会の一覧は、国交省のウェブサイトのトップページ（221ページの資料5.1）の上にあるメニューで「国土交通省について」をクリックして、その中に表記されている「審議会・委員会等」の部分を開くと出てきます（上の**資料5.2**）。審議会名などの末尾のカッコ内に示された数字は、そのカテゴリーに含まれる部会や小委員会などの数です。審議会や委員会は膨大にありますが、技術士試験で重要なものは「国土審議会」と「社会資本整備審議会」、「交通政策審議会」、「中央建設業審議会」です。これらの審議会に設けられた部会や小委員会などが23年10月からの約1年間に公表した資料の中から、25年度の技術士試験に役立つ主な項目や文献などを次ページの**表5.3**に示します。最近の資料はキーワードやポイントがうまく整理されていて、わかりやすくまとめられています。右欄の「該当する科目」を参考に目を通してみてください。

　項目などは今後、更新されていく可能性がありますので、各審議会から自身の選択科目に沿った内容の部会などをチェックして、最新の情報を得るようにしてください。ただし、「土質基礎」や「鋼コンクリート」、「トンネル」といった科目には直接、該当するものがありません。そのような場合は、社会資本整備審議会の「道路分科会」を見るとよいでしょう。これらの科目の多くが、道路構造物を対象としているからです。このほか、河川構造物であれば同審議会の「河川分科会」で、港湾構造物であれば交通政策審議会に設けられた「港湾分科会」で示された資料をそれぞれ参考にしてください。

5-1 最新の国土交通政策を押さえる

表 5.3　社会資本整備審議会や交通政策審議会などに設けられた主な部会などと参考文献

	部会や委員会など		開催日	技術士試験に役立つ主な項目や参考文献*2	該当する科目
国土審議会	推進部会		2024年9月3日	・「二地域居住促進法」（広域的地域活性化のための基盤整備に関する法律の改正）の施行に向けて ・地域生活圏の形成促進について	■都
	土地政策分科会		2024年5月8日	・土地基本方針の変更案（所有者不明土地法や改正空き家法、事前復興まちづくり計画、グリーンインフラ、「まちづくりGX」、流域治水などの推進）	■都
社会資本整備審議会	計画部会*1		2024年9月25日	・今後の社会資本整備の方向性（次期計画の重点目標、インフラマネジメントの方針、各重点目標の方向性） ・交通政策基本計画の見直しの方向性（現行の計画制定後の状況の変化、課題や施策の方向性）	■全
	環境部会*1		2024年5月15日	・国土交通省における環境政策の動向や取り組み（GX、再生可能エネルギー、気候変動適応策、ネイチャーポジティブ、サーキュラーエコノミー） ・国土交通省における環境関連施策の点検概要	■全
		グリーン社会小委員会*1	2024年9月10日	・環境行動計画の改定に向けた視点 ・環境政策を取り巻く情勢と国土交通省の取り組み（GXや再生可能エネルギー、気候変動への適応、ネイチャーポジティブ、循環経済、新技術やDXなど） ・各分野における環境施策のトピック（まちづくり、河川やダム、道路、鉄道、港湾、建設施工など）	■全
		建設リサイクル推進施策検討小委員会*1	2024年7月2日	・今後の建設リサイクルの検討 ・建設リサイクルの「質」の向上に関する論点の整理	■鋼 施 環
			3月28日	・建設リサイクルの「質」の向上に向けた方向性と課題 ・建設リサイクルを取り巻く近年の社会情勢の変化とこれまでの取り組み（カーボンニュートラルや循環経済、盛り土に関する動向、建設副産物のモニタリングなど） ・これまでのリサイクル施策の経緯	■鋼 施 環
	技術部会*1		2024年5月16日	・国土交通省の防災・減災、国土強靱化に向けた取り組み（国土強靱化基本計画の概要、デジタルと国土強靱化、能登半島地震を踏まえた方策、各分野の取り組み）	■全
	都市計画・歴史的風土分科会		―	―	
		都市計画部会の都市計画基本問題小委員会	2024年1月15日	・「まちづくりGX」の実現に向けた取り組みの方向性（国主導による都市緑地の確保、都市緑地の保全と更新、都市環境整備への民間投資の呼び込みなど）	都
	河川分科会		2024年6月12日	・河川整備基本方針の変更の考え方（気候変動を踏まえた水災害対策のあり方や計画の見直し、流域治水の基本的な考え方や施策、外力の設定、既存ダムの事前放流や既存施設の活用、水害に強いまちづくりなど）	都 川
	道路分科会		―	―	
		基本政策部会	2024年8月9日	・道路におけるカーボンニュートラル推進戦略の骨子（2023年9月の中間取りまとめからの変更点など） ・能登半島地震を踏まえた技術基準の対応方針（案）	道

229

第5章 ● 2025年度の試験に役立つ文献

社会資本整備審議会	基本政策部会の物流小委員会	2024年7月9日	・ダブル連結トラックの導入状況と利用促進策 ・SAやPAの確実な駐車機会の提供	道
	国土幹線道路部会	2024年5月16日	・能登半島地震を踏まえた技術基準の方向性（道路） ・能登半島地震を踏まえた道路構造物（橋梁、土工、トンネル）の技術基準の方向性	土 鋼 道 ト
		3月5日	・高速道路の進化事業について（暫定2車線区間の対応、高速道路のSA・PAにおける利便性の向上など）	道
		1月16日	・高速道路各社の更新計画について ・高速道路における耐震補強について	道
	道路技術小委員会	2024年7月22日	・能登半島地震を踏まえた技術基準などの対応方針（案）（道路構造物の対応の方向性、橋梁や土工の技術基準の改定の方向性、道路トンネルの課題） ・能登半島地震を踏まえた盛り土法面の点検（報告）	土 鋼 道 ト
		2月21日	・能登半島地震による道路構造物の被災に対する専門調査結果の中間報告	道
		1月19日	・定期点検要領の改定案（点検の質の確保や合理化など） ・3巡目以降の定期点検に向けて検討すべき事項	道
交通政策審議会	陸上交通分科会	—	—	
	鉄道部会	2024年8月1日	・資料1（鉄道輸送の状況や鉄道ネットワークの整備、バリアフリー、防災・減災、人手不足への対策など）	鉄
	港湾分科会	2024年6月28日	・洋上風力発電の導入促進に向けた最近の状況（再エネ海域利用法の改正案、事業者選定の状況、基地港湾の概要や指定、浮体式洋上風力発電の海上施工など）	港
		3月6日	・「港湾の開発、利用及び保全並びに開発保全航路の開発に関する基本方針」の変更について	港
	環境部会の洋上風力促進小委員会	2024年4月24日	・これまでの洋上風力政策の進捗（案件やサプライチェーンの形成、浮体式洋上風力の市場拡大に向けた産業界の連携、再エネ海域利用法の改正案など）	港
	気象分科会	2024年3月28日	・次世代気象業務の柱について（近年発生した災害、政府関連の主な防災対応の動き、社会の変化など）	■
中央建設業審議会		2024年3月27日	・最近の建設業をめぐる状況について（賃上げや資材価格の転嫁、働き方改革の取り組み、建設業法などの改正） ・工期に関する基準の改定案	■ 施
	労務費の基準に関するワーキンググループ	2024年9月10日	・労務費の基準に関する経緯（建設業法の改正など） ・労務費の基準に関する基本方針 ・労務費の基準の実効性の確保と基準の作成	施

（注）2024年9月時点。ここ約1年間に開催実績がある部会などを対象にまとめた。＊1は交通政策審議会との合同会議。＊2の主な文献などは本書の5-2節や5-3節で改めて取り上げている

審議会だけでなく、各部局や分野ごとにそれぞれ設けられた検討会や協議会などの資料も重要です。例えば、前項で述べた「技術調査」の分野では、ICT導入協議会やBIM／CIM推進委員会などを設けて、ICT施工の普及策やBIM／CIMの進め方などについて検討しています。環境関連では、国土交通省グリーン社会実現推進本部がカーボンニュートラルやGX（グリーントランスフォーメーション）、ネイチャーポジティブ、循環経済などの実現に向けて、国交省の取り組みなどをまとめた資料を公表しています。「総合政策」のインフラメンテナンスでは、地域インフラ群再生戦略マネジメント（群マネ）の計画策定手法検討会などの配布資料が参考になります。以下の**表5.4**に、各分野に設けられた主な検討会などの参考文献を整理しました。先述の審議会の配布資料や表5.2で示した文献などとともに、これらの分野ごとにまとめられた資料もチェックしておいてください。

表5.4　分野ごとに設けられた主な検討会などと参考文献

分野	検討会など	URL	開催日	技術士試験に役立つ主な項目や参考文献*2	該当する科目
総合政策	地域インフラ群再生戦略マネジメントの計画策定手法検討会と実施手法検討会	https://www.mlit.go.jp/sogoseisaku/maintenance/03activity/03_02_06.html	2024年7月2日	・群マネ計画検討会の論点について（市区町村などの課題を踏まえた方針、具体的な方策案、これまでの取り組みと課題） ・上記の参考資料（施設の老朽化や技術系職員数などの状況、広域・多分野の先行事例）	■ 土 鋼 川 港 電 道 鉄 ト
	国土交通省グリーン社会実現推進本部	https://www.mlit.go.jp/sogoseisaku/environment/sosei_environment_fr_000148.html	2024年5月27日	・環境分野の潮流と国土交通省における取り組み（カーボンニュートラル、GXの実現に向けた取り組み、ネイチャーポジティブ、サーキュラーエコノミーなど） ・まちづくりや河川、道路、施工など各分野における環境施策	■ 都 港 道 電 鉄 環
	グリーンインフラの市場における経済価値に関する研究会	https://www.mlit.go.jp/sogoseisaku/environment/sosei_environment_tk_000034.html	2024年5月28日	・グリーンインフラに関する国内の動向（第6次環境基本計画の閣議決定、土地基本方針の変更案、都市緑地法などの改正、河川と流域におけるネイチャーポジティブの取り組みなど）	■ 都 川 環
	地域公共交通計画の実質化に向けた検討会	https://www.mlit.go.jp/sogoseisaku/transport/sosei_transport_tk_000217.html	2024年4月26日*1	・中間取りまとめ「『地域公共交通計画』の実質化に向けたアップデート」（標準構造に基づく計画、実行体制の整備、モビリティーデータの活用など）	■ 都 港 道 鉄
	バリアフリー法および関連施策のあり方に関する検討会	https://www.mlit.go.jp/sogoseisaku/barrierfree/sosei_barrierfree_tk_000102.html	2024年5月30日	・バリアフリー政策を取り巻く社会情勢や関連法制度の動向（高齢者などの増加、地域の公共交通の状況、担い手の不足や高齢化、技術の進化など） ・主要課題の検討について	■ 都 港 道 鉄

231

第5章 ●2025年度の試験に役立つ文献

建設業関係	建設キャリアアップシステム処遇改善推進協議会	https://www.mlit.go.jp/totikensangyo/const/totikensangyo_const_tk2_000064.html	2024年7月24日*1	・CCUS3カ年計画（経験や技能に応じた処遇改善、事務作業の効率化や省力化、就業履歴の蓄積と能力評価の拡大）	■施
			6月20日	・資料（建設業法や入札契約適正化法の改正の概要、改正法の背景と方向性、建設キャリアアップシステムや賃上げの推進など）	施
	建設産業における女性活躍・定着促進に向けた実行計画検討会	https://www.mlit.go.jp/tochi_fudousan_kensetsugyo/const/tochi_fudousan_kensetsugyo_const_tk2_000001_00035.html	2024年8月21日	・現行の計画に掲げた取り組み目標の達成状況 ・国土交通省の主な取り組み（環境整備、技術や技能向上の促進、柔軟な現場体制の確保、施工時期の平準化、適正な工期の設定、広報の展開や情報発信）	施
	適正な施工確保のための技術者制度検討会（第2期）	https://www.mlit.go.jp/tochi_fudousan_kensetsugyo/const/tochi_fudousan_kensetsugyo_const_tk1_000001_00013.html	2024年2月15日	・短期的な検討課題（働き方改革の推進への対応など）	施
			2023年12月22日	・「技術者制度の見直し方針」（2022年5月）の対応状況 ・建設業（技術者制度）を取り巻く現状（罰則付き時間外労働規制に対する国土交通省の取り組み、働き方の変化、ICTの活用、監理技術者などの職務と遠隔での施工管理の考え方など）	施
都市	コンパクトシティー形成支援チーム	https://www.mlit.go.jp/toshi/city_plan/toshi_city_plan_tk_000016.html	2024年6月26日	・コンパクト・プラス・ネットワークの推進に向けた最近の動き（立地適正化計画や地域公共交通計画の状況など） ・コンパクト・プラス・ネットワークの深化や発展に向けて	都
	マチミチ会議	https://www.mlit.go.jp/toshi/walkable/machimichi/	2024年2月29日	・国の取り組み（街路空間の再構築や活用、都市公園に関わる制度、河川空間のオープン化、歩行者利便増進道路など）	都川道
	都市交通における自動運転技術の活用方策に関する検討会	https://www.mlit.go.jp/toshi/toshi_gairo_tk_000079.html	2024年3月13日	・資料3の中の「将来目指すべき都市の姿」や「望ましい都市像の実現に向けた自動運転技術活用の基本的な考え方」	都道
水管理・国土保全	河川整備基本方針検討小委員会	https://www.mlit.go.jp/river/shinngikai_blog/shaseishin/kasenbunkakai/shouiinkai/kihonhoushin/index.html	2024年9月30日	・河川整備基本方針の変更の考え方について（背景や基本方針見直しの基本的な考え方、基本高水のピーク流量の設定方法と留意点、計画高水流量の設定の考え方、良好な河川環境の保全・創出の考え方など）	川
	気候変動に対応したダムの機能強化のあり方に関する懇談会	https://www.mlit.go.jp/river/shinngikai_blog/dam_kondankai/index.html	2024年2月1日	・ハイブリッドダムについて（背景や概要、ダムの運用の高度化、既設ダムの発電施設の新増設、今後の方向性など） ・その他のダムに関する取り組み	川

水管理・国土保全				（事前放流の強化、堆砂対策、最新技術の活用）	
	土砂災害防止対策推進検討会	https://www.mlit.go.jp/river/sabo/committee_dosyasaigaitaisaku.html	2024年6月26日	・説明資料（土砂災害警戒区域やハザードマップ、土砂災害警戒情報、警戒避難体制に関する取り組み、能登半島地震における取り組み）	川
道 路	道路技術懇談会	https://www.mlit.go.jp/road/ir/ir-council/dourogijutsu/index.html	2024年3月13日	・道路データプラットフォームの概要と今後の予定（道路行政におけるデータ活用の方向性など） ・全国道路基盤地図などのデータベースについて	道
	生活道路における交通安全対策検討委員会	https://www.mlit.go.jp/road/ir/ir-council/traffic-safety_road/index.html	2024年6月28日	・生活道路の交通安全を取り巻く環境（交通事故の現状、対策の例、「ゾーン30プラス」、通学路の交通安全対策） ・課題と論点の整理（技術基準などの充実、留意点、ビッグデータの活用、包括的な安全対策）	道
	「人中心の道路空間」のあり方に関する検討会	https://www.mlit.go.jp/road/ir/ir-council/people-centered_road-space/index.html	2024年6月26日	・今年度の検討会（背景など） ・路肩などの柔軟な活用例（取り組み状況、パークレット、時間帯別に道路の機能を変化させる使い方、事例の整理）	都道
	無電柱化推進のあり方検討委員会	https://www.mlit.go.jp/road/ir/ir-council/chicyuka/index.html	2024年2月28日	・無電柱化の推進に関する取り組み状況について（国土交通省の都市局や道路局）	都道
	自転車の活用推進に向けた有識者会議	https://www.mlit.go.jp/road/ir/ir-council/bicycle-up/index.html	2024年3月22日	・自転車活用推進の状況 ・各府省庁における自転車活用推進の取り組み状況（2024年改定版「安全で快適な自転車利用環境創出ガイドライン（案）」の概要）	道
	自動運転インフラ検討会	https://www.mlit.go.jp/road/ir/ir-council/jido-infra/index.html	2024年6月27日	・高速道路におけるインフラ支援について（自動運転に必要とされるインフラの機能や検討事項） ・一般道におけるインフラ支援について（「路車協調システム」や走行空間に関する取り組み）	道
	自動物流道路に関する検討会	https://www.mlit.go.jp/road/ir/ir-council/buturyu_douro/index.html	2024年7月25日*¹	・中間取りまとめ（現状や課題、道路や物流の目指すべき姿、自動物流道路の方向性、引き続き検討すべき課題）	道
			2月21日	・検討の背景（国土形成計画とWISENET2050、物流を取り巻く現状と課題）	道
港 湾	カーボンニュートラルポート（CNP）の形成に向けた検討会	https://www.mlit.go.jp/kowan/kowan_fr4_000050.html	2024年2月9日	・カーボンニュートラルポート（CNP）の形成に向けて（CNPの形成に関する最近の動き、今後の施策の方向性）	港

第5章●2025年度の試験に役立つ文献

港湾	港湾における i-Construction 推進委員会	https://www.mlit.go.jp/ kowan/kowan_ fr5_000061.html	2024年 3月4日	・説明資料（i-Construction やDX の取り組み、BIM／CIM の活用、 監督・検査の省力化、人材育成、 今後の展開）	港
	港湾施設の持続可能な維持管理に向けた検討会	https://www.mlit.go.jp/ kowan/kowan_mn5_ 000037.html	2024年 3月19日	・係留施設の点検や診断の結果 ・維持管理に関する告示やガイドラインの見直しの方向性	港
			2月7日	・点検や診断に関する新技術とICTの活用方法	港
	浮体式洋上風力発電の海上施工等に関する官民フォーラム	https://www.mlit.go.jp/ kowan/kowan_tk6_ 000109.html	2024年 8月29日	・浮体式洋上風力発電の海上施工などに関する取り組み方針	港
			6月25日	・浮体式洋上風力発電の推進に関する課題などの整理	港
			5月21日	・洋上風力の海上施工などを取り巻く状況 ・浮体式の海上施工などにおける技術的な課題	港
航空	空港における自然災害対策に関する検討委員会	https://www.mlit.go.jp/ koku/koku_tk9_ 000031.html	2024年 7月31日	・左記の検討委員会の分科会の資料（能登空港の被災状況を踏まえた滑走路の損傷対策、防災拠点空港、地上走行中の航空機の津波避難対策）	港
技術調査	i-Construction・インフラDX 推進コンソーシアム	https://www.mlit.go.jp/ tec/i-construction/ i-con_consortium/ index.html	2023年 12月8日	・資料2の i-Construction のさらなる展開（建設現場の生産性向上の効果の把握、さらなる展開の背景と方向性）	施
	ICT 導入協議会	https://www.mlit.go.jp/ tec/constplan/sosei_ constplan_tk_000052. html	2024年 9月30日	・ICT 施工に関する状況（実施状況と普及拡大の取り組み） ・ICT 施工の技術基準類の拡大 ・ロードマップの案（遠隔施工、i-Construction2.0 など）	施
	コンクリート生産性向上検討協議会	https://www.mlit.go.jp/ tec/i-con-concrete.html	2024年 2月28日	・規格の標準化や要素技術の一般化、全体最適化の検討（各種ガイドラインのフォローアップ、プレキャスト製品の適用検討） ・サプライチェーンマネジメントなどの検討（コンクリートの品質管理や検査の省力化など）	鋼施
	BIM／CIM 推進委員会	https://www.mlit.go.jp/ tec/tec_tk_000037. html	2024年 7月26日	・BIM／CIM の進め方について（これまでの取り組みと今後の方向性、3次元モデルと2次元図面の連動、データ連携、積算での属性情報の活用、出来形管理の簡略化など）	鋼施
	建設機械施工の自動化・自律化協議会	https://www.mlit.go.jp/ tec/constplan/sosei_ constplan_tk_000049. html	2024年 3月12日	・自動施工の今後の取り組みについて（ロードマップ、「安全ルール」と「機械の機能要件」、i-Construction のさらなる展開のイメージ、技術開発の促進）	施

技術調査	発注者責任を果たすための今後の建設生産・管理システムのあり方に関する懇談会	https://www.nilim.go.jp/lab/peg/13yuusikisya.html	2024年9月2日	・公共工事の品質確保の促進に関する法律の改正概要 ・品確法基本方針の改正骨子案 ・品確法に基づく発注関係事務の運用に関する指針の改正骨子案	■ 施
			8月22日	・維持管理部会の資料（効果的な入札・契約方式の選定について）	施
			6月25日	・建設生産・管理システム部会の資料（総合評価落札方式や技術提案・交渉方式などの実施状況と改善策、直轄工事における技術提案・交渉方式の運用ガイドラインの改定）	施

（注）2024年9月時点。ここ約1年間に開催実績がある検討会などを対象にまとめた。＊1は配布資料などの公表日。＊2の主な文献などは5-2節や5-3節で改めて取り上げている。「該当する科目」の見方は222ページの表5.1を参照

第5章●2025年度の試験に役立つ文献

5-2 必須科目の論文に役立つ文献

　国土交通白書以外で必須科目の論文に役立つ文献としては、主に時事的なテーマを対象としたものになります。それらの文献を基に、法律や制度の改正、新たな取り組みや方策のほか、昨今話題になっているキーワードや施策の方向性などを把握しておきましょう。前節の5-1で取り上げた国土交通省の主な資料に日経コンストラクションの記事などを交え、必須科目の論文に役立つ最近の文献などを次ページ以降の**表5.5**にまとめました。

　建設部門全般に共通する分野やテーマで2025年度に出題の可能性があるものとしては、防災・減災や維持管理・更新、地球温暖化や気候変動の緩和策や適応策、少子高齢化を背景とした地域の活性化、担い手の確保や働き方改革、生産性の向上などが挙げられます。
　例えば、24年度に必須科目や多くの選択科目で問われた防災・減災は、24年1月の能登半島地震や豪雨による相次ぐ被害を受けて再び、出題される可能性があります。国交省が進める「総力戦で挑む防災・減災プロジェクト」（241ページ）や「防災・減災、国土強靱化に向けた取り組み」（242ページ）などを通して、主要な施策や対策の動向を押さえてください。防災・減災とともに維持管理も、技術士試験では定番の分野です。国土交通白書2024でも取り上げている「地域インフラ群再生戦略マネジメント」（群マネ）の考え方や方針を理解しておきましょう。国交省が設けた検討会の資料（244ページ）が参考になります。インフラの老朽化対策の現状や課題を確認するうえでも役立ちます。

　地球温暖化の緩和策なども、関連する施策が進展しています。GX（グリーントランスフォーメーション）やネイチャーポジティブ、循環経済（サーキュラーエコノミー）などの実現に向けて国交省が取り組む環境関連の政策や施策（248ページ）を理解しておきましょう。選択科目の対策にも役立つはずです。24年度に複数の選択科目が出題した雇用・労働環境に関わるテーマも重要です。担い手の確保や生産性の向上などを目的として、24年に公共工事の品確法や建設業法などが改正されました（255ページ）。改正法の内容とともに、建設現場の生産性をさらに向上させるための施策（260ページ）やインフラ分野のDX（デジタルトランスフォーメーション）の動向もチェックしておいてください。
　地域の活性化や持続性の確保では、地域交通のリ・デザイン（再構築）に向けた取り組み（252ページ）が欠かせません。「二地域居住」（252ページ）も重要なキーワードです。いずれも、国土交通白書2024の第Ⅰ部などに掲載されています。地域交通の再構築は観光の推進といったテーマにも参考になります。本書の2-3で示した同白書2024の関連ページにも目を通しておきましょう。さらに、表5.5に掲載した文献の多くは選択科目の論文でも活用できるものです。次節の5-3にまとめた**表5.6**の「選択科目」の欄を参考に、自身の受験科目に関連するものには特に目を通すようにしてください。

236

5-2 必須科目の論文に役立つ文献

表5.5 必須科目の論文に役立つ主な参考文献とポイント

参考文献や施策のタイトルやテーマ	試験に生かすポイント	出典[*1]	本書の掲載ページ[*2]
2024年度 総力戦で挑む防災・減災プロジェクト	「能登半島地震を踏まえた防災対策の推進」で挙げている各背景や課題、対応策をそれぞれ理解する。2023年の「6〜8月の大雨」への対応にも目を通しておく。後半の「主要10施策の取り組み状況」もチェックして防災・減災の動向を把握する。国土交通省の防災・減災対策本部が2024年6月に公表した。今後も同本部の最新の資料を確認しておく	https://www.mlit.go.jp/river/bousai/bousai-gensaihonbu/9kai/index.html	241ページ
国土交通省の防災・減災、国土強靱化に向けた取り組み	冒頭で取り上げている気候変動に伴う自然災害や新たな国土強靱化基本計画、デジタルの活用に加え、能登半島地震を踏まえた方策について述べている箇所は必読。各分野の取り組みも整理されており、自身の選択科目に関わる分野を中心に対応策を理解する。社会資本整備審議会などの技術部会が2024年5月に公表した	https://www.mlit.go.jp/policy/shingikai/kanbo08_sg_000317.html	242ページ
盛り土・宅地防災、宅地の耐震化	盛り土規制法のポータルサイトで盛り土規制法の背景や概要を理解する。併せて、大規模な盛り土造成地の活動崩落や宅地の液状化への対策も把握しておく	https://www.mlit.go.jp/toshi/web/index.html	—
次世代気象業務の柱について	左記の資料から最近の災害の概要を把握したうえで、「政府関連の主な防災対応の動き」で示した方策を押さえる。国土強靱化や流域治水、巨大地震対策、デジタル化などについて取り上げている。「社会の変化」のページも一読しておく。交通政策審議会の気象分科会が2024年3月に公表した資料3に掲載されている	https://www.mlit.go.jp/policy/shingikai/kishou00_sg_000121.html	243ページ
群マネ計画検討会の論点について	左記は2024年7月に群マネ（地域インフラ群再生戦略マネジメント）の検討会が公表した資料。これからのメンテナンスで欠かせない群マネの考え方や方針を理解する。背景や現状、広域連携などの先行事例が整理された参考資料も一読しておく。群マネの概要は国土交通白書2024の第Ⅰ部のほか、Ⅱ部の社会資本の老朽化対策の節でも説明している	https://www.mlit.go.jp/sogoseisaku/maintenance/03activity/03_02_06_05.html	244ページ
新たな暮らし方に適応したインフラマネジメント	インフラの集約や再編の必要性や各地の事例、国の支援策などをまとめたもの。メンテナンスに携わる体制や人員などが不足するなか、今後は集約や再編も重要になる。インフラの老朽化対策の一つとして押さえておく。国土交通省が2023年10月に公表した	https://www.mlit.go.jp/sogoseisaku/maintenance/03activity/03_02.html	243ページ
インフラメンテナンス	右のURLは社会資本の老朽化対策をまとめた「インフラメンテナンス情報」。上記の検討会などの資料も掲載されている。2024年4月に改訂された「国土交通省インフラ長寿命化計画」（第2期）にも目を通して、メンテナンスの方向性を理解する。市町村の体制強化に向けた包括的民間委託導入の手引も重要	https://www.mlit.go.jp/sogoseisaku/maintenance/index.html	—

237

第5章●2025年度の試験に役立つ文献

インフラメンテナンス最後の挑戦	小規模な自治体におけるデジタルデータの活用、床版や舗装の新しい劣化予測技術、新材料や新工法などの事例を取り上げている。メンテナンスの効率化や予防保全への転換に向けた取り組みとして参考になる	日経コンストラクション2024年8月号	245ページ
環境政策を取り巻く国内外の情勢と国土交通省の取り組み	GX（グリーントランスフォーメーション）の実現に向けた取り組みや気候変動への適応、ネイチャーポジティブ、循環経済などの環境関連の政策や施策を理解するうえで役立つ。環境部会のグリーン社会小委員会が2024年9月に公表した。併せて公表した各分野における環境施策のトピックには、まちづくりや道路、建設施工などの分野ごとに主な施策を整理している。本書の表5.3で取り上げた環境部会の5月の資料も一読し、施策などの動向を理解する	https://www.mlit.go.jp/policy/shingikai/sogo10_sg_000201.html	248ページ
環境分野の潮流と国土交通省における取り組み	左記は国土交通省グリーン社会実現推進本部が2024年5月に公表した資料。上記のグリーン社会小委員会や環境部会の資料と併せて一読し、「脱炭素社会」や「気候変動適応社会」、「自然共生社会」、「循環型社会」の実現に向けた取り組みを確認する	https://www.mlit.go.jp/sogoseisaku/environment/sosei_environment_fr_000148.html	―
環境	国土交通省の環境関連の政策や施策がまとめられたウェブサイト。「トピックス」の欄で取り上げている「環境行動計画」のほか、「地球環境問題」や「重点的に推進すべき環境政策の分野」の欄で示した項目に目を通して各施策の概要をそれぞれ理解する。主な項目などは本書の表5.2にも記載している	https://www.mlit.go.jp/sogoseisaku/environment/index.html	―
グリーンインフラに関する国内の動向	グリーンインフラの市場における経済価値に関する研究会が2024年5月に公表した左記の資料に、第6次環境基本計画や土地基本方針の変更案、都市緑地法などの改正、河川と流域におけるネイチャーポジティブの取り組みが簡潔にまとめられている。それぞれが出題テーマになる可能性があるので、自身の選択科目に関わる箇所を中心に動向を理解する	https://www.mlit.go.jp/sogoseisaku/environment/sosei_environment_fr_000166.html	249ページ
今後の建設リサイクルの検討について	カーボンニュートラルや循環経済、自然災害の頻発や盛り土に伴う災害といった昨今の社会情勢を踏まえた検討事項を確認する。併せて建設リサイクル推進施策検討小委員会が2024年7月や3月に公表した資料から、建設リサイクルの課題や方向性を読み取る。本書の表5.2の建設リサイクルのページもチェックして、現行の建設リサイクル推進計画を一読しておく	https://www.mlit.go.jp/policy/shingikai/sogo03_sg_000224.html	249ページ
今後の社会資本整備の方向性	次期（第6次）社会資本整備重点計画に向けて検討している。社会経済情勢の変化や社会資本整備を取り巻く課題、各重点目標における施策を通して、今後の社会資本整備の方向性を把握する。新たなインフラマネジメントの方針も重要。2024年9月に社会資本整備審議会などの計画部会が公表した。必須科目だけでなく、選択科目Ⅲの論文にも参考になる	https://www.mlit.go.jp/policy/shingikai/sogo08_sg_000303.html	250ページ

二地域居住促進法の施行に向けて	二地域居住の普及や拡大を促進するために2024年5月に成立した。地方への人の流れの創出や拡大を図る。地域の持続性を対象とした出題テーマなどで利用できる。国土交通白書2024の第Ⅰ部にも掲載されている	https://www.mlit.go.jp/policy/shingikai/kokudo03_sg_000283.html	252ページ
地域の公共交通リ・デザイン実現会議の取りまとめ	地域の公共交通の現状や課題の解決に向けた方向性を把握する。交通空白地や大都市など、地域の類型ごとに整理したのがポイント。上記の資料と同様に、地域の活性化といった出題テーマに役立つ。2024年5月に公表した	https://www.mlit.go.jp/sogoseisaku/transport/sosei_transport_tk_000211.html	252ページ
「地域公共交通計画」の実質化に向けたアップデート	左記は地域公共交通計画の実質化に向けた検討会が2024年4月に公表した中間取りまとめ。モビリティーデータを活用した地域公共交通計画の実装やアップデートの方向性を示した。上記の資料と併せて一読しておく	https://www.mlit.go.jp/sogoseisaku/transport/sosei_transport_tk_000217.html	253ページ
バリアフリー政策を取り巻く社会情勢や関連法制度の動向	前半の「バリアフリー政策を取り巻く社会情勢」の欄が参考になる。高齢化や地域の公共交通の状況がまとめられており、地域交通やまちづくりなどの施策の背景や現状を知るうえで役立つ。後半の関連する法制度の動向も一読しておく。バリアフリー法および関連施策のあり方に関する検討会が2024年5月に公表した	https://www.mlit.go.jp/sogoseisaku/barrierfree/sosei_barrierfree_tk_000347.html	―
スモールコンセッション推進方策	スモールコンセッションとは地方自治体が所有・取得する空き家などの遊休不動産を対象とした小規模なPPP／PFI事業。推進に向けた方策を国土交通省が2024年6月に定めた。少子高齢化や人口減少を背景とした出題テーマで、地域の活性化策の一つとして利用できる。背景や特徴、推進策の方向性を理解する	https://www.mlit.go.jp/sogoseisaku/kanminrenkei/1-7-5.html	254ページ
土地基本方針の変更（案）	所有者不明土地法や改正空き家法、事前復興まちづくり計画、流域治水、グリーンインフラ、「まちづくりGX」、「建築・都市のDX」など最近の施策を交えて改定し、2024年6月に閣議決定した。土地に関する施策のほか、土地の利用や管理の方向性を理解しておく	https://www.mlit.go.jp/policy/shingikai/tochi_fudousan_kensetsugyo02_sg_000001_00107.html	251ページ
第3次担い手3法について	公共工事の品質確保の促進に関する法律や建設業法、入札契約適正化法の改正法で構成。2024年6月から施行が始まった。担い手の確保や生産性の向上などに関わる各改正法のポイントをそれぞれ押さえる	https://www.mlit.go.jp/totikensangyo/const/totikensangyo_const_tk1_000193.html	255ページ
品確法基本方針の改正骨子案	上記の第3次担い手3法を踏まえて、品確法の基本方針も改正する。担い手3法と併せて理解しておく。左記の資料は発注者責任を果たすための今後の建設生産・管理システムのあり方に関する懇談会が2024年9月に公表した	https://www.nilim.go.jp/lab/peg/13yuusikisya.html	255ページ
労働者の処遇改善へ改正建設業法など成立	建設業法などの改正概要やスライド条項の運用基準、新設した育成就労制度を取り上げている。建設業の従事者の処遇改善や担い手の確保に向けた施策のポイントを理解する	日経コンストラクション2024年7月号	256ページ

第5章◉2025年度の試験に役立つ文献

CCUS3カ年計画	CCUS（建設キャリアアップシステム）の利用の拡大に向けて、国土交通省の協議会が2024年7月に公表した3カ年計画。経験や技能に応じた処遇の改善や事務作業の効率化などを進める。建設業法の改正内容と併せて目を通し、技能労働者などの労働環境の改善策を理解する。同協議会が6月に公表した資料も参考になる	https://www.mlit.go.jp/ totikensangyo/const/ totikensangyo_const_ tk2_000064.html	259ページ
最近の建設業をめぐる状況について	賃上げや資材価格の転嫁、働き方改革に関わる取り組みのほか、建設業法などの改正についてまとめている。建設産業の担い手の確保に加え、雇用・労働環境の現状や改善に向けた施策を理解するうえで役立つ。中央建設業審議会が2024年3月に公表した	https://www.mlit.go.jp/ policy/shingikai/ tochi_fudousan_ kensetsugyo13_sg_ 000001_00028.html	258ページ
自動化土木	左記の資料の中から主に国土交通省の動きを確認し、「i-Construction2.0」など建設現場の生産性をさらに高めるための施策を理解する	日経コンストラクション 2024年6月号	260ページ
インフラ分野のDXアクションプランの第2版	2023年8月に公表された第2版からDXの方向性やDXを進めるためのアプローチを把握したうえで、個別の施策の欄もチェックしておく	https://www.mlit.go.jp/ tec/tec_tk_000073. html	―
国土交通データプラットフォーム	データプラットフォームの概要や活用例、方向性や進捗とともに、防災や維持管理などの業務や工事にもたらす影響や効果を理解する。関連する3D都市モデルの概要も押さえる	https://www.mlit.go.jp/ tec/tec_tk_000066. html	―
あなたの知らない専門用語30	SDGsや脱炭素コンクリート、GX、CCUS、ハイブリッドダム、群マネ、OECMなどの用語の意味や動向、認知度を解説している。一読し、専門用語の基本的な意味を確認しておく	日経コンストラクション 2024年8月号	262ページ

（注）＊1の出典は、特記以外は国土交通省。以下もURLは2024年10月時点。＊2のページ数は参考文献などの掲載ページ数。表5.5の中から代表的なものを示した。ページ数の欄が「―」の文献はURLのみを記載

資料：下も国土交通省のウェブサイト（https://www.mlit.go.jp/river/bousai/bousai-gensaihonbu/9kai/pdf/siryou01.pdf）から

プロジェクトの充実・強化　能登半島地震を踏まえた防災対策の推進
①発災後に被害の影響を軽減するための応急対応

いのちとくらしをまもる　防災減災

【背景・課題】
○発災後の対応として、情報収集に努めるとともに、現場力を生かした自治体支援・被災者支援に係る対応、陸海空が連携した啓開や物資輸送体制の確保を行った。今後も「発災後に被害の影響を軽減するための応急対応」を進める必要がある。

【対応・取組】

①迅速な情報収集体制の強化
○出先機関・リエゾン等から現対本部・本省等への迅速・的確な収集・集約・共有体制を強化。関係者間での共有のための体制・システムを強化。
○ITSスポット・可搬型路側機・AIwebカメラ配備、衛星データ・民間カーナビ情報活用により、交通状況把握体制を強化。
みなとカメラ等を活用した、被災状況の確認体制構築を推進。
○公衆通信網等の通信途絶に備え、通信ネットワークの強化、衛星通信設備等の導入・活用を検討。

▲低軌道周回衛星を使用した衛星通信装置　▲可搬型路側機追加配備によるデータ観測範囲の拡大

②自治体支援のためのTEC-FORCE等に係る機能強化
○TEC-FORCEについて、資機材や装備品を充実するとともに、外部人材や民間団体との連携強化等による機能強化を検討。
○TEC-FORCE等派遣職員、インフラ復旧工事従事者等の宿泊場所の確保の在り方など、過酷な環境下においても、安全・継続的に支援が実施できる環境整備を検討。

▲建設業者と連携した道路の緊急復旧　▲対策本部車による拠点確保と車内での会議開催

③国交省資機材等を活用した被災者・避難所支援
○快適トイレの公共工事での活用を標準化、現地活動等のためのトイレカー導入や高付加価値コンテナの道の駅等での配備活用を検討。
○「道の駅」で非常用電源、太陽光発電、蓄電設備、雨水貯留設備、地下水活用設備、災害時も繋がる通信環境などを整備。
○緊急時に日本水道協会及び関係機関と給水支援活動の予定・実績を共有し、給水ニーズや浄水の補給点情報を集約し共有するとともに、必要なスペックの給水車確保を含め応急給水支援を行う体制を構築。
○可搬式浄水施設・設備利用による代替性・多重性確保を推進。
○資機材活用については、災害時の活用を見据え平時から利活用を推進。

▲可搬式浄水施設による速やかな浄水機能の確保　▲自衛隊と連携した仮設風呂への給水活動

④陸海空が連携した啓開体制、物資輸送の確保
○陸路の早期啓開、空路海路の活用により、被災地へ迅速な輸送を実施。今回把握した課題を検証し道路啓開計画へ反映するとともに、未策定地域では速やかに策定。
○インフラ・ライフライン復旧支援等に当たる関係機関・事業者の相互連携体制の構築や連携訓練の実施など、連携を強化。
○災害時の支援物資輸送を円滑に実施するため、自治体・物流事業者間の協力協定の締結を促進。ドローンの活用等も検討。

▲自衛隊LCACから陸揚げされる緊急復旧用バックホウ　▲陸路が遮断された施設へのドローンによる物資輸送

プロジェクトの充実・強化　能登半島地震を踏まえた防災対策の推進
②被害を防止・軽減するための事前対策

いのちとくらしをまもる　防災減災

【背景・課題】
○今回の被災では、地震動による被害の他、火災・津波・液状化等による被害が発生した。あわせて、低平地に乏しい半島という地理的特徴、全国と比較して高齢化率・耐震化率が低い等の社会的特徴を持つ地域での被災となった。
○一方、耐震化を実施したインフラは致命的な被害を回避し、復旧の迅速化に寄与するなど、事前の備えの効果・重要性が明らかになった。

【対応・取組】　＜事前防災対策の推進の方向性＞
・「事前防災」の観点で、国民の生命と財産を守る防災インフラの充実・強化を計画的・戦略的に推進
　－冗長性のあるネットワークなどのインフラ整備や、分散型システムの活用などによる災害に強く持続可能なインフラ整備（道路・通信・上下水道等）
　－被災後速やかに機能を発揮するインフラ整備（急所となる上下水道施設の耐震化、耐震強化岸壁等）
・災害リスクを踏まえた事前防災型のまちづくりを推進

地震動への対応

【住宅・建築物の耐震化】
住宅・建築物の耐震化推進にあたり、日本建築学会と連携した詳細調査や有識者委員会での検討等により構造被害の調査・分析を進め、今後の耐震化対策の方向性を検討。

【インフラ耐震化・強靭化】
各インフラにおいて、引き続き耐震化・強靭化を推進。
（例：上下水道システムの「急所」となる施設の耐震化、重要施設に係る上下水道管路の一体的耐震化、緊急輸送道路の耐震化・強靭化、港湾の耐災害性強化、防災拠点としての空港の機能強化　等）

木造住宅の被害
道路の耐震補強の推進

津波への対応

【津波防災まちづくりの推進】
海岸保全施設による防護だけではなく、新たなリスク情報の提示や土地利用の見直し、津波防護施設の整備など、背後のまちづくりと一体となった、事前防災型の津波防災まちづくりを推進。

【河川・海岸堤防等の嵩上・耐震対策、水門等の自動化・遠隔操作化等の推進】
河川・海岸において、堤防等の整備や耐震対策、水門・陸閘等の自動化・遠隔操作化・無動力化による地震・津波対策を引き続き推進。

【津波観測体制の強化】
既存の津波観測施設の更新を含めて、日本全国の津波観測体制強化を検討。

海岸堤防の護岸被破（富山正院海岸）
津波による浸水被害

火災への対応

【木造住宅密集市街地の改善整備】
延焼による市街地火災の危険性が高い密集市街地の整備改善に向け、ハード・ソフト両面から安全性向上を推進。
道路閉塞を防ぎ、地区外への避難路や消防車進入路を確保し、円滑な人命救助・消火活動等ができるよう、老朽木造家屋や避難・消防活動上重要な沿道建築物等の耐震化を推進。

火災後の輪島朝市通り周辺の状況

液状化への対応

【宅地の液状化対策】
液状化の被害リスクについて、住民・事業者と行政との間、行政職員間でのリスクコミュニケーションを支援し、被害を未然に防止する対策を推進。
全国で地盤のボーリングデータの収集・公表を進め、行政における液状化ハザードマップの作成を促進することを検討。

液状化被害の状況（石川県）

【復興事前準備の推進】事前復興まちづくり推進のため、ガイドラインの積極周知、財政支援を実施

第5章 ● 2025年度の試験に役立つ文献

資料：下も国土交通省のウェブサイト（https://www.mlit.go.jp/policy/shingikai/content/001743551.pdf）から

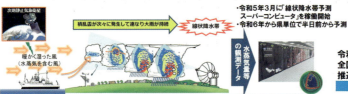

資料：国土交通省のウェブサイト（https://www.mlit.go.jp/policy/shingikai/content/001742802.pdf）から

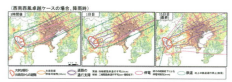

資料：国土交通省のウェブサイト（https://www.mlit.go.jp/sogoseisaku/maintenance/_pdf/sankou_shuuyakusaihen.pdf）から

資料：下も国土交通省のウェブサイト
(https://www.mlit.go.jp/sogoseisaku/maintenance/_pdf/gunmane_kentou_keikaku04_1_01.pdf) から

市区町村・地域事業者の課題を踏まえたこれから取り組むべき方針

【市区町村における主な課題】
- 管理するインフラが多く、それらの高齢化が進展
- 職員数の減少、技術者の不足
- 財政面の制約がある　等

【地域事業者における主な課題】
- 担い手の高齢化が進展
- 将来的な担い手不足が懸念
- 一般的に維持管理業務は規模が小さく収益性が低い　等

事後保全段階にある施設が依然として多数存在。それらの補修・修繕に着手できていないものがあり、この状態を放置すれば、重大な事故や致命的な損傷等を引き起こすリスクが高まることとなり、早急な対応が必要

市区町村及び地域事業者における課題等を踏まえ、インフラメンテナンスを効率化・高度化する様々な取組みに加え、個別施設のメンテナンスだけでなく、発展させた考え方のもと、インフラ施設の必要な機能・性能を維持し国民・市民からの信頼を確保し続けた上で、よりよい地域社会を創造していく必要がある

地域インフラ群再生戦略マネジメント(群マネ)の推進
複数・広域・多分野のインフラを「群」として捉え、総合的かつ多角的な視点から戦略的に地域のインフラをマネジメントする取組み

 新技術の活用
 デジタルデータの利活用
 国民参加・パートナーシップ
 など

群マネ計画の構成イメージ（案）　国土交通省

群マネ計画とは　市町村のインフラメンテナンスの課題解決に向けて、地域の既存計画の内容を踏まえつつ、群マネの考え方（広域連携・分野横断）に基づくインフラマネジメントの方針を整理

群マネ計画の構成イメージ

No.	項目	内容	地域で特に検討が必要な事項
1	基本事項の整理	・地域の状況、将来予測 ・地域のインフラの状況、課題整理　等	ー
2	自治体（発注者・業務）を束ねる	【業務】 ・将来的な包括化の方向性(※) ※当面の業務の広域的・分野横断的な包括化については実施プロセスで議論 【発注者】 ・広域で共同処理を目指す業務 ・連携手法、責任の所在　等 ・①維持すべき機能、②新たに加えるべき機能、③役割を果たした機能 に分野横断的に整理し、個別インフラ施設の維持／補修・修繕／更新／集約・再編のマネジメント方針	【業務】 ・分野横断的な連携 【発注者】 ・施設管理者間の連携手法（広域連携） ・施設管理者の責任の所在、インフラの所有と管理運営の分離における課題 ・新設〜更新、集約・再編のインフラマネジメントの考え方
3	事業者を束ねる	・将来的な地域事業者のあり方（異業種との連携も含む）(※)等 ※当面の事業者側の連携形態(JV,事業協同組合等)については実施プロセスで議論	・事業者間連携（土木以外の異業種との連携を含む）
4	技術者を束ねる	・技術的連携、人材育成、技術者確保の方針　等	・不足する担い手（技術者）の活用
5	当面の群マネの方針	・1〜5を踏まえた取組内容のとりまとめ	ー

247ページまでの資料：日経コンストラクション2024年8月号の特集「インフラメンテナンス最後の挑戦」から

特集 ▶ インフラメンテナンス最後の挑戦

PART3　5大ニーズ＋α
小規模自治体

役場と住民で村の全橋をデジタル化
点検アプリとプラットフォーム導入

小規模自治体では、インフラの維持管理に割ける人手も費用も十分ではない。福島県平田村では、住民と役場が協働してデジタルデータを取得・一元管理して効率的なメンテナンスサイクルを回そうとしている。

橋の清掃や点検などを住民が実施するセルフメンテナンスで有名な平田村が、小規模自治体におけるメンテナンスデータの活用法を模索している。同村は2015年度から、橋梁の清掃や草刈りなどのイベントで、住民による橋の簡易点検を本格的に実施してきた。簡易点検の結果は5年に1度の定期点検の事前情報として、役場が活用していた。

従来、簡易点検時には紙のチェックシートを用いていた。住民が点検結果を役場に提出する際は、カメラで撮影した写真を印刷する必要があった。さらに、セルフメンテナンスに協力する日本大学の研究員が紙のチェックシートをエクセルに入力しており、手間がかかっていた。

そこで、平田村で実践したのがデジタル化だ。具体的には、橋の簡易点検用アプリケーション「橋ログ」と、3次元モデルや定期点検・簡易点検の結果を地図上で一元管理するデータプラットフォーム「橋マップ＋」とを導入した（資料1）。住民や役場、大学といったセルフメンテナンスに関わる人たちの負担を減らす狙いだ。

デジタル化は23年度に始まった

資料1■ 福島県平田村で簡易点検用アプリ「橋ログ」を住民が学びながら操作している（写真：浅野 和香奈）

資料2■ 「橋ログ」の入力画面の一例。画像で示された鉄筋露出の有無について入力する（出所：52ページも浅野和香奈）

内閣府の戦略的イノベーション創造プログラム（SIP）第3期で行われており、長岡工業高等専門学校がアプリの開発を、陸奥テックコンサルタント（福島県郡山市）がプラットフォームの構築をそれぞれ担当。日本大学工学部とアイ・エス・エス（東京・港）が中心的な役割を務める。

アプリの操作方法はシンプルで分かりやすい。例えば「鉄筋の露出」を点検する際、画面上に「無し」と「有り」の例を示す画像が出てくる。点検する住民はその画像を参考に適切な選択肢をチェックするだけでよい（資料2）。

それでも、点検に主体的に関わる行政区長の年齢は65歳前後のため、「アプリの実装へ理解を得られないのではないか」との懸念があったようだ。しかし、平田村が24年6月に行った行政区長への説明会では、3分の1の区長がその場でアプリを導入した。

平田村の阿部喜彦産業建設課長は「昔と違ってスマートフォンを扱うことへの抵抗を感じる高齢者が減っているのだろう。アプリで投稿すれば役場への紙のチェックシート提出は不要になるので、点検する村民などが楽になるだけでなく、役場の対応も効率化できる」と述べる。

5自治体へアプリを展開する予定

橋ログで収集した簡易点検のデータは、地図情報と連動した橋マップ＋へ集約する。橋マップ＋ではその他、定期点検の結果や3次元モデルなども閲覧できる（資料3）。一元管理することで、より効率的な維持管理が可能になる。

橋の3次元モデルは、23年度に村が管理する71橋全てで作成した。高価なツールを極力用いず、LiDAR（ライダー）機能付きのスマホでモデル化している（資料4）。橋長15m程度の橋梁を、30分ほどで計測できたという。3次元モデルがあれば、橋の状態を把握するために、何度も現地へ足を運ばずに済む。

24年度は平田村以外にも、福島県郡山市や熊本県玉名市、宮城県気仙沼市など5つの自治体へアプリを展開する予定だ。

平田村のセルフメンテナンスに関わり続けるアイ・エス・エス経営企画部の浅野和香奈氏（日本大学工学部客員研究員）は、「住民による簡易点検の結果を定期点検へシームレスにつなぐための制度と技術を作りたい。今後は現場でヒアリングしながら、データ取得にかかるコストと求められるデータの質のバランスを探りたい」と話す。

横並びのⅢ判定を安全性で分類

平田村では住民によるセルフメンテナンスが根付いており、管理する橋の数もそれほど多くない。そのため5年以内の補修が求められる「Ⅲ」判定の橋梁が少なく、橋の予防保全を着実に進められている。

一方で、予防保全へ移行できない自治体もある。資料5は、横軸を各自治体が管理する橋の数と人口から求めた「1橋を支える人数」に、縦

資料3 ■ 橋梁のデータプラットフォーム「橋マップ＋」。マップ上にある橋梁の点検結果や3次元モデルを閲覧できる

資料4 ■ 福島県平田村の31号橋で計測した3次元モデル。橋桁の裏面の細かな凹凸まで再現されている

特集 ▶ インフラメンテナンス最後の挑戦

軸をⅢ判定の橋梁の多さ（Ⅲ判定指標）にそれぞれ取ったグラフだ。1橋を支える人数が少ないほど、1橋当たりにかけられる税金は小さくなる。

同じ福島県内でも積雪の多い南会津町は平田村に比べ、Ⅲ判定指標が高いにもかかわらず、1橋当たりにかけられる維持管理費用が少ない。そのため、予防保全へ移行できていない。

そこで、南会津町のようなⅢ判定の多い小規模自治体を対象に、Ⅲ判定を見直す手法を研究しているのが、日本大学工学部土木工学科の石橋奈都実研究員だ。

現状では、Ⅲ判定と評価した変状でも安全性が異なる可能性がある（**資料6**）。例えば自治体の橋梁点検マニュアルには、鉄筋の損傷状態の評価例が記載されている。判定者によっては、余裕を持って見積もるため、本来はⅡ判定とすべき軽微な露出でもⅢ判定になる事例が混在すると考えられる。

石橋研究員はSIPの第3期で、現状横並びにあるⅢ判定の橋梁の中でも"安全な変状"と判断できるものをⅡ判定に見直す手法を検討している。橋梁の補修費用を適正化し、事後保全から予防保全への移行を目指す。

具体的には、22年度に土木学会が作成した、コンクリート標準示方書維持管理編の付属資料である「外観上のグレードに基づく性能評価」を

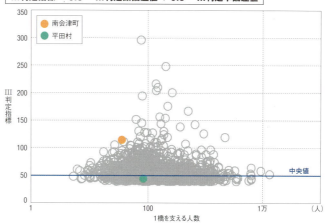

資料5 ■ 平田村はⅢ判定指標が低い

Ⅲ判定指標＝0.5×Ⅲ判定数偏差値＋0.5×Ⅲ判定率偏差値

自治体ごとの1橋を支える人数とⅢ判定指標の関係。Ⅲ判定の橋梁数（Ⅲ判定数）とⅢ判定の橋梁が占める割合（Ⅲ判定率）でそれぞれ偏差値を求め、2つの偏差値の平均がⅢ判定指標と定義した。国勢調査を基に分析（出所：石橋 奈都実）

資料6 ■ Ⅲ判定の橋梁における変状の一例。左が構造の安全性に影響を及ぼす可能性がある変状。橋桁の主筋が腐食している。右が構造の安全性に影響を及ぼす可能性が低い変状。橋台の鉄筋が一部のみ腐食している（写真：石橋 奈都実）

参考にする。従来の定期点検要領では、設計時の要求性能を判定に反映できない。「外観上のグレードに基づく性能評価」では、断面耐力などの要求性能を変状の位置や形状から評価する。

24年3月の国土交通省の定期点検要領改訂で、定期点検でも技術的な根拠による工学的な評価が求められるようになった。疲労・塩害などの影響を見立てて、耐荷性能を評価する必要がある。国交省の方針転換は石橋研究員の取り組みを進める追い風となっている。

第5章 ● 2025年度の試験に役立つ文献

資料：下も国土交通省のウェブサイト（https://www.mlit.go.jp/policy/shingikai/content/001762655.pdf）から

5-2 必須科目の論文に役立つ文献

資料：国土交通省のウェブサイト（https://www.mlit.go.jp/sogoseisaku/environment/content/001747503.pdf）から

河川と流域におけるネイチャーポジティブの取組　　🌀 国土交通省

現状
○平成9年の河川法改正により、治水などと同様に、河川環境の整備と保全が目的に位置づけられたことをはじめ、河川行政においては、多自然川づくりなど、様々な河川環境施策を進めてきた
○今後は、従来の河川環境施策に加え、近年の社会経済情勢等の変化を踏まえた充実が必要

河川を取り巻く社会経済情勢等の変化
気候変動による影響
河川管理施設等の老朽化
生産年齢人口の減少や働き方改革

ネイチャーポジティブに向けた国際的な動き
企業の環境意識の向上
流域治水の推進を通じた流域住民の意識の変化
DXに象徴されるようなデジタル技術等の新技術

今後の河川整備等のあり方

河川における取組	流域における取組
（1）河川環境の目標 治水対策と同様に、河川環境についても目標を明確にして、関係者が共通認識の下で取組を展開 ・「生物の生息・生育・繁殖の場」を河川環境の定量的な目標として設定 ・河川整備計画へ河川環境の定量的な目標を位置づけ、長期的・広域的な変化も含めて評価 ・河川や地域の特性を踏まえた目標の設定　　など	**（1）流域連携・生態系ネットワーク** 流域治水の推進を通じた、流域が連携して取り組む機運の高まりを、流域の環境保全・整備にも展開 ・流域治水の取組とあわせ、グリーンインフラの取組を展開 ・生態系ネットワーク協議会の取組の情報発信・共有 ・関係機関と連携した環境データの一元化や共同研究の促進　　など
（2）生物の生息・生育・繁殖の場を保全・再生・創出 蓄積された知見や社会経済情勢等の変化を踏まえ、全ての河川を対象に、多自然川づくりを一層推進 ・調査、モニタリング等を通じ順応的に管理 ・災害復旧や施設更新を、ネイチャーポジティブを実現する機会と捉え、環境も改善　　など	**（2）流域のあらゆる関係者が参画したくなる仕組みづくり** ネイチャーポジティブの動きや民間企業の環境意識の高まりを踏まえた仕組みづくりを推進 ・民間企業等による流域における環境活動の認証、官民協働に向けた支援や仕組みの充実 ・利用しやすい環境関連データの整備と情報発信　　など

資料：国土交通省のウェブサイト（https://www.mlit.go.jp/policy/shingikai/content/05_shiryou2.pdf）から

今後の建設リサイクルの検討について　　🌀 国土交通省

建設リサイクル推進計画2020（R2.9）

主要課題（1）
建設副産物の高い再資源化率の維持等、循環型社会形成へのさらなる貢献
1 再生資材の利用促進
2 優良な再資源化施設への搬出
3 建設混合廃棄物等の再資源化のための取り組み
4 建設発生土の有効利用及び適正な取扱の促進

主要課題（2）
社会資本の維持管理・更新時代到来への配慮
1 再生資材の利用促進【再掲】
3 建設混合廃棄物等の再資源化のための取り組み【再掲】
5 社会情勢の変化を踏まえた排出抑制に向けた取り組み
6 再生クラッシャランの利用状況・物流等の把握
7 激甚化する災害への対応

主要課題（3）
建設リサイクル分野における生産性向上に資する対応等
8 建設副産物のモニタリングの強化
9 建設発生土の適正処理促進のためのトレーサビリティシステム等の活用
10 広報の強化
11 新技術活用促進

建設リサイクル推進計画2020策定後の社会情勢の変化

○カーボンニュートラル
・国土交通省環境行動計画（R3.12）

○循環経済（サーキュラーエコノミー）
・第五次循環型社会形成推進基本計画（R6夏頃閣議決定）

○プラスチックに係る資源循環の促進
・プラスチック資源循環法公布（R3.6）

○自然災害の頻発・激甚化
・令和6年能登半島地震（R6.1）

○盛土等に伴う災害の防止
・盛土規制法の公布（R4.5）
・資源有効利用促進法省令改正（R5.1、R5.5）→ R6.6より最終搬出先まで確認

当面の主な検討事項

カーボンニュートラル
① 建設リサイクルにおけるCO2排出削減

循環経済（サーキュラーエコノミー）
② 水平リサイクルの推進
③ 建設汚泥の現場内利用の促進
④ 建設発生土の工事間利用調整の促進
⑤ 廃プラスチックの分別、再資源化
⑥ 再生資材の需給バランス、需要拡大策

社会的要請への対応
⑦ 災害廃棄物の再生利用

生産性向上等
⑧ DXの推進（建設発生土のトレーサビリティの強化）

資料:下や次ページの上も国土交通省のウェブサイト（https://www.mlit.go.jp/policy/shingikai/content/001764883.pdf）から

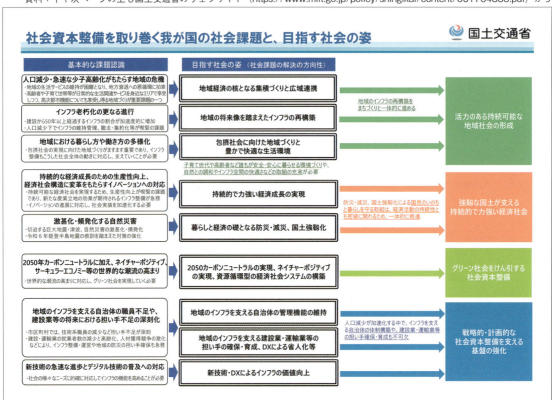

5-2 必須科目の論文に役立つ文献

資料：国土交通省のウェブサイト（https://www.mlit.go.jp/policy/shingikai/content/001744213.pdf）から

第5章 ● 2025年度の試験に役立つ文献

資料：国土交通省のウェブサイト（https://www.mlit.go.jp/policy/shingikai/content/001761369.pdf）から

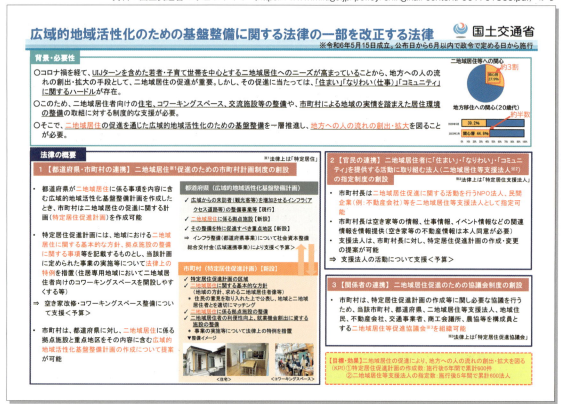

資料：国土交通省のウェブサイト（https://www.mlit.go.jp/sogoseisaku/transport/content/001745858.pdf）から

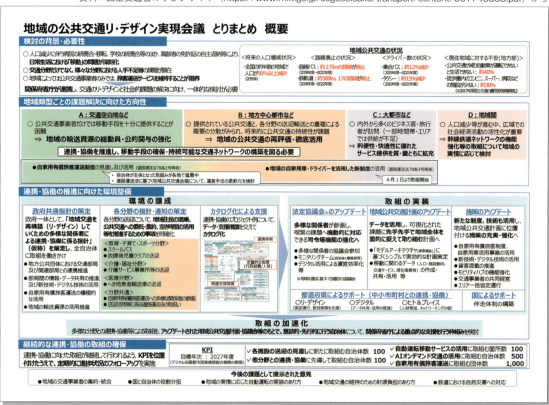

5-2 必須科目の論文に役立つ文献

資料：下も国土交通省のウェブサイト（https://www.mlit.go.jp/sogoseisaku/transport/content/001740865.pdf）から

第5章 2025年度の試験に役立つ文献

資料：下も国土交通省のウェブサイト（https://www.mlit.go.jp/sogoseisaku/kanminrenkei/content/001746691.pdf）から

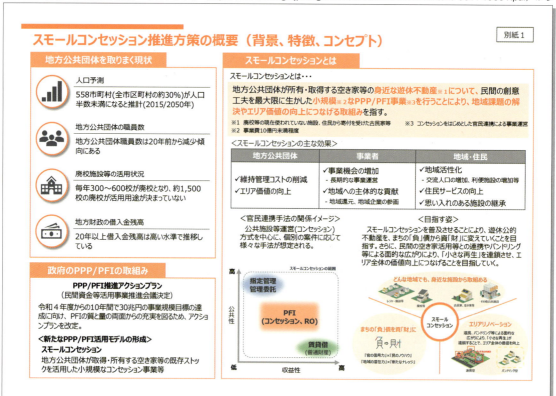

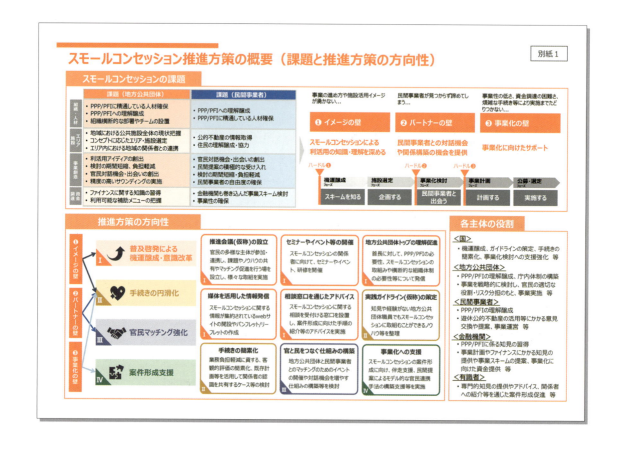

5-2 必須科目の論文に役立つ文献

資料：国土交通省のウェブサイト（https://www.mlit.go.jp/totikensangyo/const/content/001751911.pdf）から

第三次・担い手3法（令和6年改正）の全体像

インフラ整備の担い手・地域の守り手である建設業等がその役割を果たし続けられるよう、
担い手確保・生産性向上・地域における対応力強化を目的に、担い手3法を改正

		議員立法 **公共工事品質確保法等の改正**	政府提出 **建設業法・公共工事入札適正化法の改正**
担い手確保	処遇改善	● 賃金支払いの実態の把握、必要な施策 ● 能力に応じた処遇 ● 多様な人材の雇用管理の改善	● 標準労務費の確保と行き渡り ● 建設業者による処遇確保
	価格転嫁 （労務費への しわ寄せ防止）	● スライド条項の適切な活用（変更契約）	● 資材高騰分等の転嫁円滑化 　- 契約書記載事項 　- 受注者の申出、誠実協議
	働き方改革 ・環境整備	● 休日確保の促進　● 学校との連携・広報 ● 災害等の特別な事情を踏まえた予定価格 ● 測量資格の柔軟化【測量法改正】	● 工期ダンピング防止の強化 ● 工期変更の円滑化
生産性向上		● ICT活用（データ活用・データ引継ぎ） ● 新技術の予定価格への反映・活用 ● 技術開発の推進	● ICT指針、現場管理の効率化 ● 現場技術者の配置合理化
地域における対応力強化	地域 建設業等 の維持	● 適切な入札条件等による発注 ● 災害対応力の強化（JV方式・労災保険加入）	**（参考）** ◇**公共工事品質確保法等の改正** ・公共工事を対象に、よりよい取組を促進（トップアップ） ・誘導的手法（理念、責務規定） ◇**建設業法・公共工事入札適正化法の改正** ・民間工事を含め最低ルールの底上げ（ボトムアップ） ・規制的手法など
	公共発注 体制強化	● 発注担当職員の育成 ● 広域的な維持管理 ● 国からの助言・勧告【入契法改正】	

資料：国土交通省のウェブサイト（https://www.nilim.go.jp/lab/peg/img/file2130.pdf）から

公共工事の品質確保の促進に関する施策を総合的に推進するための基本的な方針 改正骨子案（令和6年度）

品確法基本方針とは：品確法（※1）に基づき、政府が作成（H17閣議決定、R元最終変更）
　〇公共工事の品質確保の促進の意義や施策に関する 基本的方針を規定
　〇国、特殊法人等、地方公共団体は、基本方針に従って措置を講ずる努力義務
　　　　　　　　（※1）公共工事の品質確保の促進に関する法律（平成17年法律第18号）

第三次・担い手3法を踏まえた改正

改正骨子案

注）「〇〇法第〇条関係」の記載は改正後の関連条項番号

1. 品確法改正への対応

〇担い手確保
<処遇改善・価格転嫁>（品確法第7条、第8条関係）
・技能労働者の処遇改善（能力に応じた処遇確保等）
・円滑な価格転嫁に向けた環境整備（スライド条項の適切な運用等）
<働き方改革・環境整備>（品確法第7条、第27条、第30条、第31条等関係）
・週休2日工事の推進（工期・予定価格の適正設定等）
・施工時期の平準化に向けた関係部局連携の強化
・外国人などの多様な人材の確保に向けた環境整備
・国による休日・労務費等の実態把握 ・広報・啓発活動充実

〇地域建設業等の維持（第7条、第8条、第21条関係）
・地域の実情を踏まえた適切な入札参加条件・規模の設定等
・災害対応力強化（保険加入促進・適正積算、復旧・復興JV活用等）
〇生産性向上（第3条、第7条、第28条、第29条関係）
・ICT活用推進（データ引継、CCUS活用等）・技術開発の推進
・発注関係事務におけるICT活用・新技術活用（VFM※・脱炭素化等）
　　　　　　　　　　　　　　　　　　　※Value For Money：金額に対し最も価値の高い、資材等を活用するという考え方
〇公共工事等の発注体制強化（品確法第7条、第22条、第23条関係）
・発注関係事務の実態把握、発注者に対する助言・支援
・維持管理における広域連携の推進

2. 建設業法等改正への対応
（建設業法第20条の2、第25条の27、第25条の28、入契法第13条、第15条、第16条、第17条関係）

・円滑な価格転嫁に向けた環境整備【再掲】（誠実な契約変更協議の実施等）
・技能労働者の処遇改善【再掲】・ICT活用推進【再掲】（現場管理の効率化等）
・発注関係事務におけるICT活用【再掲】（ICT活用による施工体制確認等）

3. 昨今の課題への対応

・時間外労働規制に対応可能な工期設定（※2）
・工期設定における猛暑日の考慮（※2）
・多様な人材の確保に向けた環境整備【再掲】（快適トイレ等）
　　（※2）令和6年3月「工期に関する基準」の改定も踏まえた追加事項

資料：次ページも日経コンストラクション2024年7月号のニュースから

制度
労働者の処遇改善へ改正建設業法など成立

建設業労働者の処遇改善や円滑な価格転嫁を促す改正建設業法などが2024年の通常国会で成立した。同国会では、外国人労働者の新たな受け入れ制度を設けるために技能実習法なども改正。排他的経済水域（EEZ）での洋上風力発電を認める改正再エネ海域利用法も成立した（資料1）。

建設業法と入札契約適正化法は建設現場の労働者へ賃金を行き渡らせることを主眼に改正。受注者に対して、不当に低い請負代金や著しく短い工期での契約締結を禁止した。これまでは発注者に対してだけ禁じていた（資料2）。

工事の請負契約に詳しい上智大学法学部の楠茂樹教授は、「公共の発注者による地位の不当利用に対して、従来の建設業法では国土交通相などが勧告できたが、これまでほとんど機能していなかった」と話す。受注者側にも不当に低い金額での契約締結などを禁止することで、元請けが発注者と、あるいは下請けが元請けと交渉する場で法令に基づく主張が可能となる。

請負代金が著しく安いかどうかは「標準労務費」を基に判断する。標準労務費は、学識経験者や建設工事の発注者、建設会社などの委員で構成する中央建設業審議会が作成・勧告する。

スライド条項の運用基準策定を促す

資材高騰に伴う人件費へのしわ寄せを防ぐ環境も整える。請負契約の締結前に、資材高騰などが請負額に影響を及ぼすリスク情報を発注者に提供し、請負代金などの変更方法を明確にすることを受注者に義務付けた。発注者に対しては、請負契約の締結後に受注者から変更方法に従った申し出があった場合、誠実に協議に応じることを努力義務とした。

公共工事品質確保促進法などの改正では、担い手の休日・賃金を適切に確保しているか否かについて、国が実態を調査する責務を追加した。

資料1 ■ 建設業法などの改正で働き方改革を後押し

```
建設業法、入札契約適正化法
・技能労働者の処遇改善、働き方改革
・ICT（情報通信技術）活用の後押し
・資材高騰に伴う労務費へのしわ寄せ防止
公共工事品質確保促進法、入札契約適正化法、測量法
・建設業や関連業の担い手に対する休日・賃金の適切な確保
・地域における対応力強化
技能実習法、出入国管理法
・「技能実習制度」に代わる「育成就労制度」を新設
再エネ海域利用法
・排他的経済水域（EEZ）への洋上風力発電設備の設置を国が主導
・事業者と漁業関係者との協議がまとまってから設置を認める2段階方式
```

2024年通常国会で改正した各法の概要（出所：日経クロステック）

資料2 ■ 著しく低い労務費での請負契約を禁止

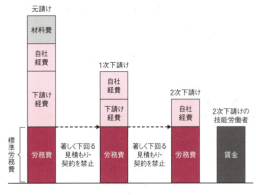

労務費確保のイメージ。労務費の基準として中央建設業審議会が「標準労務費」を作成・勧告する（出所：国土交通省の資料を基に日経クロステックが作成）

さらに、建設資材などの価格変動を請負金額に反映させるスライド条項の運用基準の策定を、公共工事の発注者の責務とした（**資料3**）。スライド条項の運用が遅れる自治体への普及を目指す。

少額の工事や災害時など緊急を要する工事に限られていた随意契約を、インフラの維持工事など受注できる会社が少ない案件にも適用できるようにした。受注が見込まれる1社以外に受注希望者がいないことを公募で確認できれば、随意契約を認める。入札を実施するよりも手続きが簡便で済む。

国土交通省技術調査課によると、地方自治法や会計法で随意契約ができる場合として定めている「競争に付しても入札者がないとき、または再度の入札をしても落札者がないとき」の解釈の1つに位置付けられる。

育成就労制度を新設

技能実習法と出入国管理法の改正では、外国人労働者を育成する従来の「技能実習制度」に代わる「育成就労制度」を新設する（**資料4**）。現行制度は実習生の「転籍」（転職）を原則として認めず、過酷な労働環境から実習生の失踪が問題となっていた。新制度は1～2年の就労期間や所定の試験合格などの要件を満たせば、本人の意向による転籍を認める。政府は27年の新制度施行を目指す。

再エネ海域利用法の改正では、EEZへの洋上風力などの発電設備設置を認める制度を導入する。改正前は、領海などに限られていた。EEZは領海の約10倍の面積を持ち、洋上風力の導入拡大に向けて注目されている。

領海では洋上風力を導入する区域や事業者選定について、都道府県が重要な役割を担っていた。沿岸から離れたEEZでは都道府県ではなく、国が主導する。国が設置区域を指定したうえで、設置を希望する事業者と漁業関係者などの協議がまとまった後に設置を認める2段階方式を採用する。早い段階から事業者が関係者と調整することで合意が得やすくなると期待される。　　　（門馬 宙哉）

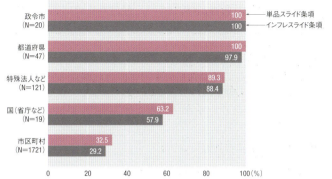

資料3 運用基準作成している市区町村は約3割

公共工事における2022年10月時点の単品スライド条項とインフレスライド条項の運用基準策定率。国土交通省が調査した（出所：国土交通省の資料を基に日経クロステックが作成）

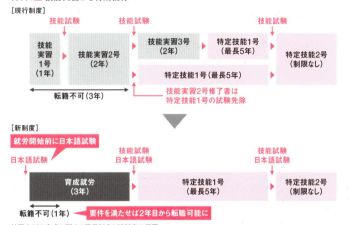

資料4 技能実習から育成就労へ

外国人材の育成に関する現行制度と新制度の概要
（出所：技能実習制度及び特定技能制度の在り方に関する有識者会議の資料を基に日経クロステックが作成）

第5章 ● 2025年度の試験に役立つ文献

資料：下や次ページの上も国土交通省のウェブサイト（https://www.mlit.go.jp/policy/shingikai/content/001734007.pdf）から

直轄土木工事等における働き方改革の強力な推進　国土交通省

〇2024（R6）年4月からの労働基準法時間外労働規制の適用が開始されることを踏まえ、国土交通省の直轄工事において、受注業者の対応を支援するために、週休2日の「質の向上」の拡大などの働き方改革を強力に推進

【週休2日の「質の向上」の拡大】
① 他産業と遜色のない休日の実現に向けた取組
・工期全体での週休2日の標準化を踏まえ、月単位の週休2日推進に向け補正係数を新設
・完全週休2日（土日）を促すため、実施企業に対し成績評価に加点し、取り組みを支援

【時間外労働規制の適用への対応】
② 工事、業務における現場環境改善
　勤務時間外作業を避けるため「ウィークリースタンス」の徹底
③ 受注業者の書類作成業務のさらなる負担軽減
・受発注者の役割分担を明確にしたガイドライン等の作成、受発注者への周知徹底
・「書類限定検査」（44→10種類）の原則化　等
④ 時間外労働規制適用に対応するための必要経費の見直し
・書類作成の経費などによる現場管理費の増加を反映
⑤ 移動時間を踏まえた積算の適正化
・事業所や資材置き場から現場への移動時間を考慮した歩掛の見直し

公共工事の施工時期の平準化に向けた新たな指標の検討　国土交通省

〇 公共工事は、年度内の時期によって工事の繁閑に大きな差が生じ、人材や機材の効率的な活用等に支障を来すため、新・担い手3法において、施工時期の平準化が公共発注者の責務・努力義務として位置付けられた（品確法・入契法）。
〇 現在、平準化の対応状況の指標として、「平準化率」を活用しているが、閑散期のみを軸とした指標となっている。

公共工事における1年間の工事出来高の状況
（単位：億円）
4月 5月 6月　　7月 8月 9月 10月 11月　　12月 1月 2月 3月
閑散期　　　令和4年度　　　繁忙期
■国　■都道府県　■市区町村
出典：国土交通省「建設総合統計」

繁忙期は業務量が多く、人材不足や長時間労働が懸念される一方、閑散期は業務量が少なく、労働者の収入が不安定となる

＜施工時期の平準化に関する国土交通省の取組＞
・平準化に向けた「さしすせそ」の推進、事例集の公表
　（さ）債務負担行為の活用
　（し）柔軟な工期の設定
　（す）速やかな繰越手続
　（せ）積算の前倒し
　（そ）早期執行のための目標設定
・施工時期の平準化の取組状況（平準化率）の「見える化」
・市議会議長等を通じた働きかけ
・関係省庁と連名で取組の推進を地方公共団体へ要請

現行の指標「平準化率」

平準化率の定義

$$平準化率 = \frac{（4～6月期の月平均工事稼働数）}{（年間の月平均工事稼働数）}$$

平準化率が1.0に近づいていくことで、閑散期の解消が図られる
※参考：都道府県の平準化率　R2年度0.77→R3年度0.80

平準化率は閑散期（4～6月）の工事稼働数を、年間の平均工事稼働数に近づけていくための指標

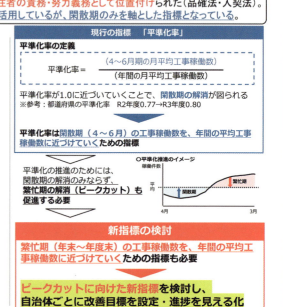
○平準化推進のイメージ

平準化の推進のためには、閑散期の解消のみならず、繁忙期の解消（ピークカット）も促進する必要

新指標の検討

繁忙期（年末～年度末）の工事稼働数を、年間の平均工事稼働数に近づけていくための指標も必要

ピークカットに向けた新指標を検討し、自治体ごとに改善目標を設定・進捗を見える化

5-2 必須科目の論文に役立つ文献

建設業の働き方改革に向けた施策パッケージ（概要）　🔵 国土交通省

○令和６年４月からの時間外労働規制の適用を労働時間短縮等のチャンスと捉え、
持続可能な建設業に向けた働き方改革を強力に推進するべく、関連施策をとりまとめ。

１．時間外労働規制の理解促進

● 業界ニーズに応じて法令解釈・運用を明確化するための枠組み

２．労働時間の縮減（休日の拡大）

（1）週休２日工事の拡大
● 都道府県工事で来年度100％実施等の目標を設定
● 必要経費の予定価格への計上を国から要請

（2）一斉閉所の拡大
● 業界と連携し夏期一斉閉所を官民発注者に働きかけ

３．適正な工期設定

（1）「工期に関する基準」の拡充
● 法定労働時間の遵守を前提とした工期確保
● 猛暑日は作業不能日として工期設定
● 官民の発注者等に対する徹底した働きかけ
● 違反となり得る行為類型の作成・公表

（2）建設Gメンの拡充
● 体制倍増。労基署との合同調査など実地調査を拡充

４．生産性の向上、超過勤務の縮減方策

（1）工事関係書類の削減
● 直轄工事での取組を自治体に横展開し、取組状況を集計・見える化
● 更なる書類の簡素化・電子化に向けた取組強化

（2）時間外労働規制に対応した新しい施工方法
● 元下協議により、工種毎のモデル事業を支援
● 技術者業務の社内外との分担を推進

（3）平準化（ピークカット）の促進
● 自治体毎に目標値を設定、進捗を確認・見える化

（4）DXの推進
● デジタル技術を活用し、自動化、遠隔化を促進

５．実効性の向上

● 公共工事設計労務単価の引上げを踏まえ、各社の賃上げにつき、業界と引上げ目標を設定

（注）上記のほか、今国会に建設業法等の改正案を提出

資料：国土交通省のウェブサイト（https://www.mlit.go.jp/totikensangyo/const/content/001755949.pdf）から

CCUS 利用拡大に向けた３か年計画（概要）

○ これまでの５年間の取組を通じて、CCUSの土台となる技能者・事業者の登録が進展。
○ 今後３年間で、改正建設業法に基づく取組と一体となって、この土台を活用した処遇改善や業務効率化のメリット拡大を図る。

●今回の「３か年計画」の位置づけ

CCUSの土台となる
技能者・事業者登録の拡大
【登録拡大フェーズ】
→
改正建設業法と一体となった、
処遇改善・業務効率化の拡大
【メリット拡大フェーズ】
→
処遇確保や業務効率化の
浸透・定着
【定着発展フェーズ】

１．経験・技能に応じた処遇改善

○「労務費の基準」に適合した労務費の確保・行き渡りと一体となって、CCUSの技能レベルに応じた手当・賃金制度等を普及拡大　等

２．CCUSを活用した事務作業の効率化・省力化

○CCUSデータを用いて安全衛生書類等の作成を効率化
○建退共の申請事務の抜本的な効率化　等

３．就業履歴の蓄積と能力評価の拡大

○技能者・事業者の登録拡大等、就業履歴の蓄積促進策を強化
○能力評価の対象分野の拡大など、技能者のレベル判定の促進策を強化　等

計画の実施状況を少なくとも年１回フォローアップするとともに、進捗状況を踏まえ必要に応じ見直し

あらゆる現場・あらゆる職種でCCUSと能力評価を実施
技能者や建設企業が実感できるCCUSのメリットを拡充

259

資料：次ページも日経コンストラクション2024年6月号の特集「自動化土木」から

国交省の動き
自動化試行工事をいよいよ発注
生産性1.5倍へ向けて国が始動

資料1 ■ 2040年度までに「建設現場のオートメーション」を目指す

i-Construction2.0の推進を通じて実現を目指す現場像。2040年度までに生産性を1.5倍以上（23年度比）に高める（出所：次ページまで特記以外は国土交通省）

資料2 ■ 次期i-Constructionは3つのオートメーションが柱

(1) 施工のオートメーション
- ダムや大規模土工などで自動施工の導入拡大、技術基準の整備
- 砂防現場や通常工事で遠隔施工の活用を拡大
- データ共有基盤の整備、施工データやAIによる現場の最適化

(2) データ連係のオートメーション
- 3次元設計やBIM/CIM属性情報の標準化
- デジタルツインを活用した施工計画や自動設計の開発、導入
- 現場やプロジェクト全体のデータ共有
- 施工管理、監督、検査のためのアプリケーション開発、実装
- BIツールによる監督、検査や書類削減

(3) 施工管理のオートメーション
- リモートによる施工管理や監督、検査、設備点検
- 高速ネットワークの整備
- プレキャスト部材の活用促進や構造物の標準化、モジュール化

i-Construction2.0の主な施策。2024年4月に公表した計画で、短期（～30年ごろ）、中期（～35年ごろ）、長期（～40年ごろ）の3段階に分けて取り組みのロードマップを示した（出所：国土交通省の資料を基に日経クロステックが作成）

「i-Construction」が新たな段階に入った。施工の自動化をはじめとする3つの「オートメーション（自動化）」で、現場作業の省人化を加速。生産性1.5倍の実現に向けて試行工事に着手する。

連係する建機が無人で稼働し、それを少数のオペレーターが安全で快適な遠隔地から人工知能（AI）の支援を受けて制御する──。国土交通省は2024年4月、人口減少や働き方改革、安全性の向上など山積する課題を見据え、「i-Construction2.0」の計画で未来の現場像を公表した（資料1）。

計画では40年度までに現場の生産性を23年度比で1.5倍以上に高める目標を提示。その実現に向けて掲げた施策が3つのオートメーションだ（資料2）。施工の自動化のほか、BIM/CIM活用による受発注者間などのデータ連係、ロボットやウエアラブルカメラによる監督・検査の遠隔化・自動化を推進する。

国交省は安全管理や施工管理の技術基準などを定めて、施工の自動化に関連するシステムの開発や導入を

特集 ▶ 自動化土木

後押しする。24年3月には自動化施工の安全ルールの初版を作成した。無人エリアと有人エリアの区分などを求める。

さらに、同省が22年に設立した「建設機械施工の自動化・自律化協議会」に現場普及ワーキンググループを新たに設置。24年度には試行工事を発注し、基準類の検証や改善に生かす。異なるメーカーの自動化建機を動かす統一制御方法の検討も本格化する。

自動化施工の対象は当面、ダムやトンネル、大規模な土工事だ。

ICT施工「ステージⅡ」で布石

一方、国は中小規模の現場でのさらなる生産性向上を目指して、ICT（情報通信技術）建機やドローンを活用する従来型のICT施工「ステージⅠ」を発展させた「ステージⅡ」の試行を24年度に開始する（資料3）。自動化・遠隔化技術を駆使する未来の現場像「ステージⅢ」の前段階として位置付けた。

建設現場の自動化に向けては、異なる作業や工程間の連係といった現場のマネジメント策が一層重要になる。ボトルネックが生じては工事全体の効率が落ちて自動化のメリットが半減するからだ。

ステージⅡでは、工程管理や安全管理で現場から得られるデータを活用して効果的なマネジメント策を探る。これまで個々の技術者や作業者が蓄積していたノウハウを可視化・

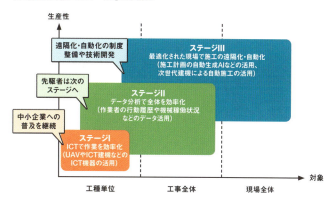

資料3 ■ ICT施工「ステージⅡ」が本格化

ICT施工の普及・発展イメージ

資料4 ■ 現場管理でデータを活用する試行工事を発注

ICT施工ステージⅡで「データ活用による現場マネジメント」の試行工事として取り組む内容の例

分析し、工事全体の省力化につなげる（資料4）。

例えば土工事の現場で、バックホーやダンプトラックにGNSS（全球測位衛星システム）などのセンサーを搭載し、その挙動を計測。掘削から積み込み、運搬、敷きならしの一連で各建機の稼働率を可視化する。効率を下げる要因を見いだして作業計画の改善に生かすといった手法を想定する。

発注者が工区内のダンプの位置情報を集約して土砂の搬出入を管理す

る中国地方整備局松江国道事務所の事例や、AIを使って建機の稼働状況の分析などに取り組む東北地整の河川掘削工事の事例などをモデルケースとして、国は24年度に試行工事を発注する。

一連の取り組みで取得・分析したデータを工種や工事規模ごとにAIに学習させれば、工程管理の自動化などの実現が見えてくる。建設現場の自動化は一部の大手企業だけでなく、地場の建設会社にも少しずつ浸透していきそうだ。

第5章●2025年度の試験に役立つ文献

資料：次ページも日経コンストラクション2024年8月号のトピックスから

トピックス 業界トレンド

あなたの知らない専門用語30

ブロックチェーン　OPERA

メタバース　スマートシティー

i-Construction　ブルーカーボン

CCUS　ネイチャーポジティブ　5G　地域共生型再エネ　GX

Society5.0　生成AI　スコープ3　SDGs

BIM/CIM

脱炭素コンクリート　スーパーシティー　コンセッション

OECM　インクルーシブ　xROAD　ドローン（レベル4）　ESG

ハイブリッドダム　グリーンインフラ

LLM　DX　デジタルツイン　群マネ

全体動向

認知度高い用語も表面的な理解か

建設業界で飛び交っている横文字や略語、カタカナなどの専門用語。知っているようで知らない用語も少なくない。よく耳にする30語を独自調査でランキング。用語の意味とともに、用語にまつわる動向を解説する。（谷川 博＝日経クロステック）

建設関連分野で使われる機会が増えてきた専門用語30語について、本誌の読者を対象に、「意味を知っている」「聞いたことはある」「知らない」の3択で答えてもらった。このうち、「意味を知っている」と答えた割合を「認知度」と呼ぶ。

30語を認知度の高い順にランキングした（資料1）。各用語の右側に示した棒グラフの赤色の部分が認知度に当たる。各用語の意味も記した。

認知度1位はSDGs。「意味を知っている」と答えた人が90％を超えた。次いで、DX、i-Construction、

5-2 必須科目の論文に役立つ文献

資料1■ 専門30語の認知度ランキング

順位	用語	意味	認知度(%) 意味を知っている	聞いたことはある	知らない
1	SDGs	持続可能な開発目標の略。国連サミットで採択し、2030年までの達成を目指す	91	4	5
2	DX	デジタルトランスフォーメーションの略。デジタル技術で組織運営や企業文化などを変革	85	9	6
3	i-Construction	ICT(情報通信技術)などを活用して、建設生産システム全体の生産性向上を図る	83	9	8
4	BIM/CIM	建設生産プロセスをデジタル化。3次元データなどを共有して、事業全体の効率化を図る	81	13	6
5	5G	第5世代移動通信システム。大容量データの高速通信が可能。建機の遠隔操作などに活用	80	16	5
6	生成AI	利用者の指示に従って文章や画像などを自動で生み出す人工知能(AI)	77	20	4
7	ドローン(レベル4)	小型無人機を操縦者の目の届かない市街地上空などで飛ばす「レベル4飛行」が可能に	71	25	4
8	グリーンインフラ	自然の多様な機能をインフラ整備や土地利用に生かし、持続可能な社会の実現を目指す	64	25	11
9	脱炭素コンクリート	大気や工場の排出ガスに含まれる二酸化炭素(CO_2)を吸収・固定するコンクリート	63	34	3
10	スマートシティー	ICTやAIなどを活用して、生活の利便性や快適性の向上を目指す都市・地域	61	27	12
11	メタバース	3次元の仮想空間。利用者が専用端末を使えば、仮想空間を疑似体験できる	49	44	7
12	GX	グリーントランスフォーメーションの略。クリーンエネルギー主体の社会構造に変革	31	23	47
12	CCUS	建設キャリアアップシステムの略。就業履歴などを基に技能者の処遇改善を進める	31	22	48
14	デジタルツイン	構造物や交通、気象など現実世界の多様な情報をデジタル空間に再現する技術	30	36	34
15	ハイブリッドダム	天候に応じて貯水容量を柔軟に運用し、治水機能の強化と水力発電の促進を図るダム	29	43	28
16	Society5.0	狩猟、農耕、工業、情報に次ぐ第5の社会。デジタル化などで経済発展と社会改善を両立	28	28	44
16	コンセッション	国や自治体が公共施設の所有権を保持したまま、運営権を民間事業者に売却する仕組み	28	28	44
18	ブルーカーボン	海藻や海草など沿岸・海洋生態系が取り込んだ炭素。CO_2の吸収源対策として注目	26	36	38
19	ESG	環境、社会、企業統治の英語の頭文字を取った略語。企業経営に必要な視点	23	22	56
20	地域共生型再エネ	適切な環境配慮に加え、雇用や産業の創出など地域に貢献する再生可能エネルギー事業	22	42	36
21	ブロックチェーン	ネットワーク上の複数のコンピューターでデータを分散管理して改ざんを防ぐ技術	21	37	41
22	スーパーシティー	内閣府提唱のスマートシティーの一類型。デジタル化で自動運転や遠隔医療などを実現	18	32	50
23	インクルーシブ	「包摂的な」を意味する英語。誰もが違いを認め合い共生すること。SDGsの理念の象徴	15	25	60
24	群マネ	地域インフラ群再生戦略マネジメントの略。自治体間でインフラの一体的管理などを推進	12	17	71
25	xROAD	「クロスロード」と呼ばれる道路のデータプラットフォーム。国土交通省が活用を推進	10	25	65
26	ネイチャーポジティブ	自然再興。生物多様性の損失を食い止め、回復へと転じさせる。30年までの実現を目指す	6	23	71
26	スコープ3	サプライチェーン全体の温暖化ガス(GHG)排出量のうち、自社分を除いたもの	6	23	72
28	OPERA	自律施工技術基盤の略。土木研究所が整備を進める研究開発用プラットフォーム	4	20	76
29	LLM	大規模言語モデルの略。生成AIの一種。自然な文章をつくるための基盤となる技術	3	29	69
29	OECM	民間が生物多様性の保全を図っている「自然共生サイト」のうち、保護地域以外の区域	3	17	80

(出所:日経クロステック)

■ 意味を知っている　■ 聞いたことはある　□ 知らない

調査概要　日経コンストラクションの読者を対象に2024年1～3月にアンケートを実施。建設関連分野で使われる機会が増えてきた専門用語について、「意味を知っている」「聞いたことはある」「知らない」の3択で回答を求めた。そのうち、「意味を知っている」と答えた人の割合を「認知度」と定義した。認知度は小数点以下を四捨五入して整数値とした。調査総数は287件で、回答率は97.9%。回答者の勤務別の割合は、建設会社30.6%、建設コンサルタント会社39.9%、発注機関13.9%、その他15.7%だった

BIM/CIM、5Gの順。認知度はいずれも80%以上だ。

以下、**生成AI、ドローン(レベル4)、グリーンインフラ、脱炭素コンクリート、スマートシティー**と続き、認知度はそれぞれ60～70%台だった。

これら上位10語を除くと、残り20語の認知度は軒並み50%を切った。中でも、下位5語の認知度の低さは目を引く。

同率最下位の**OECM**と**LLM**は3%。次に低い**OPERA**は4%だ。その上に同率で続く**スコープ3**と**ネイチャーポジティブ**は6%だった。

こうした下位の用語はどれも、認知度の高い上位の用語に関係がある。にもかかわらず、認知度が格段に低いということは、関連する上位の用語の理解も表面的にとどまっている可能性がある。次ページからそれらの用語の意味と動向を解説する。

263

第5章◉2025年度の試験に役立つ文献

5-3 選択科目の論文に役立つ文献

　5-1節や5-2節で取り上げた参考文献も含め、選択科目の論文に役立つ文献を建設部門の全11科目ごとに次ページ以降の**表5.6**にまとめました。「試験に生かすポイント」の欄も参考に、各文献の内容を確認してください。個々の文献や記事から主な箇所を抜粋し、表の「本書の掲載ページ」の欄に示したページにそれぞれ掲載しています。専門知識を得るだけでなく、各テーマの課題や解決策なども意識しながら目を通してみてください。

　多くの選択科目に役立つものとしては、5-2節でも述べた国土交通省の「総力戦で挑む防災・減災プロジェクト」（241ページ）や「防災・減災、国土強靱化に向けた取り組み」（242ページ）が挙げられます。受験する科目に関わる箇所を中心に目を通して、各施策のポイントを把握してください。併せて、「土質基礎」や「鋼コンクリート」、「道路」、「トンネル」の受験者には「能登半島地震を踏まえた技術基準などの対応方針」（296ページ）も重要です。道路分科会の道路技術小委員会などが公表する最新の資料をチェックして、技術基準の方向性を押さえるようにしてください。大規模な地震への対策だけでなく、昨今の相次ぐ豪雨による被害を受けて、気候変動を背景とした水災害への対策も出題の可能性が高いテーマです。「河川砂防」や「都市計画」の受験者は、流域治水の推進策や「河川整備基本方針の変更の考え方」（298ページ）を理解しておきましょう。「都市」や「道路」などの各分野の主な災害対策は表5.2にも掲載しています。参考にしてください。

　気候変動に関連して、地球温暖化の緩和策や適応策は2025年度も複数の選択科目で問われる可能性があります。環境関連の政策などは、5-2節で取り上げたグリーン社会小委員会の「環境政策を取り巻く国内外の情勢と国土交通省の取り組み」（248ページ）に整理されています。同小委員会が併せて公表した「各分野における環境施策のトピック」も必読です。自身の選択科目に関わる分野の施策を確認してください。環境関連では、「グリーンインフラ」も重要なキーワードです。「グリーンインフラに関する国内の動向」（249ページ）に関連する施策がまとめられています。全体を一読しておくとよいでしょう。

　防災・減災と並んで技術士試験で定番の維持管理・更新の分野では、5-2節で挙げた「群マネ」の取り組みとともに、業務や工事の効率化も求められています。データの連携や活用など、デジタル化の動向を押さえてください。日経コンストラクション24年8月号の「インフラメンテナンス最後の挑戦」（245ページ）などが参考になります。維持管理も含めたデータの活用では、BIM／CIM推進委員会の「BIM／CIMの進め方について」（306ページ）に方向性が記されています。特に「施工計画」の受験者は、日経コンストラクション24年6月号の「自動化土木」（260ページ）や「i-Construction2.0の制定」（305ページ）にも目を通しておくとよいでしょう。デジタル化による生産性の向上とともに、労働環境の改善や担い手の確保も欠かせません。表5.3に掲載した中央建設業審議会や表5.4の建設業関係の資料なども参考に、現状や動向を理解するようにしてください。

264

5-3 選択科目の論文に役立つ文献

表5.6　選択科目の論文に役立つ主な参考文献とポイント

選択科目	参考文献や施策のタイトルやテーマ	試験に生かすポイント	出典[1]	本書の掲載ページ[2]
土質基礎	2024年度 総力戦で挑む防災・減災プロジェクト[3]	「能登半島地震を踏まえた防災対策の推進」で挙げている各背景や課題、対応策を理解。2023年の「6〜8月の大雨」への対応にも目を通しておく。後半の「主要10施策の取り組み状況」もチェックして地盤構造物に関わる防災・減災の動向を把握する	https://www.mlit.go.jp/river/bousai/bousai-gensaihonbu/9kai/index.html	241ページ
	国土交通省の防災・減災、国土強靱化に向けた取り組み[3]	冒頭で取り上げている気候変動に伴う自然災害や新たな国土強靱化基本計画、デジタルの活用に加え、能登半島地震を踏まえた方策について述べている箇所は重要。各分野の取り組みも整理されており、地盤構造物に関わる分野の対応策を理解する	https://www.mlit.go.jp/policy/shingikai/kanbo08_sg_000317.html	242ページ
	盛り土・宅地防災、宅地の耐震化[3]	大規模な盛り土造成地の活動崩落や宅地の液状化への対策を把握する。盛り土規制法のポータルサイトで盛り土規制法の背景や概要、必要性も理解	https://www.mlit.go.jp/toshi/web/index.html	―
	能登半島地震を踏まえた技術基準などの対応方針（案）	能登半島地震を踏まえた技術基準や対応の方向性の案が整理されている。主に土工に関わる箇所に目を通して今後の地震への対応方針を把握する。道路分科会の道路技術小委員会が2024年7月に公表した。国土幹線道路部会の5月の資料にも概要や詳細が記されている。今後も同小委員会の最新の資料をチェックしておく	https://www.mlit.go.jp/policy/shingikai/road01_sg_000703.html	296ページ
	地震対策費を3割増、国交省概算要求	土砂災害への対策や耐震化などの防災・減災分野の予算が増加傾向にあり、関連する施策やキーワードを理解する。他の分野の項目も一読して動向を押さえておく	日経コンストラクション2024年9月号	301ページ
	群マネ計画検討会の論点について[3]	これからのメンテナンスで欠かせない群マネ（地域インフラ群再生戦略マネジメント）の考え方や方針を理解する。背景や現状、事例が整理された参考資料も一読しておく。群マネの概要は国土交通白書2024の第Ⅰ部のほか、Ⅱ部の社会資本の老朽化対策の節でも説明している	https://www.mlit.go.jp/sogoseisaku/maintenance/03activity/03_02_06_05.html	244ページ
	新たな暮らし方に適応したインフラマネジメント[3]	インフラの集約や再編の必要性や各地の事例、国の支援策などをまとめたもの。メンテナンスに携わる体制や人員などが不足するなか、今後は集約や再編も重要になる。老朽化対策の一つとして押さえておく	https://www.mlit.go.jp/sogoseisaku/maintenance/03activity/03_02.html	243ページ

第5章◉2025年度の試験に役立つ文献

土質基礎	インフラメンテナンス*3	「インフラメンテナンス情報」のウェブサイトをチェックし、先述の群マネの資料や2024年4月に改訂された「国土交通省インフラ長寿命化計画」（第2期）に目を通して方向性を理解する。市町村の体制強化に向けた包括的民間委託導入の手引も重要	https://www.mlit.go.jp/sogoseisaku/maintenance/index.html	—
	環境政策を取り巻く国内外の情勢と国土交通省の取り組み*3	GXの実現に向けた取り組みや気候変動への適応、循環経済などの環境関連の政策や施策を理解するうえで役立つ。グリーン社会小委員会が2024年9月に公表した各分野における環境施策のトピックにも目を通し、地盤構造物に関わる項目をチェックする	https://www.mlit.go.jp/policy/shingikai/sogo10_sg_000201.html	248ページ
	環境*3	国土交通省の環境関連の政策や施策をまとめたウェブサイト。「トピックス」の欄で取り上げている「環境行動計画」のほか、「地球環境問題」や「重点的に推進すべき環境政策の分野」の欄で示した項目に目を通して各施策の概要を理解する	https://www.mlit.go.jp/sogoseisaku/environment/index.html	—
	今後の社会資本整備の方向性*3	社会経済情勢の変化や社会資本整備を取り巻く課題、各重点目標における施策を通して、今後の社会資本整備の方向性を把握する。新たなインフラマネジメントの方針も重要	https://www.mlit.go.jp/policy/shingikai/sogo08_sg_000303.html	250ページ
	インフラ分野のDXアクションプランの第2版*3	2023年8月に公表された第2版からDXの方向性やDXを進めるためのアプローチを把握。個別の施策が記載された欄もチェックして土質や基礎に関係する項目に目を通す	https://www.mlit.go.jp/tec/tec_tk_000073.html	—
	国土交通データプラットフォーム*3	データプラットフォームの概要や活用例、方向性や進捗とともに、防災や維持管理などの業務や工事にもたらす影響や効果を理解する	https://www.mlit.go.jp/tec/tec_tk_000066.html	—
鋼コンクリート	2024年度 総力戦で挑む防災・減災プロジェクト*3	「能登半島地震を踏まえた防災対策の推進」で挙げている各背景や課題、対応策の中の主に道路構造物に関わる箇所に目を通す。後半の「主要10施策の取り組み状況」もチェックして鋼コンクリートの科目に関わる防災・減災の動向を把握する	https://www.mlit.go.jp/river/bousai/bousai-gensaihonbu/9kai/index.html	241ページ
	国土交通省の防災・減災、国土強靭化に向けた取り組み*3	冒頭で取り上げている気候変動に伴う自然災害や新たな国土強靭化基本計画、デジタルの活用に加え、能登半島地震を踏まえた方策について述べている箇所は重要。各分野の取り組みの中では主に道路分野の対応策を理解する	https://www.mlit.go.jp/policy/shingikai/kanbo08_sg_000317.html	242ページ

鋼コンクリート	能登半島地震を踏まえた技術基準などの対応方針（案）	能登半島地震を踏まえた技術基準や対応の方向性の案が整理されている。主に橋梁に関わる箇所に目を通して今後の地震への対応方針を把握する。道路分科会の道路技術小委員会が2024年7月に公表した。国土幹線道路部会の5月の資料にも概要や詳細が記されている。今後も同小委員会の最新の資料をチェックしておく	https://www.mlit.go.jp/policy/shingikai/road01_sg_000703.html	296ページ
	地震対策費を3割増、国交省概算要求	耐震化などの防災・減災分野の予算が増加傾向にあり、関連する施策やキーワードを理解する。他の分野の項目も一読して動向を押さえる	日経コンストラクション2024年9月号	301ページ
	群マネ計画検討会の論点について*3	これからのメンテナンスで欠かせない群マネ（地域インフラ群再生戦略マネジメント）の考え方や方針を理解する。背景や現状、事例が整理された参考資料も一読しておく。群マネの概要は国土交通白書2024の第Ⅰ部のほか、Ⅱ部の社会資本の老朽化対策の節でも説明している	https://www.mlit.go.jp/sogoseisaku/maintenance/03activity/03_02_06_05.html	244ページ
	新たな暮らし方に適応したインフラマネジメント*3	インフラの集約や再編の必要性や各地の事例、国の支援策などをまとめたもの。メンテナンスに携わる体制や人員などが不足するなか、今後は集約や再編も重要になる。老朽化対策の一つとして押さえておく	https://www.mlit.go.jp/sogoseisaku/maintenance/03activity/03_02.html	243ページ
	インフラメンテナンス*3	「インフラメンテナンス情報」のウェブサイトをチェックし、上記の群マネの資料や2024年4月に改訂された「国土交通省インフラ長寿命化計画」（第2期）に目を通して方向性を理解する。市町村の体制強化に向けた包括的民間委託導入の手引も重要	https://www.mlit.go.jp/sogoseisaku/maintenance/index.html	―
	インフラメンテナンス最後の挑戦*3	床版や舗装の新しい劣化予測技術、新材料や新工法、小規模な自治体におけるデジタルデータの活用などの事例を取り上げている。メンテナンスの効率化や予防保全への転換に向けた取り組みとして参考になる	日経コンストラクション2024年8月号	245ページ
	環境政策を取り巻く国内外の情勢と国土交通省の取り組み*3	GXの実現に向けた取り組みや循環経済（サーキュラーエコノミー）などの環境関連の政策や施策を理解するうえで役立つ。グリーン社会小委員会が2024年9月に公表した各分野における環境施策のトピックにも目を通し、主に道路分野の施策をチェックする	https://www.mlit.go.jp/policy/shingikai/sogo10_sg_000201.html	248ページ

第5章◉2025年度の試験に役立つ文献

鋼コンクリート	環境*3	国土交通省の環境関連の政策や施策をまとめたウェブサイト。「トピックス」の欄で取り上げている「環境行動計画」のほか、「地球環境問題」や「重点的に推進すべき環境政策の分野」の欄で示した項目に目を通して各施策の概要を理解する	https://www.mlit.go.jp/sogoseisaku/environment/index.html	―
	今後の建設リサイクルの検討について*3	建設リサイクル推進施策検討小委員会が2024年7月や3月に公表した資料から、建設リサイクルの「質」の向上に向けた方向性と課題を読み取る。カーボンニュートラルや循環経済といった昨今の社会情勢を踏まえた検討事項も確認しておく。現行の建設リサイクル推進計画も一読する	https://www.mlit.go.jp/policy/shingikai/sogo03_sg_000224.html	303ページ
	規格の標準化や要素技術の一般化、全体最適化の検討	コンクリート生産性向上検討協議会の2024年2月の資料のうち、プレキャスト製品の大型構造物への適用に向けた検討内容に目を通し、プレキャスト導入の促進策を理解する。併せて公表した各種のガイドラインのフォローアップの内容も一読しておく	https://www.mlit.go.jp/tec/tec_tk_000125.html	307ページ
	今後の社会資本整備の方向性*3	社会経済情勢の変化や社会資本整備を取り巻く課題、各重点目標における施策を通して、今後の社会資本整備の方向性を把握する。新たなインフラマネジメントの方針も重要	https://www.mlit.go.jp/policy/shingikai/sogo08_sg_000303.html	250ページ
	BIM／CIMの進め方について	2024年7月にBIM／CIM推進委員会が公表した左記の資料のうち、橋梁下部工でのデータ連携や鋼橋の設計から工場製作へのデータ連携の欄を中心にチェックする。資料の全体に目を通して方向性も理解。基準や要領の欄に掲載されたBIM／CIMの適用に関する実施方針も確認しておく	https://www.mlit.go.jp/tec/tec_tk_000138.html	306ページ
	インフラ分野のDXアクションプランの第2版*3	2023年8月に公表された第2版からDXの方向性やDXを進めるためのアプローチを把握。個別の施策が記載された欄もチェックして鋼コンクリートの科目に関わる項目に目を通す	https://www.mlit.go.jp/tec/tec_tk_000073.html	―
	国土交通データプラットフォーム*3	データプラットフォームの概要や活用例、方向性や進捗とともに、防災や維持管理などの業務や工事にもたらす影響や効果を理解する	https://www.mlit.go.jp/tec/tec_tk_000066.html	―
都市計画	2024年度 総力戦で挑む防災・減災プロジェクト*3	「能登半島地震を踏まえた防災対策の推進」で挙げている各背景や課題、対応策を理解。2023年の「6〜8月の大雨」への対応にも目を通しておく。後半の「主要10施策の取り組み状況」もチェックして都市の防災・減災に関わる施策を把握する	https://www.mlit.go.jp/river/bousai/bousai-gensaihonbu/9kai/index.html	241ページ

268

都市計画	国土交通省の防災・減災、国土強靱化に向けた取り組み*3	冒頭で取り上げている気候変動に伴う自然災害や新たな国土強靱化基本計画、デジタルの活用に加え、能登半島地震を踏まえた方策について述べている箇所は重要。各分野の取り組みも整理されており、主に都市の分野における対応策を理解する	https://www.mlit.go.jp/policy/shingikai/kanbo08_sg_000317.html	242ページ
	都市防災の参考事例など	右のURLのページには都市防災のほか、宅地や盛り土の防災対策、防災集団移転促進事業、都市災害の復旧、復興事前準備に関する主な資料がそれぞれ掲載されている。いずれも出題テーマになる可能性があるので、各資料に目を通して制度や事業の概要を理解しておく。2023年2月や24年3〜4月に更新されている	https://www.mlit.go.jp/toshi/toshi_bosai/toshi_anzen.html	—
	盛り土・宅地防災、宅地の耐震化*3	盛り土規制法のポータルサイトで盛り土規制法の背景や概要、必要性を理解する。併せて、大規模な盛り土造成地の活動崩落や宅地の液状化への対策もチェックしておく	https://www.mlit.go.jp/toshi/web/index.html	—
	流域治水の推進	流域治水の考え方や推進策など、気候変動を踏まえた今後の水害対策の方向性を理解する。流域治水関連法に基づく取り組みや特定都市河川の指定制度にも目を通して、水害リスクを踏まえたまちづくりのポイントを押さえる	https://www.mlit.go.jp/river/kasen/suisin/index.html	—
	河川整備基本方針の変更の考え方について	左記の資料の中では、流域治水の施策と水害に強いまちづくりについて述べている箇所が重要。気候変動の影響も理解しておく。河川分科会が2024年6月に公表した	https://www.mlit.go.jp/river/shinngikai_blog/shaseishin/kasenbunkakai/bunkakai/dai68kai/index.html	298ページ
	津波防災地域づくり推進計画作成ガイドライン	推進計画の作成の効果や他の計画との相違点、作成に向けた事前の準備から決定までの手順などをまとめており、主に選択科目Ⅱの論文に役立つ。国土交通省が2024年3月に公表した	https://www.mlit.go.jp/sogoseisaku/point/tsunamibousai.html	—
	地震対策費を3割増、国交省概算要求	土砂災害への対策や耐震化などの防災・減災分野の予算が増加傾向にあり、関連する施策やキーワードを理解する。他の分野の項目も一読して動向を押さえておく	日経コンストラクション2024年9月号	301ページ
	新たな暮らし方に適応したインフラマネジメント*3	インフラの集約や再編の必要性や各地の事例、国の支援策などをまとめたもの。メンテナンスに携わる体制や人員などが不足するなか、今後は集約や再編も重要になる。老朽化対策の一つとして押さえておく	https://www.mlit.go.jp/sogoseisaku/maintenance/03activity/03_02.html	243ページ

第5章●2025年度の試験に役立つ文献

都市計画	インフラメンテナンス*3	「インフラメンテナンス情報」のウェブサイトをチェックし、2024年4月に改訂された「国土交通省インフラ長寿命化計画」（第2期）に目を通してメンテナンスの方向性を理解する。市町村の体制強化に向けた包括的民間委託導入の手引も重要	https://www.mlit.go.jp/sogoseisaku/maintenance/index.html	―
	土地基本方針の変更（案）*3	所有者不明土地法や改正空き家法、事前復興まちづくり計画、流域治水、グリーンインフラ、「まちづくりGX」、「建築・都市のDX」など最近の施策を交えて2024年に改定した。土地に関する施策のほか、土地の利用や管理の方向性を理解する	https://www.mlit.go.jp/policy/shingikai/tochi_fudousan_kensetsugyo02_sg_000001_00107.html	251ページ
	「まちづくりGX」の実現に向けた取り組みの方向性	左記の資料の主に前半をチェックし、都市における緑地の確保や保全、更新に関わる取り組みの背景や概要、方向性を理解する。本書の表5.2に記載した「都市環境」のまちづくりGXのページにも目を通しておく	https://www.mlit.go.jp/policy/shingikai/toshi07_sg_000077.html	―
	都市緑地法などの改正案の閣議決定	気候変動への対策や生物多様性の確保などの課題の解決に向けて改正し、2024年5月に公布した。上記の「まちづくりGX」と併せて目を通し、新たな制度の概要や都市における緑地の効果を把握する	https://www.mlit.go.jp/report/press/toshi07_hh_000250.html	304ページ
	環境政策を取り巻く国内外の情勢と国土交通省の取り組み*3	GXの実現に向けた取り組みや気候変動への適応、ネイチャーポジティブなどの環境関連の政策や施策を理解するうえで役立つ。併せて、グリーン社会小委員会が2024年9月に公表した各分野における環境施策のトピックにも目を通し、まちづくりの分野における施策を把握する	https://www.mlit.go.jp/policy/shingikai/sogo10_sg_000201.html	248ページ
	環境分野の潮流と国土交通省における取り組み*3	左記は国土交通省グリーン社会実現推進本部が2024年5月に公表した資料。上記のグリーン社会小委員会の資料と併せて一読し、「脱炭素社会」や「気候変動適応社会」、「自然共生社会」、「循環型社会」の実現に向けた取り組みをそれぞれ確認する	https://www.mlit.go.jp/sogoseisaku/environment/sosei_environment_fr_000148.html	―
	環境*3	国土交通省の環境関連の政策や施策をまとめたウェブサイト。「トピックス」の欄で取り上げている「環境行動計画」のほか、「地球環境問題」や「重点的に推進すべき環境政策の分野」の欄で示した項目に目を通して各施策の概要を理解する	https://www.mlit.go.jp/sogoseisaku/environment/index.html	―

5-3 選択科目の論文に役立つ文献

都市計画	グリーンインフラに関する国内の動向*3	第6次環境基本計画や土地基本方針の変更案、都市緑地法などの改正、グリーンインフラ推進戦略2023などの概要がまとめられている。都市計画に関わる箇所を中心に目を通す	https://www.mlit.go.jp/sogoseisaku/environment/sosei_environment_fr_000166.html	249ページ
	都市公園の関係施策	都市公園の役割や防災公園の整備、Park-PFIの活用やPFI事業の推進などの施策が整理されている。それぞれが出題テーマになる可能性があるので、各施策の内容を理解する	https://www.mlit.go.jp/toshi/park/toshi_parkgreen_tk_000159.html	—
	今後の社会資本整備の方向性*3	社会経済情勢の変化や社会資本整備を取り巻く課題、各重点目標における施策を通して、今後の社会資本整備の方向性を把握する。新たなインフラマネジメントの方針も重要	https://www.mlit.go.jp/policy/shingikai/sogo08_sg_000303.html	250ページ
	国土形成計画（全国計画）	第3次の国土形成計画（全国計画）から、地域生活圏の形成や人口減少下の国土の利用と管理などの重点テーマの概要とともに、分野別の各施策の方向性を把握する。同計画は2024年度の必須科目で取り上げられたが、重点テーマや分野別の施策が選択科目で問われる可能性がある	https://www.mlit.go.jp/kokudoseisaku/kokudokeikaku_fr3_000003.html	—
	二地域居住促進法の施行に向けて*3	二地域居住の普及や拡大を促進するために2024年5月に成立した。地方への人の流れの創出や拡大を図る。地域の持続性を対象とした出題テーマなどで利用できる。国土交通白書2024の第Ⅰ部にも掲載されている	https://www.mlit.go.jp/policy/shingikai/kokudo03_sg_000283.html	252ページ
	地方都市のまちづくり	人口減少や少子高齢化の問題に直面している地方都市の活性化に向けた施策の概要や方向性を理解する。まちなかの再生や産業の地方への立地などを促して地域経済の活性化を図る	https://www.mlit.go.jp/toshi/toshi_machi_tk_000083.html	—
	コンパクト・プラス・ネットワークの推進に向けた最近の動き	左記の資料の中では、立地適正化計画のさらなる裾野拡大に向けた課題と対応案の箇所が重要。地域交通の再構築に関する施策と併せて方向性を理解する。コンパクトシティー形成支援チームが2024年6月に公表した	https://www.mlit.go.jp/toshi/city_plan/toshi_city_plan_tk_000114.html	308ページ
	立地適正化計画の実効性の向上に向けたあり方検討会の全体取りまとめ（案）	後半のとりまとめ（案）の概要に目を通し、立地適正化計画の現状や課題、解決策のポイント、計画の実効性を高めるための方向性を理解する。左記は2024年7月に公表した資料	https://www.mlit.go.jp/toshi/city_plan/toshi_city_plan_tk_000115.html	—
	立地適正化計画の手引	立地適正化計画の作成の手順や留意点などをまとめたもの。同手引の基本編をチェックし、同計画の検討や作成、運用のポイントを押さえる。防災指針の検討について述べている箇所も重要。2024年4月に改訂された	https://www.mlit.go.jp/toshi/city_plan/toshi_city_plan_tk_000035.html	—

第5章◉2025年度の試験に役立つ文献

都市計画	地域の公共交通リ・デザイン実現会議の取りまとめ*3	地域の公共交通の現状や課題の解決に向けた方向性を把握する。併せて、先述の立地適正化計画に関わる施策にも目を通しておく。地域の活性化や持続性の確保といった出題テーマに役立つ。2024年5月に公表した	https://www.mlit.go.jp/sogoseisaku/transport/sosei_transport_tk_000211.html	252ページ
	「地域公共交通計画」の実質化に向けたアップデート*3	モビリティーデータを活用した地域公共交通計画の実装やアップデートの方向性を示した。上記の資料と併せて一読しておく。国土交通省の検討会が2024年4月に公表した	https://www.mlit.go.jp/sogoseisaku/transport/sosei_transport_tk_000217.html	253ページ
	都市交通における自動運転技術の活用方策に関する検討会の資料	2024年3月に公表された資料3の中の「将来目指すべき都市の姿」や「望ましい都市像の実現に向けた自動運転技術活用の基本的な考え方」の項目に目を通して方向性を読み取る	https://www.mlit.go.jp/toshi/toshi_gairo_fr_000124.html	—
	バリアフリー政策を取り巻く社会情勢や関連法制度の動向*3	前半の「バリアフリー政策を取り巻く社会情勢」の欄が参考になる。高齢化や地域の公共交通の状況がまとめられており、地域交通やまちづくりなどに関わる施策の背景や現状を知るうえで役立つ。後半の関連する法制度の動向も一読しておく	https://www.mlit.go.jp/sogoseisaku/barrierfree/sosei_barrierfree_tk_000347.html	—
	バリアフリーやユニバーサルデザイン	公共交通機関の「移動等円滑化整備ガイドライン」（バリアフリー整備ガイドライン）を一読し、都市計画の科目に関わる箇所を押さえておく	https://www.mlit.go.jp/sogoseisaku/barrierfree/index.html	—
	「人中心の道路空間」のあり方に関する検討会の配布資料	2024年6月に公表された資料から検討の背景や方向性を把握。「ほこみち」や「カーブサイドマネジメント」などの概要も確認する。路肩などの柔軟な活用例の資料も一読しておく	https://www.mlit.go.jp/road/ir/ir-council/people-centered_road-space/doc01.html	309ページ
	無電柱化の推進に関する取り組み状況について	無電柱化推進のあり方検討委員会が2024年2月に公表した資料から、市街地開発事業などに伴う電柱新設の抑制や無電柱化まちづくり促進事業の活用など、主に国土交通省の都市局の取り組みを確認する	https://www.mlit.go.jp/road/ir/ir-council/chicyuka/doc17.html	—
	マチミチ会議の資料	2024年2月の資料のうち、国の取り組みとして紹介した都市局の資料をチェックして、街路空間の再構築や活用に向けた施策、都市公園に関わる制度を理解する。正式には「全国街路空間再構築・利活用推進会議」	https://www.mlit.go.jp/toshi/walkable/machimichi/	—
	まちなかウォーカブル推進事業	「居心地が良く歩きたくなる」まちなかづくりを推進する事業として2020年度に創設した。車中心から人中心の空間への転換を図る。同推進事業のイメージを把握したうえで、関連する施策や事業を押さえる	https://www.mlit.go.jp/toshi/toshi_gairo_tk_000092.html	308ページ

272

5-3 選択科目の論文に役立つ文献

	項目	説明	URL	ページ
都市計画	市街地整備制度の概要	都市再生整備計画関連事業と土地区画整理事業、市街地再開発事業を取り上げている。各事業の概要や仕組みを確認する。コンパクトシティーの推進について述べている箇所も重要。2024年4月に更新されている	https://www.mlit.go.jp/toshi/city/sigaiti/toshi_urbanmainte_tk_000069.html	—
	景観法の運用指針の改正	最新の改正内容をチェックして景観法の運用などにおける最近の考え方を理解しておく。例えば2024年7月に改正された指針では、再生可能エネルギーの事業での景観配慮や複数の市町村による景観計画の制定を追記。デジタルに関する記載も増えている	https://www.mlit.go.jp/toshi/townscape/toshi_townscape_tk_000038.html	—
	歴史まちづくり	「歴史的風致維持向上計画」の制定に向けた手引や作成マニュアルのほか、パンフレットにも目を通しておく	https://www.mlit.go.jp/toshi/rekimachi/index.html	—
	Project PLATEAU	2020年度から始まった国土交通省のプロジェクト。3D都市モデルの整備や活用、オープンデータ化を通じてまちづくりのDXを進める。3D都市モデルの概要や活用例、効果を理解する	https://www.mlit.go.jp/toshi/daisei/plateau_hojo.html	—
	国土交通データプラットフォーム*3	データプラットフォームの概要や活用例、方向性や進捗とともに、防災や維持管理などの業務や工事にもたらす影響や効果を理解する	https://www.mlit.go.jp/tec/tec_tk_000066.html	—
	インフラ分野のDXアクションプランの第2版*3	2023年8月に公表された第2版からDXの方向性やDXを進めるためのアプローチを把握したうえで、個別の施策が記載された欄もチェックして都市計画に関係する項目に目を通す	https://www.mlit.go.jp/tec/tec_tk_000073.html	—
河川砂防	流域治水の推進	流域治水の考え方や推進策など、気候変動を踏まえた今後の水害対策の方向性を理解する。流域治水関連法に基づく取り組みや流域治水プロジェクト、特定都市河川の指定制度にも目を通して、水害対策のポイントを押さえる	https://www.mlit.go.jp/river/kasen/suisin/index.html	—
	河川整備基本方針の変更の考え方について	河川整備基本方針検討小委員会が2024年9月に公表した左記の資料に目を通し、基本方針の見直しの考え方のほか、基本高水のピーク流量の設定方法と留意点、計画高水流量の設定の考え方をそれぞれ確認する。良好な河川環境の保全・創出の考え方について述べているページも一読しておく	https://www.mlit.go.jp/river/shinngikai_blog/shaseishin/kasenbunkakai/shouiinkai/kihonhoushin/dai142kai/index.html	298ページ
	ハイブリッドダムについて	治水機能の強化に加えて水力発電の促進や地域振興も目標としている。概要を理解したうえで、「ダムの運用の高度化」や「既設ダムの発電施設の新増設」の手法や方向性を押さえる。左記を含め、気候変動に対応したダムの機能強化のあり方に関する懇談会の最新の資料をチェックしておく	https://www.mlit.go.jp/river/shinngikai_blog/dam_kondankai/dai04kai/index.html	300ページ

273

第5章●2025年度の試験に役立つ文献

河川砂防	土砂災害防止対策推進検討会の配布資料	2024年6月に公表された資料に土砂災害警戒区域やハザードマップ、土砂災害警戒情報や警戒避難体制に関する取り組みがまとめられており、主にソフト面の対策を理解するうえで役立つ。後半の能登半島地震への対応状況の欄も一読する	https://www.mlit.go.jp/river/sabo/committee_dosyasaigaitaisaku.html	―
	気候変動を踏まえた砂防技術検討会の2023年度版の取りまとめ	気候変動下における土砂災害対策の状況や課題、方向性について整理しており、2024年3月に公表した。上記の資料と併せて目を通しておく	https://www.mlit.go.jp/river/sabo/committee_kikohendo.html	―
	2024年度 総力戦で挑む防災・減災プロジェクト*3	「能登半島地震を踏まえた防災対策の推進」で挙げている各背景や課題、対応策をそれぞれ理解する。2023年の「6〜8月の大雨」への対応にも目を通す。後半の「主要10施策の取り組み状況」もチェックして水害や土砂災害に対する施策を把握する	https://www.mlit.go.jp/river/bousai/bousai-gensaihonbu/9kai/index.html	241ページ
	国土交通省の防災・減災、国土強靭化に向けた取り組み*3	冒頭で取り上げている気候変動に伴う自然災害や新たな国土強靭化基本計画、デジタルの活用に加え、能登半島地震を踏まえた方策について述べている箇所は重要。各分野の取り組みも整理されており、水管理・国土保全分野の施策を理解する	https://www.mlit.go.jp/policy/shingikai/kanbo08_sg_000317.html	242ページ
	津波防災地域づくり推進計画作成ガイドライン	推進計画の作成の効果や他の計画との相違点、作成に向けた事前の準備から決定までの手順などがまとめられており、主に選択科目Ⅱの論文に役立つ。国土交通省が2024年3月に公表した	https://www.mlit.go.jp/sogoseisaku/point/tsunamibousai.html	―
	高潮浸水想定区域の検討状況	高潮浸水想定区域の指定や高潮特別警戒水位の設定の概要や状況を理解する。2024年度はⅡ－1で津波浸水想定の設定について問われた	https://www.mlit.go.jp/river/kaigan/index.html	300ページ
	地震対策費を3割増、国交省概算要求	土砂災害への対策や耐震化などの防災・減災分野の予算が増加傾向にあり、関連する施策やキーワードを理解する。他の分野の項目も一読して動向を押さえておく	日経コンストラクション2024年9月号	301ページ
	グリーンインフラに関する国内の動向*3	第6次環境基本計画のほか、河川と流域におけるネイチャーポジティブの取り組みやグリーンインフラ推進戦略2023などの概要がまとめられている。河川砂防の科目に関わる箇所を中心に目を通しておく	https://www.mlit.go.jp/sogoseisaku/environment/sosei_environment_fr_000166.html	249ページ

河川砂防	環境政策を取り巻く国内外の情勢と国土交通省の取り組み[*3]	GXの実現に向けた取り組みや気候変動への適応、ネイチャーポジティブなどの環境関連の政策や施策を理解するうえで役立つ。併せて、グリーン社会小委員会が2024年9月に公表した各分野における環境施策のトピックにも目を通し、河川やダムの分野における施策を把握する	https://www.mlit.go.jp/policy/shingikai/sogo10_sg_000201.html	248ページ
	環境[*3]	国土交通省の環境関連の政策や施策をまとめたウェブサイト。「トピックス」の欄で取り上げている「環境行動計画」のほか、「地球環境問題」や「重点的に推進すべき環境政策の分野」の欄で示した項目に目を通して各施策の概要を理解する	https://www.mlit.go.jp/sogoseisaku/environment/index.html	―
	今後の社会資本整備の方向性[*3]	社会経済情勢の変化や社会資本整備を取り巻く課題、各重点目標における施策を通して、今後の社会資本整備の方向性を把握する。新たなインフラマネジメントの方針も重要	https://www.mlit.go.jp/policy/shingikai/sogo08_sg_000303.html	250ページ
	群マネ計画検討会の論点について[*3]	これからのメンテナンスで欠かせない群マネ（地域インフラ群再生戦略マネジメント）の考え方や方針を理解する。背景や現状、事例が整理された参考資料も一読しておく。群マネの概要は国土交通白書2024の第Ⅰ部のほか、Ⅱ部の社会資本の老朽化対策の節でも説明している	https://www.mlit.go.jp/sogoseisaku/maintenance/03activity/03_02_06_05.html	244ページ
	新たな暮らし方に適応したインフラマネジメント[*3]	インフラの集約や再編の必要性や各地の事例、国の支援策などをまとめたもの。メンテナンスに携わる体制や人員などが不足するなか、今後は集約や再編も重要になる。老朽化対策の一つとして押さえておく	https://www.mlit.go.jp/sogoseisaku/maintenance/03activity/03_02.html	243ページ
	インフラメンテナンス[*3]	「インフラメンテナンス情報」のウェブサイトをチェックし、上記の群マネの資料や2024年4月に改訂された「国土交通省インフラ長寿命化計画」（第2期）に目を通して方向性を理解する。市町村の体制強化に向けた包括的民間委託導入の手引も重要	https://www.mlit.go.jp/sogoseisaku/maintenance/index.html	―
	マチミチ会議の資料	2024年2月の資料のうち、国の取り組みとして紹介した水管理・国土保全局の資料をチェックして、河川空間のオープン化や規制緩和に関わる制度を理解する。正式には「全国街路空間再構築・利活用推進会議」	https://www.mlit.go.jp/toshi/walkable/machimichi/	―
	水管理・国土保全局のDX	国土交通省の水管理・国土保全局のDXの目指す姿や促進策、事例などを掲載したウェブサイト。防災・減災や新技術に関する取り組みを中心に目を通してDXの動向を理解する	https://www.mlit.go.jp/river/gijutsu/dx/index.html	―

第5章●2025年度の試験に役立つ文献

河川砂防	インフラ分野のDXアクションプランの第2版*3	2023年8月に公表された第2版からDXの方向性やDXを進めるためのアプローチを把握。個別の施策が記載された欄もチェックして河川や砂防に関係する項目に目を通す	https://www.mlit.go.jp/tec/tec_tk_000073.html	―
	国土交通データプラットフォーム*3	データプラットフォームの概要や活用例、方向性や進捗とともに、防災や維持管理などの業務や工事にもたらす影響や効果を理解する	https://www.mlit.go.jp/tec/tec_tk_000066.html	―
港湾空港	「令和6年能登半島地震を踏まえた港湾の防災・減災対策のあり方」の取りまとめ	施策の推進にあたっての基本的な考え方やハード・ソフト両面の施策について、港湾分科会の防災部会が2024年7月に答申。大規模な災害リスクを見据えてこれから取り組むべき施策のポイントを把握する	https://www.mlit.go.jp/policy/shingikai/port01_sg_000485.html	297ページ
	港湾における気候変動適応策の実装方針	気候変動への対応策の基本的な方針のほか、外力の設定や設計の考え方、「協働防護」の推進、実装にあたって配慮すべき事項などに目を通して方向性を理解する。国土交通省の委員会が2024年3月に公表した	https://www.mlit.go.jp/kowan/kowan_fr7_000092.html	296ページ
	2024年度 総力戦で挑む防災・減災プロジェクト*3	「能登半島地震を踏まえた防災対策の推進」で挙げている各背景や課題、対応策を理解。後半の「主要10施策の取り組み状況」もチェックして港湾や航空に関わる施策の動向を把握する	https://www.mlit.go.jp/river/bousai/bousai-gensaihonbu/9kai/index.html	241ページ
	国土交通省の防災・減災、国土強靭化に向けた取り組み*3	冒頭で取り上げている気候変動に伴う自然災害や新たな国土強靭化基本計画、デジタルの活用に加え、能登半島地震を踏まえた方策について述べている箇所は重要。各分野の取り組みも整理されており、港湾や航空の分野における施策を理解する	https://www.mlit.go.jp/policy/shingikai/kanbo08_sg_000317.html	242ページ
	空港における自然災害対策に関する検討委員会の分科会の資料	能登空港の被災状況を踏まえた滑走路の損傷対策と「防災拠点空港」は重要。空港の防災機能の強化策を理解する。2024年7月に公表した	https://www.mlit.go.jp/koku/koku_tk9_000031.html	―
	地震対策費を3割増、国交省概算要求	土砂災害への対策や耐震化などの防災・減災分野の予算が増加傾向にあり、関連する施策やキーワードを理解する。他の分野の項目も一読して動向を押さえておく	日経コンストラクション2024年9月号	301ページ
	港湾施設の持続可能な維持管理に向けた検討会の配布資料	2024年2月や3月に公表された資料をチェックし、メンテナンスの体制の確保に向けた現状と課題に加え、告示やガイドラインの見直しの方向性を押さえる。同検討会の最新の配布資料にも目を通しておく	https://www.mlit.go.jp/kowan/kowan_mn5_000037.html	―

276

港湾空港	群マネ計画検討会の論点について*3	これからのメンテナンスで欠かせない群マネ（地域インフラ群再生戦略マネジメント）の考え方や方針を理解する。背景や現状、事例が整理された参考資料も一読しておく。群マネの概要は国土交通白書2024の第Ⅰ部のほか、Ⅱ部の社会資本の老朽化対策の節でも説明している	https://www.mlit.go.jp/sogoseisaku/maintenance/03activity/03_02_06_05.html	244ページ
	新たな暮らし方に適応したインフラマネジメント*3	インフラの集約や再編の必要性や各地の事例、国の支援策などをまとめたもの。メンテナンスに携わる体制や人員などが不足するなか、今後は集約や再編も重要になる。老朽化対策の一つとして押さえておく	https://www.mlit.go.jp/sogoseisaku/maintenance/03activity/03_02.html	243ページ
	インフラメンテナンス*3	「インフラメンテナンス情報」のウェブサイトをチェックし、上記の群マネの資料や2024年4月に改訂された「国土交通省インフラ長寿命化計画」（第2期）に目を通して、メンテナンスの方向性を理解する	https://www.mlit.go.jp/sogoseisaku/maintenance/index.html	—
	洋上風力発電の導入促進	2024年4月に改訂された「海洋再生可能エネルギー発電設備整備促進区域指定ガイドライン」や「海洋再生可能エネルギー発電設備等拠点港湾（基地港湾）の概要」に目を通して関連する制度を把握する	https://www.mlit.go.jp/kowan/kowan_mn6_000005.html	—
	洋上風力発電の導入促進に向けた最近の状況	再エネ海域利用法の改正案や基地港湾の概要、浮体式洋上風力発電の海上施工の状況などがまとめられている。上記や下記の資料と併せて目を通しておく。港湾分科会が2024年6月に公表	https://www.mlit.go.jp/policy/shingikai/port01_sg_000481.html	—
	浮体式洋上風力発電の海上施工等に関する官民フォーラムの配布資料	2024年6月や8月に公表された資料から、浮体式洋上風力発電の海上施工における課題をまずは理解。具体的な方針が示されたら確認する	https://www.mlit.go.jp/maritime/maritime_tk7_000062.html	302ページ
	カーボンニュートラルポート（CNP）の形成	CNPの形成に向けた検討会が公表した最新の資料から、CNPに関する動きや施策の方向性を押さえる。右のウェブサイトに掲載された「港湾脱炭素化推進協議会」と「港湾脱炭素化推進計画」の概要も理解する	https://www.mlit.go.jp/kowan/kowan_tk4_000054.html	—
	環境政策を取り巻く国内外の情勢と国土交通省の取り組み*3	GXの実現に向けた取り組みや再生可能エネルギーの拡大策、気候変動への適応、ネイチャーポジティブなどの環境関連の政策や施策を理解するうえで役立つ。グリーン社会小委員会が2024年9月に公表した各分野における環境施策のトピックにも目を通し、港湾や航空の施策を理解する	https://www.mlit.go.jp/policy/shingikai/sogo10_sg_000201.html	248ページ

第5章◉2025年度の試験に役立つ文献

港湾空港	環境分野の潮流と国土交通省における取り組み*3	左記は国土交通省グリーン社会実現推進本部が2024年5月に公表した資料。先述のグリーン社会小委員会の資料と併せて一読し、「脱炭素社会」や「気候変動適応社会」、「自然共生社会」、「循環型社会」の実現に向けた取り組みをそれぞれ確認する	https://www.mlit.go.jp/sogoseisaku/environment/sosei_environment_fr_000148.html	—
	環境*3	国土交通省の環境関連の政策や施策をまとめたウェブサイト。「トピックス」の欄で取り上げている「環境行動計画」のほか、「地球環境問題」や「重点的に推進すべき環境政策の分野」の欄で示した項目に目を通して各施策の概要を理解する	https://www.mlit.go.jp/sogoseisaku/environment/index.html	—
	新しい国際コンテナ戦略港湾政策の進め方検討委員会の最終取りまとめ	基本的な取り組み方針を押さえたうえで、「集貨」や「創貨」、「競争力強化」に向けた主な施策の方向性を理解する。2024年2月に公表した	https://www.mlit.go.jp/report/press/port02_hh_000203.html	—
	今後の社会資本整備の方向性*3	社会経済情勢の変化や社会資本整備を取り巻く課題、各重点目標における施策を通して、今後の社会資本整備の方向性を把握する。新たなインフラマネジメントの方針も重要	https://www.mlit.go.jp/policy/shingikai/sogo08_sg_000303.html	250ページ
	国土形成計画（全国計画）	第3次の国土形成計画（全国計画）から、持続可能な産業への構造転換や「グリーン国土」の創造などの重点テーマの概要とともに、分野別の各施策の方向性を把握する。同計画は2024年度の必須科目で取り上げられたが、個々の重点テーマや分野別の施策が選択科目で問われる可能性がある	https://www.mlit.go.jp/kokudoseisaku/kokudokeikaku_fr3_000003.html	—
	地域の公共交通リ・デザイン実現会議の取りまとめ*3	地域の公共交通の現状や課題の解決に向けた方向性を通して、地域交通の活性化策のポイントを読み取る。2024年5月に公表した	https://www.mlit.go.jp/sogoseisaku/transport/sosei_transport_tk_000211.html	252ページ
	「地域公共交通計画」の実質化に向けたアップデート*3	モビリティーデータを活用した地域公共交通計画の実装やアップデートの方向性を示した。上記の資料と併せて一読しておく。国土交通省の検討会が2024年4月に公表した	https://www.mlit.go.jp/sogoseisaku/transport/sosei_transport_tk_000217.html	253ページ
	バリアフリー政策を取り巻く社会情勢や関連法制度の動向*3	前半の「バリアフリー政策を取り巻く社会情勢」の欄が参考になる。高齢化や地域の公共交通の状況がまとめられており、地域交通の施策の背景や現状を知るうえで役立つ。後半の関連する法制度の動向も一読しておく	https://www.mlit.go.jp/sogoseisaku/barrierfree/sosei_barrierfree_tk_000347.html	—
	バリアフリーやユニバーサルデザイン	公共交通機関の「移動等円滑化整備ガイドライン」（バリアフリー整備ガイドライン）を一読し、港湾や空港に関わる箇所を押さえておく	https://www.mlit.go.jp/sogoseisaku/barrierfree/index.html	—

港湾空港	みなと緑地PPP	正式には港湾環境整備計画制度。制度の概要やイメージ、活用のメリットをそれぞれ理解しておく	https://www.mlit.go.jp/kowan/kowan_tk4_000061_2.html	―
	港湾におけるi-Construction	港湾におけるi-Construction推進委員会の2024年3月の配布資料に目を通し、i-ConstructionやDXの取り組み、BIM／CIMの活用、監督・検査の省力化や人材育成に関する施策、今後の検討内容をそれぞれ理解する。右のウェブサイトに掲載された実施方針や基準類も一読しておく	https://www.mlit.go.jp/kowan/kowan_fr5_000061.html	―
	BIM／CIMに関する基準や要領	国土交通省の直轄土木業務・工事における BIM／CIM適用に関する実施方針から、適用の目的や対象範囲、3次元モデルや後工程におけるデータの活用について確認する	https://www.mlit.go.jp/tec/tec_fr_000140.html	―
	航空分野における新たな外国人材の受け入れ	2024年3月に改正された「航空分野における特定技能の在留資格に係る制度の運用に関する方針」に目を通して、制度の概要や外国人材の活用に向けた方策を理解する	https://www.mlit.go.jp/koku/koku_fr19_000011.html	―
	インフラ分野のDXアクションプランの第2版*3	2023年8月に公表された第2版からDXの方向性やDXを進めるためのアプローチを把握。個別の施策が記載された欄もチェックして港湾や航空に関係する項目を押さえる	https://www.mlit.go.jp/tec/tec_tk_000073.html	―
	国土交通データプラットフォーム*3	データプラットフォームの概要や活用例、方向性や進捗とともに、防災や維持管理などの業務や工事にもたらす影響や効果を理解する	https://www.mlit.go.jp/tec/tec_tk_000066.html	―
電力土木	環境政策を取り巻く国内外の情勢と国土交通省の取り組み*3	GXの実現に向けた取り組みや再生可能エネルギーの拡大策、気候変動への適応などの環境関連の政策や施策を理解するうえで役立つ。グリーン社会小委員会が2024年9月に併せて公表した各分野における環境施策のトピックにも目を通し、主にエネルギー関連の施策を把握しておく	https://www.mlit.go.jp/policy/shingikai/sogo10_sg_000201.html	248ページ
	環境分野の潮流と国土交通省における取り組み*3	左記は国土交通省グリーン社会実現推進本部が2024年5月に公表した資料。上記のグリーン社会小委員会の資料と併せて一読し、「脱炭素社会」や「気候変動適応社会」、「自然共生社会」、「循環型社会」の実現に向けた取り組みをそれぞれ確認する	https://www.mlit.go.jp/sogoseisaku/environment/sosei_environment_fr_000148.html	―
	環境*3	国土交通省の環境関連の政策や施策をまとめたウェブサイト。「トピックス」の欄で取り上げている「環境行動計画」のほか、「地球環境問題」や「重点的に推進すべき環境政策の分野」の欄で示した項目に目を通して各施策の概要を理解する	https://www.mlit.go.jp/sogoseisaku/environment/index.html	―

第5章◉2025年度の試験に役立つ文献

電力土木	群マネ計画検討会の論点について*3	これからのメンテナンスで欠かせない群マネ（地域インフラ群再生戦略マネジメント）の考え方や方針を理解する。背景や現状、事例が整理された参考資料も一読しておく。群マネの概要は国土交通白書2024の第Ⅰ部のほか、Ⅱ部の社会資本の老朽化対策の節でも説明している	https://www.mlit.go.jp/sogoseisaku/maintenance/03activity/03_02_06_05.html	244ページ
	新たな暮らし方に適応したインフラマネジメント*3	インフラの集約や再編の必要性や各地の事例、国の支援策などをまとめたもの。メンテナンスに携わる体制や人員などが不足するなか、今後は集約や再編も重要になる。老朽化対策の一つとして押さえておく	https://www.mlit.go.jp/sogoseisaku/maintenance/03activity/03_02.html	243ページ
	インフラメンテナンス*3	「インフラメンテナンス情報」のウェブサイトをチェックし、上記の群マネの資料や2024年4月に改訂された「国土交通省インフラ長寿命化計画」（第2期）に目を通して、メンテナンスの方向性を理解する	https://www.mlit.go.jp/sogoseisaku/maintenance/index.html	―
	2024年度 総力戦で挑む防災・減災プロジェクト*3	「能登半島地震を踏まえた防災対策の推進」で挙げている各背景や課題、対応策を理解。2023年の「6～8月の大雨」への対応にも目を通す。後半の「主要10施策の取り組み状況」もチェックして電力土木に関わる施策の動向を把握する	https://www.mlit.go.jp/river/bousai/bousai-gensaihonbu/9kai/index.html	241ページ
	国土交通省の防災・減災、国土強靭化に向けた取り組み*3	冒頭で取り上げている気候変動に伴う自然災害や新たな国土強靭化基本計画、デジタルの活用に加え、能登半島地震を踏まえた方策について述べている箇所は重要。各分野の取り組みも整理されており、電力土木に関係する分野の施策を理解する	https://www.mlit.go.jp/policy/shingikai/kanbo08_sg_000317.html	242ページ
	地震対策費を3割増、国交省概算要求	土砂災害への対策や耐震化などの防災・減災分野の予算が増加傾向にあり、関連する施策やキーワードを理解する。他の分野の項目も一読して動向を押さえておく	日経コンストラクション2024年9月号	301ページ
	今後の社会資本整備の方向性*3	社会経済情勢の変化や社会資本整備を取り巻く課題、各重点目標における施策を通して、今後の社会資本整備の方向性を把握する。新たなインフラマネジメントの方針も重要	https://www.mlit.go.jp/policy/shingikai/sogo08_sg_000303.html	250ページ
	インフラ分野のDXアクションプランの第2版*3	2023年8月に公表された第2版からDXの方向性やDXを進めるためのアプローチを把握。個別の施策が記載された欄もチェックして電力土木に関係する項目に目を通す	https://www.mlit.go.jp/tec/tec_tk_000073.html	―

電力土木	国土交通データプ ラットフォーム*3	データプラットフォームの概要や活用 例、方向性や進捗とともに、防災や維 持管理などの業務や工事にもたらす影 響や効果を理解する	https://www.mlit.go.jp/ tec/tec_tk_000066.html	―
道路	令和6年能登半島地 震を踏まえた緊急提 言	2024年の能登半島地震は能登半島に 限定されたものではなく、地方での災 害の典型例として捉え、提言の内容か ら今後の地震対策で求められる施策を 理解する。本書の4－3節に提言の概 要と論文例を掲載している	https://www.mlit.go.jp/ report/press/road01_ hh_001819.html	210ページ
	2024年度 総力戦で 挑む防災・減災プロ ジェクト*3	「能登半島地震を踏まえた防災対策の 推進」で挙げている各背景や課題、対 応策をそれぞれ理解する。2023年の 「6～8月の大雨」への対応にも目を 通しておく。後半の「主要10施策の 取り組み状況」もチェックして道路に 関わる施策の動向を把握する	https://www.mlit.go.jp/ river/bousai/bousai- gensaihonbu/9kai/index. html	241ページ
	国土交通省の防災・ 減災、国土強靭化に 向けた取り組み*3	冒頭で取り上げている気候変動に伴う 自然災害や新たな国土強靭化基本計 画、デジタルの活用に加え、能登半島 地震を踏まえた方策について述べてい る箇所は重要。各分野の取り組みもそ れぞれ整理されており、道路分野にお ける施策を理解する	https://www.mlit.go.jp/ policy/shingikai/ kanbo08_sg_000317. html	242ページ
	能登半島地震を踏ま えた技術基準などの 対応方針（案）	能登半島地震を踏まえた橋梁や土工、 トンネルの技術基準や対応の方向性の 案が整理されている。全体に目を通し て今後の地震への対応方針を把握す る。道路分科会の道路技術小委員会が 2024年7月に公表した。国土幹線道 路部会の5月の資料にも概要や詳細が 記されている。今後も同小委員会の最 新の資料をチェックしておく	https://www.mlit.go.jp/ policy/shingikai/road01_ sg_000703.html	296ページ
	高速道路における耐 震補強について	国土幹線道路部会が2024年1月に公 表した資料から、高速道路の耐震補強 の考え方や進め方を理解する	https://www.mlit.go.jp/ policy/shingikai/road01_ sg_000669.html	―
	災害対策・復興事業	最近の災害の情報に加え、豪雨や震災 への対策などを掲載している。道路啓 開計画も含め、道路の主な災害対策を 押さえるうえで役立つ	https://www.mlit.go.jp/ road/bosai/bosai.html	―
	盛り土・宅地防災、 宅地の耐震化*3	盛り土規制法のポータルサイトで盛り 土規制法の背景や概要、必要性を理解 する。大規模な盛り土造成地の活動崩 落や液状化への対策も確認しておく	https://www.mlit.go.jp/ toshi/web/index.html	―
	津波防災地域づくり 推進計画作成ガイド ライン	推進計画の作成の効果や他の計画との 相違点、作成に向けた事前の準備から 決定までの手順などがまとめられてい る。国土交通省が2024年3月に公表	https://www.mlit.go.jp/ sogoseisaku/point/ tsunamibousai.html	―

第5章●2025年度の試験に役立つ文献

道路	地震対策費を3割増、国交省概算要求	土砂災害への対策や耐震化などの防災・減災分野の予算が増加傾向にあり、関連する施策やキーワードを理解する。他の分野の項目も一読して動向を押さえておく	日経コンストラクション2024年9月号	301ページ
	定期点検要領（技術的助言）の改定案	道路技術小委員会が2024年1月に公表した資料から、定期点検の課題と対応策のポイントを理解するとともに、3巡目以降の定期点検に向けて引き続き検討すべき事項もチェックしておく。定期点検要領は24年3月にそれぞれ更新されている	https://www.mlit.go.jp/policy/shingikai/road01_sg_000673.html	—
	道路の老朽化対策	老朽化の現状や課題の基本を知るうえで参考になる。最新の「道路メンテナンス年報」も含め、関連資料に目を通しておく。右のウェブサイトには上記の定期点検要領も掲載されている	https://www.mlit.go.jp/road/sisaku/yobohozen/yobohozen.html	—
	群マネ計画検討会の論点について*3	これからのメンテナンスで欠かせない群マネ（地域インフラ群再生戦略マネジメント）の考え方や方針を理解する。背景や現状、事例が整理された参考資料も一読しておく。群マネの概要は国土交通白書2024の第Ⅰ部のほか、Ⅱ部の社会資本の老朽化対策の節でも説明している	https://www.mlit.go.jp/sogoseisaku/maintenance/03activity/03_02_06_05.html	244ページ
	新たな暮らし方に適応したインフラマネジメント*3	インフラの集約や再編の必要性や各地の事例、国の支援策などをまとめたもの。メンテナンスに携わる体制や人員などが不足するなか、今後は集約や再編も重要になる。老朽化対策の一つとして押さえておく	https://www.mlit.go.jp/sogoseisaku/maintenance/03activity/03_02.html	243ページ
	インフラメンテナンス最後の挑戦*3	床版や舗装の新しい劣化予測技術、新材料や新工法、小規模な自治体におけるデジタルデータの活用などの事例を取り上げている。メンテナンスの効率化や予防保全への転換に向けた取り組みとして参考になる	日経コンストラクション2024年8月号	245ページ
	インフラメンテナンス*3	「インフラメンテナンス情報」のウェブサイトをチェックし、上記の群マネの資料や2024年4月に改訂された「国土交通省インフラ長寿命化計画」（第2期）に目を通して方向性を理解する。市町村の体制強化に向けた包括的民間委託導入の手引も重要	https://www.mlit.go.jp/sogoseisaku/maintenance/index.html	—
	高速道路の進化事業について	暫定2車線区間の対応やピンポイントの渋滞対策、高速道路のSA・PAにおける利便性の向上などについて述べており、高速道路を対象とした出題テーマの参考になる。国土幹線道路部会が2024年3月に公表した	https://www.mlit.go.jp/policy/shingikai/road01_sg_000679.html	310ページ

282

道路	SA や PA の確実な駐車機会の提供	先述の「高速道路の進化事業」に関連した施策の一つとして、背景や対策内容を理解する。基本政策部会の物流小委員会が 2024 年 7 月に公表した。併せて公表したダブル連結トラックの導入状況もチェックしておく	https://www.mlit.go.jp/policy/shingikai/road01_sg_000699.html	―
	自動運転インフラ検討会の配布資料	2024 年 6 月に公表した資料から、高速道路の自動運転に必要とされるインフラの機能や検討事項を押さえる。併せて一般道についてもインフラの面からの支援策を示しており、取り組みの概要や方針を理解する	https://www.mlit.go.jp/road/ir/ir-council/jido-infra/doc01.html	―
	自動物流道路に関する検討会の中間取りまとめ	道路や物流の現状や課題に加え、自動物流道路のコンセプトや方向性を理解する。左記の中間取りまとめの中で挙げている「WISENET」は今後の道路政策で重要なキーワード。国土交通白書 2024 でも取り上げている。2024 年 7 月に公表した	https://www.mlit.go.jp/road/ir/ir-council/buturyu_douro/index.html	―
	都市交通における自動運転技術の活用方策に関する検討会の資料	2024 年 3 月に公表された資料 3 の中の「将来目指すべき都市の姿」や「望ましい都市像の実現に向けた自動運転技術活用の基本的な考え方」の項目に目を通して方向性を読み取る	https://www.mlit.go.jp/toshi/toshi_gairo_fr_000124.html	―
	生活道路の交通安全を取り巻く環境	交通事故の現状をチェックしたうえで、「ゾーン 30 プラス」などの安全対策を把握する。技術基準の充実や合意形成での留意点、ビッグデータの活用などの課題について整理した資料も重要。生活道路における交通安全対策検討委員会が 2024 年 6 月に公表した	https://www.mlit.go.jp/road/ir/ir-council/traffic-safety_road/doc01.html	310 ページ
	道路交通安全対策	右の URL は道路交通の安全対策をまとめたポータルサイト。生活道路や通学路、幹線道路などの全体に目を通してそれぞれの要点を押さえる	https://www.mlit.go.jp/road/road/traffic/sesaku/index.html	―
	国土交通省交通安全業務計画	交通安全基本計画に基づいて毎年度、国土交通省が講ずべき施策について定めたもの。上記の対策だけでなく、高齢者の移動手段の確保や無電柱化、自転車の利用環境の整備など、広範囲の施策を整理している	https://www.mlit.go.jp/sogoseisaku/koutu/sosei_safety_tk1_000003.html	―
	「人中心の道路空間」のあり方に関する検討会の配布資料	2024 年 6 月に公表された資料から検討の背景や方向性を把握。「ほこみち」や「カーブサイドマネジメント」などの概要も確認する。路肩などの柔軟な活用例の資料も一読しておく	https://www.mlit.go.jp/road/ir/ir-council/people-centered_road-space/doc01.html	309 ページ
	まちなかウォーカブル推進事業	「居心地が良く歩きたくなる」まちなかづくりを推進する事業として 2020 年度に創設。車中心から人中心の空間への転換を図る。同推進事業のイメージを把握したうえで、上記も含めて関連する施策や事業を押さえる	https://www.mlit.go.jp/toshi/toshi_gairo_tk_000092.html	308 ページ

第5章◉2025年度の試験に役立つ文献

道路	無電柱化の推進に関する取り組み状況について	無電柱化推進のあり方検討委員会が2024年2月に公表した資料から、整備路線の優先順位の考え方や整備の促進策など、主に国土交通省の道路局の取り組みを確認する	https://www.mlit.go.jp/road/ir/ir-council/chicyuka/doc17.html	311ページ
	無電柱化のコスト縮減の手引	低コストの技術での設計方法や施工方法の工夫、新技術の活用のほか、合意形成の進め方について解説している。一読してそれぞれの概要を理解しておく。国土交通省が2024年3月に公表	https://www.mlit.go.jp/road/road/traffic/chicyuka/tebiki2.html	―
	各府省庁における自転車活用推進の取り組み状況	「安全で快適な自転車利用環境創出ガイドライン（案）の概要」と「質の高い自転車通行空間の整備促進」の箇所を中心に目を通しておく。自転車の活用推進に向けた有識者会議が2024年3月に公表した。24年6月に改定された同ガイドラインも一読する	https://www.mlit.go.jp/road/ir/ir-council/bicycle-up/giji14.html	―
	バリアフリー政策を取り巻く社会情勢や関連法制度の動向[3]	前半の「バリアフリー政策を取り巻く社会情勢」の欄が参考になる。高齢化や地域の公共交通の状況がまとめられており、地域交通の施策の背景や現状を知るうえで役立つ。後半の関連する法制度の動向もチェックしておく	https://www.mlit.go.jp/sogoseisaku/barrierfree/sosei_barrierfree_tk_000347.html	―
	バリアフリーやユニバーサルデザイン	公共交通機関の「移動等円滑化整備ガイドライン」（バリアフリー整備ガイドライン）を一読し、道路に関わる施策を押さえておく	https://www.mlit.go.jp/sogoseisaku/barrierfree/index.html	―
	マチミチ会議の資料	2024年2月の資料のうち、国の取り組みとして紹介した道路局や都市局の資料をチェックして、歩行者利便増進道路（ほこみち）制度の概要のほか、街路空間の再構築や活用に向けた施策を理解する。正式には「全国街路空間再構築・利活用推進会議」	https://www.mlit.go.jp/toshi/walkable/machimichi/	―
	踏切対策	踏切道の現状や課題に加え、立体交差化や踏切の拡幅、自由通路の整備といった対策を理解する。2021年3月に改正された踏切道改良促進法の概要も確認しておく	https://www.mlit.go.jp/road/sisaku/fumikiri/fu_index.html	―
	地域の公共交通リ・デザイン実現会議の取りまとめ[3]	地域の公共交通の現状や課題の解決に向けた方向性を通して、地域交通の活性化策のポイントを理解する。2024年5月に公表した	https://www.mlit.go.jp/sogoseisaku/transport/sosei_transport_tk_000211.html	252ページ
	「地域公共交通計画」の実質化に向けたアップデート[3]	モビリティーデータを活用した地域公共交通計画の実装やアップデートの方向性を示した。上記の資料と併せて一読しておく。国土交通省の検討会が2024年4月に公表した	https://www.mlit.go.jp/sogoseisaku/transport/sosei_transport_tk_000217.html	253ページ

道路				
	「道の駅」第3ステージの中間レビューと今後の方向性	2020年からの「第3ステージ」では「地方創生と観光を加速する拠点」の実現に向けて取り組んでいるが、防災拠点としての機能も重要。「防災道の駅」や「防災拠点自動車駐車場」などのキーワードを押さえる	https://www.mlit.go.jp/road/Michi-no-Eki/index.html	―
	道路におけるカーボンニュートラル推進戦略の骨子	2023年9月の中間取りまとめからの変更点を踏まえて再整理。目指す方向性や基本方針を確認し、最終取りまとめが公表されたら目を通しておく。左記の資料は道路分科会の基本政策部会が24年8月に公表した	https://www.mlit.go.jp/policy/shingikai/road01_sg_000709.html	302ページ
	環境政策を取り巻く国内外の情勢と国土交通省の取り組み*3	GXの実現に向けた取り組みや再生可能エネルギーの拡大策などの環境関連の政策や施策を理解するうえで役立つ。グリーン社会小委員会が2024年9月に併せて公表した各分野における環境施策のトピックにも目を通し、道路分野の施策を把握する	https://www.mlit.go.jp/policy/shingikai/sogo10_sg_000201.html	248ページ
	環境分野の潮流と国土交通省における取り組み*3	左記は国土交通省グリーン社会実現推進本部が2024年5月に公表した資料。上記のグリーン社会小委員会の資料と併せて一読し、「脱炭素社会」や「気候変動適応社会」、「自然共生社会」、「循環型社会」の実現に向けた取り組みをそれぞれ確認する	https://www.mlit.go.jp/sogoseisaku/environment/sosei_environment_fr_000148.html	―
	環境*3	国土交通省の環境関連の政策や施策をまとめたウェブサイト。「トピックス」の欄で取り上げている「環境行動計画」のほか、「地球環境問題」や「重点的に推進すべき環境政策の分野」の欄で示した項目に目を通して各施策の概要を理解する	https://www.mlit.go.jp/sogoseisaku/environment/index.html	―
	今後の社会資本整備の方向性*3	社会経済情勢の変化や社会資本整備を取り巻く課題、各重点目標における施策を通して、今後の社会資本整備の方向性を把握する。新たなインフラマネジメントの方針も重要	https://www.mlit.go.jp/policy/shingikai/sogo08_sg_000303.html	250ページ
	国土形成計画（全国計画）	第3次の国土形成計画（全国計画）から、人口減少下の国土の利用と管理などの重点テーマの概要とともに、ネットワークの強化に向けた施策のポイントを把握する。同計画は2024年度の必須科目で取り上げられたが、個々の重点テーマや分野別の施策が選択科目で問われる可能性がある	https://www.mlit.go.jp/kokudoseisaku/kokudokeikaku_fr3_000003.html	―
	道路データプラットフォームの概要と今後の予定	道路システムのDX（xROAD）の概要を把握したうえで、道路関連のデータ活用の方向性を読み取る。道路技術懇談会が2024年3月に公表した	https://www.mlit.go.jp/road/ir/ir-council/dourogijutsu/doc12.html	―

第5章◉2025年度の試験に役立つ文献

道路	インフラ分野のDXアクションプランの第2版*3	2023年8月に公表された第2版からDXの方向性やDXを進めるためのアプローチを把握したうえで、個別の施策が記載された欄もチェックして道路に関係する項目に目を通す	https://www.mlit.go.jp/tec/tec_tk_000073.html	—
	国土交通データプラットフォーム*3	データプラットフォームの概要や活用例、方向性や進捗とともに、防災や維持管理などの業務や工事にもたらす影響や効果を理解する	https://www.mlit.go.jp/tec/tec_tk_000066.html	—
鉄道	鉄道部会の配布資料	2024年8月に公表された資料1に鉄道輸送の状況や鉄道ネットワークの整備、防災・減災、人手不足への対策、DXやGX、観光需要の創出などに関わる施策が整理されており、広範囲の専門知識を得るうえで役立つ。様々な出題テーマの参考になる	https://www.mlit.go.jp/policy/shingikai/tetsudo01_sg_000358.html	—
	2024年度 総力戦で挑む防災・減災プロジェクト*3	「能登半島地震を踏まえた防災対策の推進」で挙げている各背景や課題、対応策をそれぞれ理解する。2023年の「6〜8月の大雨」への対応にも目を通しておく。後半の「主要10施策の取り組み状況」もチェックして鉄道に関わる施策の動向を把握する	https://www.mlit.go.jp/river/bousai/bousai-gensaihonbu/9kai/index.html	241ページ
	国土交通省の防災・減災、国土強靱化に向けた取り組み*3	冒頭で取り上げている気候変動に伴う自然災害や新たな国土強靱化基本計画、デジタルの活用に加え、能登半島地震を踏まえた方策について述べている箇所は重要。各分野の取り組みもそれぞれ整理されており、鉄道分野における施策を理解する	https://www.mlit.go.jp/policy/shingikai/kanbo08_sg_000317.html	242ページ
	地震対策費を3割増、国交省概算要求	土砂災害への対策や耐震化などの防災・減災分野の予算が増加傾向にあり、関連する施策やキーワードを理解する。他の分野の項目も一読して動向を押さえておく	日経コンストラクション 2024年9月号	301ページ
	群マネ計画検討会の論点について*3	これからのメンテナンスで欠かせない群マネ（地域インフラ群再生戦略マネジメント）の考え方や方針を理解する。背景や現状、事例が整理された参考資料も一読しておく。群マネの概要は国土交通白書2024の第Ⅰ部のほか、Ⅱ部の社会資本の老朽化対策の節でも説明している	https://www.mlit.go.jp/sogoseisaku/maintenance/03activity/03_02_06_05.html	244ページ
	新たな暮らし方に適応したインフラマネジメント*3	インフラの集約や再編の必要性や各地の事例、国の支援策などをまとめたもの。メンテナンスに携わる体制や人員などが不足するなか、今後は集約や再編も重要になる。老朽化対策の一つとして押さえておく	https://www.mlit.go.jp/sogoseisaku/maintenance/03activity/03_02.html	243ページ

	項目	説明	URL	ページ
鉄道	インフラメンテナンス*3	「インフラメンテナンス情報」のウェブサイトをチェックし、先述の群マネの資料や2024年4月に改訂された「国土交通省インフラ長寿命化計画」（第2期）に目を通して、メンテナンスの方向性を理解する	https://www.mlit.go.jp/sogoseisaku/maintenance/index.html	―
	地域の公共交通リ・デザイン実現会議の取りまとめ*3	地域の公共交通の現状や課題の解決に向けた方向性を通して、地域交通の活性化策のポイントを理解する。2024年5月に公表した	https://www.mlit.go.jp/sogoseisaku/transport/sosei_transport_tk_000211.html	252ページ
	「地域公共交通計画」の実質化に向けたアップデート*3	モビリティーデータを活用した地域公共交通計画の実装やアップデートの方向性を示した。上記の資料と併せて一読しておく。国土交通省の検討会が2024年4月に公表した	https://www.mlit.go.jp/sogoseisaku/transport/sosei_transport_tk_000217.html	253ページ
	地域鉄道対策	地域の鉄道の現状を押さえたうえで、国土交通白書2024の第Ⅰ部に記載された地域の公共交通に関わる施策も確認する。地域の活性化といったテーマの材料として利用できる	https://www.mlit.go.jp/tetudo/tetudo_tk5_000002.html	―
	バリアフリー政策を取り巻く社会情勢や関連法制度の動向*3	前半の「バリアフリー政策を取り巻く社会情勢」の欄が参考になる。高齢化や地域の公共交通の状況がまとめられており、地域交通の施策の背景や現状を知るうえで役立つ。後半の関連する法制度の動向も一読しておく	https://www.mlit.go.jp/sogoseisaku/barrierfree/sosei_barrierfree_tk_000347.html	―
	バリアフリーやユニバーサルデザイン	公共交通機関の「移動等円滑化整備ガイドライン」（バリアフリー整備ガイドライン）を一読し、鉄道に関わる箇所を押さえておく	https://www.mlit.go.jp/sogoseisaku/barrierfree/index.html	―
	バリアフリー関連の事業	鉄軌道駅や鉄軌道車両におけるバリアフリー化の最新の状況やホームドアの設置状況を確認しておく	https://www.mlit.go.jp/tetudo/tetudo_tk6_000008.html	―
	踏切対策	踏切道の現状や課題に加え、立体交差化や踏切の拡幅、自由通路の整備といった対策を理解する。2021年3月に改正された踏切道改良促進法の概要も確認しておく	https://www.mlit.go.jp/road/sisaku/fumikiri/fu_index.html	―
	国土形成計画（全国計画）	第3次の国土形成計画（全国計画）から、人口減少下の国土の利用と管理などの重点テーマの概要とともに、ネットワークの強化に向けた施策のポイントを把握する。同計画は2024年度の必須科目で取り上げられたが、個々の重点テーマや分野別の施策が選択科目で問われる可能性がある	https://www.mlit.go.jp/kokudoseisaku/kokudokeikaku_fr3_000003.html	―
	鉄道分野におけるカーボンニュートラル加速化検討会の最終取りまとめ	鉄道の特徴やCO_2排出の現状を押さえたうえで、「創エネ」やモーダルシフトなどに向けた施策の方向性を理解する。2023年5月に公表した	https://www.mlit.go.jp/tetudo/tetudo_fr1_000071.html	―

第5章●2025年度の試験に役立つ文献

鉄道	環境政策を取り巻く国内外の情勢と国土交通省の取り組み*3	GXの実現に向けた取り組みや気候変動への適応などの環境関連の政策や施策を理解するうえで役立つ。併せて、グリーン社会小委員会が2024年9月に公表した各分野における環境施策のトピックにも目を通し、鉄道分野における施策を把握する	https://www.mlit.go.jp/policy/shingikai/sogo10_sg_000201.html	248ページ
	環境分野の潮流と国土交通省における取り組み*3	左記は国土交通省グリーン社会実現推進本部が2024年5月に公表した資料。上記のグリーン社会小委員会の資料と併せて一読し、「脱炭素社会」や「気候変動適応社会」、「自然共生社会」、「循環型社会」の実現に向けた取り組みをそれぞれ確認する	https://www.mlit.go.jp/sogoseisaku/environment/sosei_environment_fr_000148.html	―
	環境*3	国土交通省の環境関連の政策や施策をまとめたウェブサイト。「トピックス」の欄で取り上げている「環境行動計画」のほか、「地球環境問題」や「重点的に推進すべき環境政策の分野」の欄で示した項目に目を通して各施策の概要を理解する	https://www.mlit.go.jp/sogoseisaku/environment/index.html	―
	今後の社会資本整備の方向性*3	社会経済情勢の変化や社会資本整備を取り巻く課題、各重点目標における施策を通して、今後の社会資本整備の方向性を把握する。新たなインフラマネジメントの方針も重要	https://www.mlit.go.jp/policy/shingikai/sogo08_sg_000303.html	250ページ
	鉄道分野における新たな外国人材の受け入れ	2024年3月に閣議決定した「鉄道分野における特定技能の在留資格に係る制度の運用に関する方針」に目を通して、制度の概要や外国人材の活用に向けた方策を理解する	https://www.mlit.go.jp/tetudo/tetudo_fr7_000056.html	―
	インフラ分野のDXアクションプランの第2版*3	2023年8月に公表された第2版からDXの方向性やDXを進めるためのアプローチを把握したうえで、個別の施策が記載された欄もチェックして鉄道に関係する項目に目を通す	https://www.mlit.go.jp/tec/tec_tk_000073.html	―
	国土交通データプラットフォーム*3	データプラットフォームの概要や活用例、方向性や進捗とともに、防災や維持管理などの業務や工事にもたらす影響や効果を理解する	https://www.mlit.go.jp/tec/tec_tk_000066.html	―
トンネル	2024年度 総力戦で挑む防災・減災プロジェクト*3	「能登半島地震を踏まえた防災対策の推進」で挙げている各背景や課題、対応策の中の主にトンネルの被害や対応に関わる箇所を理解。後半の「主要10施策の取り組み状況」もチェックしてトンネルに関係する防災・減災の動向を把握する	https://www.mlit.go.jp/river/bousai/bousai-gensaihonbu/9kai/index.html	241ページ

288

トンネル	国土交通省の防災・減災、国土強靭化に向けた取り組み*3	冒頭で取り上げている気候変動に伴う自然災害や新たな国土強靭化基本計画、デジタルの活用に加え、能登半島地震を踏まえた方策について述べている箇所は重要。各分野の取り組みの中では主に道路分野の対応策を理解する	https://www.mlit.go.jp/policy/shingikai/kanbo08_sg_000317.html	242ページ
	能登半島地震を踏まえた技術基準などの対応方針（案）	能登半島地震を踏まえた技術基準や対応の方向性の案が整理されている。主にトンネルに関わる箇所に目を通して今後の地震への対応方針を把握する。道路分科会の道路技術小委員会が2024年7月に公表した。国土幹線道路部会の5月の資料にも概要や詳細が記されている。今後も同小委員会の最新の資料をチェックしておく	https://www.mlit.go.jp/policy/shingikai/road01_sg_000703.html	296ページ
	地震対策費を3割増、国交省概算要求	耐震化などの防災・減災分野の予算が増加傾向にあり、関連する施策やキーワードを理解する。他の分野の項目も一読して動向を押さえる	日経コンストラクション 2024年9月号	301ページ
	群マネ計画検討会の論点について*3	これからのメンテナンスで欠かせない群マネ（地域インフラ群再生戦略マネジメント）の考え方や方針を理解する。背景や現状、事例が整理された参考資料も一読しておく。群マネの概要は国土交通白書2024の第Ⅰ部のほか、Ⅱ部の社会資本の老朽化対策の節でも説明している	https://www.mlit.go.jp/sogoseisaku/maintenance/03activity/03_02_06_05.html	244ページ
	新たな暮らし方に適応したインフラマネジメント*3	インフラの集約や再編の必要性や各地の事例、国の支援策などをまとめたもの。メンテナンスに携わる体制や人員などが不足するなか、今後は集約や再編も重要になる。老朽化対策の一つとして押さえておく	https://www.mlit.go.jp/sogoseisaku/maintenance/03activity/03_02.html	243ページ
	インフラメンテナンス*3	「インフラメンテナンス情報」のウェブサイトをチェックし、上記の群マネの資料や2024年4月に改訂された「国土交通省インフラ長寿命化計画」（第2期）に目を通して方向性を理解する。市町村の体制強化に向けた包括的民間委託導入の手引も重要	https://www.mlit.go.jp/sogoseisaku/maintenance/index.html	―
	今後の社会資本整備の方向性*3	社会経済情勢の変化や社会資本整備を取り巻く課題、各重点目標における施策を通して、今後の社会資本整備の方向性を把握する。新たなインフラマネジメントの方針も重要	https://www.mlit.go.jp/policy/shingikai/sogo08_sg_000303.html	250ページ
	環境政策を取り巻く国内外の情勢と国土交通省の取り組み*3	GXの実現に向けた取り組みや気候変動への適応などの環境関連の政策や施策を理解するうえで役立つ。グリーン社会小委員会が2024年9月に公表した各分野における環境施策のトピックにも目を通し、主に道路分野の施策の動向をチェックする	https://www.mlit.go.jp/policy/shingikai/sogo10_sg_000201.html	248ページ

トンネル	環境[3]	国土交通省の環境関連の政策や施策をまとめたウェブサイト。「トピックス」の欄で取り上げている「環境行動計画」のほか、「地球環境問題」や「重点的に推進すべき環境政策の分野」の欄で示した項目に目を通して各施策の概要を理解する	https://www.mlit.go.jp/sogoseisaku/environment/index.html	—
	インフラ分野のDXアクションプランの第2版[3]	2023年8月に公表された第2版からDXの方向性やDXを進めるためのアプローチを把握したうえで、個別の施策が記載された欄もチェックしてトンネルに関わる内容に目を通す	https://www.mlit.go.jp/tec/tec_tk_000073.html	—
	国土交通データプラットフォーム[3]	データプラットフォームの概要や活用例、方向性や進捗とともに、防災や維持管理などの業務や工事にもたらす影響や効果を理解する	https://www.mlit.go.jp/tec/tec_tk_000066.html	—
施工計画	第3次担い手3法について[3]	公共工事の品質確保の促進に関する法律や建設業法、入札契約適正化法の改正法で構成。2024年6月から施行が始まった。担い手の確保や生産性の向上などに関わる各改正法のポイントをそれぞれ押さえる	https://www.mlit.go.jp/totikensangyo/const/totikensangyo_const_tk1_000193.html	255ページ
	品確法基本方針の改正骨子案[3]	上記の第3次担い手3法を踏まえて、品確法の基本方針も改正する。担い手3法と併せて理解しておく。左記の資料は2024年9月に公表した	https://www.nilim.go.jp/lab/peg/13yuusikisya.html	255ページ
	労働者の処遇改善へ改正建設業法など成立[3]	建設業法などの改正概要やスライド条項の運用基準、新設した育成就労制度を取り上げている。建設業の従事者の処遇改善や担い手の確保に向けた施策のポイントを理解する	日経コンストラクション2024年7月号	256ページ
	働き方改革・建設現場の週休2日応援サイト	週休2日交代制適用工事や直轄土木工事における適正な工期設定指針の内容に目を通し、上記の改正法などと併せて、担い手の確保や働き方改革に向けた施策を理解する	https://www.mlit.go.jp/tec/tec_tk_000041.html	—
	労務費の基準に関する経緯	労務費の基準に関するワーキンググループが2024年9月に公表した左記の資料に、適正な労務費に係るルールや改正建設業法、検討にあたって考慮すべき事項が整理されている。併せて配布した基本方針や実効性の確保に関する資料にも目を通して、労働環境の改善策の方向性を読み取る	https://www.mlit.go.jp/policy/shingikai/tochi_fudousan_kensetsugyo13_sg_000001_00034.html	—
	女性の活躍や定着の促進に向けた国土交通省の取り組み状況	技術や技能向上の促進、施工時期の平準化、適正な工期の設定、広報の展開などの取り組みが簡潔にまとめられており、担い手の確保や働き方改革に関わる施策を押さえるうえで参考になる。左記は2024年8月の資料	https://www.mlit.go.jp/tochi_fudousan_kensetsugyo/const/tochi_fudousan_kensetsugyo_const_tk2_000001_00035.html	305ページ

5-3 選択科目の論文に役立つ文献

施工計画	短期的な検討課題	監理技術者の働き方改革も重要なテーマ。ICTによる遠隔での施工管理などの対応策を押さえる。適正な施工確保のための技術者制度検討会（第2期）が2024年2月に公表した左記の資料の後半に記載されている	https://www.mlit.go.jp/ tochi_fudousan_ kensetsugyo/const/ tochi_fudousan_ kensetsugyo_const_ tk1_000001_00013.html	—
	CCUS3カ年計画*3	CCUS（建設キャリアアップシステム）の利用を進め、経験や技能に応じた処遇の改善や事務作業の効率化などを図る。建設業法の改正内容と併せて目を通し、技能労働者などの労働環境の改善策を理解する	https://www.mlit.go.jp/ totikensangyo/const/ totikensangyo_const_ tk2_000064.html	259ページ
	最近の建設業をめぐる状況について*3	賃上げや資材価格の転嫁、働き方改革に関わる取り組みのほか、建設業法などの改正についてまとめており、建設産業の担い手の確保に加え、雇用・労働環境の現状や改善に向けた施策を理解するうえで役立つ	https://www.mlit.go.jp/ policy/shingikai/tochi_ fudousan_ kensetsugyo13_ sg_000001_00028.html	258ページ
	i-Construction2.0 の制定	建設現場の生産性をさらに高めるために国土交通省が2024年4月に定めた。施工やデータ連携、施工管理のオートメーション化に向けた施策をそれぞれ把握する。生産性の向上だけでなく、安全の確保や働き方改革を対象とした設問に対しても重要	https://www.mlit.go.jp/ report/press/kanbo08_ hh_001085.html	305ページ
	自動化土木*3	左記の資料の中から主に国土交通省の動きを確認し、「i-Construction2.0」など建設現場の生産性をさらに高めるための施策を理解する	日経コンストラクション 2024年6月号	260ページ
	施工の自動化・自律化	建設機械施工の自動化・自律化協議会の配布資料に目を通して自動化や自律化、遠隔化の技術の概要や動向を理解する。併せて、同協議会が2024年3月に公表した自動施工における安全ルールのポイントも確認しておく	https://www.mlit.go.jp/ tec/constplan/sosei_ constplan_tk_000049. html	—
	ICT施工に関する状況	ICT導入協議会の2024年9月の左記の資料から、ICT施工の実施状況と普及に向けた方策を把握する。技術基準類の拡大に関する資料にも目を通してICT施工の動向を押さえる	https://www.mlit.go.jp/ tec/constplan/sosei_ constplan_tk_000052. html	—
	BIM／CIMの進め方について	2024年7月にBIM／CIM推進委員会が公表した左記の資料のうち、データ連携や出来形管理の簡略化の欄を中心にチェックする。資料の全体に目を通して方向性も理解。基準や要領の欄に掲載されたBIM／CIMの適用に関する実施方針も確認しておく	https://www.mlit.go.jp/ tec/tec_tk_000138.html	306ページ

291

第5章◎2025年度の試験に役立つ文献

施工計画	建設事業各段階のDXによる抜本的な労働生産性向上に関する技術開発	3Dモデルや点群データなどを活用して労働生産性を向上させるための技術開発を進めており、背景や課題の欄を中心に一読して動向を押さえる。左記の中間評価を国土技術政策総合研究所が2024年1月に公表した	https://www.mlit.go.jp/tec/tec_tk_000124.html	―
	インフラ分野のDXアクションプランの第2版*3	2023年8月に公表された第2版からDXの方向性やDXを進めるためのアプローチを把握したうえで、個別の施策が記載された欄もチェックして施工に関わる内容に目を通す	https://www.mlit.go.jp/tec/tec_tk_000073.html	―
	国土交通データプラットフォーム*3	データプラットフォームの概要や活用例、方向性や進捗とともに、防災や維持管理などの業務や工事にもたらす影響や効果を理解する	https://www.mlit.go.jp/tec/tec_tk_000066.html	―
	規格の標準化や要素技術の一般化、全体最適化の検討	コンクリート生産性向上検討協議会が2024年2月に公表した資料のうち、プレキャスト製品の大型構造物への適用に向けた検討内容に目を通し、プレキャスト導入の促進策を理解する。各種のガイドラインのフォローアップやサプライチェーンマネジメントの検討内容も一読しておく	https://www.mlit.go.jp/tec/tec_tk_000125.html	307ページ
	環境政策を取り巻く国内外の情勢と国土交通省の取り組み*3	GXの実現に向けた取り組みや循環経済（サーキュラーエコノミー）などの環境関連の政策や施策を理解するうえで役立つ。グリーン社会小委員会が2024年9月に公表した各分野における環境施策のトピックにも目を通し、主に施工分野の施策をチェックする	https://www.mlit.go.jp/policy/shingikai/sogo10_sg_000201.html	248ページ
	環境*3	国土交通省の環境関連の政策や施策をまとめたウェブサイト。「トピックス」の欄で取り上げている「環境行動計画」のほか、「地球環境問題」や「重点的に推進すべき環境政策の分野」の欄で示した項目に目を通して各施策の概要を理解する	https://www.mlit.go.jp/sogoseisaku/environment/index.html	―
	今後の建設リサイクルの検討について*3	建設リサイクル推進施策検討小委員会が2024年7月や3月に公表した資料から、建設リサイクルの「質」の向上に向けた方向性と課題を読み取る。カーボンニュートラルや循環経済といった昨今の社会情勢を踏まえた検討事項も確認しておく。現行の建設リサイクル推進計画も一読する	https://www.mlit.go.jp/policy/shingikai/sogo03_sg_000224.html	303ページ
	2024年度 総力戦で挑む防災・減災プロジェクト*3	「能登半島地震を踏まえた防災対策の推進」で挙げている各背景や課題、対応策をそれぞれ理解。2023年の「6～8月の大雨」への対応にも目を通しておく。後半の「主要10施策の取り組み状況」もチェックして防災・減災に関わる施策の動向を把握する	https://www.mlit.go.jp/river/bousai/bousai-gensaihonbu/9kai/index.html	241ページ

	項目	概要	出典	掲載
施工計画	国土交通省の防災・減災、国土強靭化に向けた取り組み*3	冒頭で取り上げている気候変動に伴う自然災害や新たな国土強靭化基本計画、デジタルの活用に加え、能登半島地震を踏まえた方策について述べている箇所は重要。各分野の取り組みの中では、主に建設施工分野における対応策を理解する	https://www.mlit.go.jp/policy/shingikai/kanbo08_sg_000317.html	242ページ
	盛り土・宅地防災、宅地の耐震化*3	大規模な盛り土造成地の活動崩落や宅地の液状化への対策を把握する。盛り土規制法のポータルサイトで盛り土規制法の背景や概要、必要性も理解	https://www.mlit.go.jp/toshi/web/index.html	—
	地震対策費を3割増、国交省概算要求	耐震化などの防災・減災分野の予算が増加傾向にあり、関連する施策やキーワードを理解する。他の分野の項目も一読して動向を押さえる	日経コンストラクション2024年9月号	301ページ
	新たな暮らし方に適応したインフラマネジメント*3	インフラの集約や再編の必要性や各地の事例、国の支援策などをまとめたもの。メンテナンスに携わる体制や人員などが不足するなか、今後は集約や再編も重要になる。老朽化対策の一つとして押さえておく	https://www.mlit.go.jp/sogoseisaku/maintenance/03activity/03_02.html	243ページ
	インフラメンテナンス*3	「インフラメンテナンス情報」のウェブサイトをチェックし、2024年4月に改訂された「国土交通省インフラ長寿命化計画」（第2期）に目を通して、メンテナンスの方向性を理解する。市町村の体制強化に向けた包括的民間委託導入の手引も重要	https://www.mlit.go.jp/sogoseisaku/maintenance/index.html	—
	効果的な入札・契約方式の選定について	維持管理で試行している入札・契約方式の概要や課題に目を通したうえで、資料の後半で述べている各方式の目的と効果を理解する。発注者責任を果たすための今後の建設生産・管理システムのあり方に関する懇談会の維持管理部会が2024年8月に公表した	https://www.nilim.go.jp/lab/peg/13yuusikisya.html	—
	技術提案・交渉方式の運用ガイドラインの改定について	国土交通省の直轄工事における技術提案・交渉方式の課題や対応方針を踏まえ、留意点も含めて改定案のポイントを理解する。上記の懇談会の建設生産・管理システム部会が2024年6月に公表した。総合評価落札方式などの改善策の検討資料も参考になる	https://www.nilim.go.jp/lab/peg/13yuusikisya.html	—
	国土交通省直轄の事業促進PPPに関するガイドライン	大規模災害の復旧・復興事業に適用する際のポイントのほか、導入にあたっての課題や留意事項が整理されている。大規模な災害での効率的な復旧・復興といった出題テーマに活用できる。2024年4月に改正された	https://www.mlit.go.jp/tec/nyusatukeiyaku.html	—
	2024年度の国土交通省土木工事・業務の積算基準などの改定	週休2日の「質の向上」の拡大や現場環境の改善、書類作成業務の負担軽減などの働き方改革に関する施策を把握する。2024年2月に発表した	https://www.mlit.go.jp/tec/content/001730054.pdf	—

第5章◉2025年度の試験に役立つ文献

施工計画	今後の社会資本整備の方向性[*3]	社会経済情勢の変化や社会資本整備を取り巻く課題、各重点目標における施策を通して、今後の社会資本整備の方向性を把握する。新たなインフラマネジメントの方針も重要	https://www.mlit.go.jp/policy/shingikai/sogo08_sg_000303.html	250ページ
建設環境	環境政策を取り巻く国内外の情勢と国土交通省の取り組み[*3]	GXの実現に向けた取り組みや気候変動への適応、ネイチャーポジティブ、循環経済などの環境関連の政策や施策を理解するうえで役立つ。グリーン社会小委員会が2024年9月に公表した各分野における環境施策のトピックにも目を通し、主な施策を理解する。本書の表5.3で取り上げた環境部会の5月の資料も一読しておく	https://www.mlit.go.jp/policy/shingikai/sogo10_sg_000201.html	248ページ
	環境分野の潮流と国土交通省における取り組み[*3]	左記は国土交通省グリーン社会実現推進本部が2024年5月に公表した資料。上記のグリーン社会小委員会などの資料と併せて一読し、「脱炭素社会」や「気候変動適応社会」、「自然共生社会」、「循環型社会」の実現に向けた取り組みをそれぞれ確認する	https://www.mlit.go.jp/sogoseisaku/environment/sosei_environment_fr_000148.html	—
	環境[*3]	国土交通省の環境関連の政策や施策をまとめたウェブサイト。「トピックス」の欄で取り上げている「環境行動計画」のほか、「地球環境問題」や「重点的に推進すべき環境政策の分野」の欄で示した項目に目を通して各施策の概要を理解する	https://www.mlit.go.jp/sogoseisaku/environment/index.html	—
	グリーンインフラに関する国内の動向[*3]	第6次環境基本計画や土地基本方針の変更案、都市緑地法などの改正、河川と流域におけるネイチャーポジティブの取り組みが簡潔にまとめられている。それぞれが出題テーマになる可能性があるので、全体を一読して各施策の動向を理解する	https://www.mlit.go.jp/sogoseisaku/environment/sosei_environment_fr_000166.html	249ページ
	今後の建設リサイクルの検討について[*3]	建設リサイクル推進施策検討小委員会が2024年7月や3月に公表した資料から、建設リサイクルの「質」の向上に向けた方向性と課題を読み取る。カーボンニュートラルや循環経済といった昨今の社会情勢を踏まえた検討事項も確認しておく。現行の建設リサイクル推進計画も一読する	https://www.mlit.go.jp/policy/shingikai/sogo03_sg_000224.html	249ページ
	今後の社会資本整備の方向性[*3]	社会経済情勢の変化や社会資本整備を取り巻く課題、各重点目標における施策を通して、今後の社会資本整備の方向性を把握する。新たなインフラマネジメントの方針も重要	https://www.mlit.go.jp/policy/shingikai/sogo08_sg_000303.html	250ページ

294

建設環境	2024年度 総力戦で挑む防災・減災プロジェクト*3	「能登半島地震を踏まえた防災対策の推進」で挙げている各背景や課題、対応策をそれぞれ理解。2023年の「6〜8月の大雨」への対応にも目を通しておく。後半の「主要10施策の取り組み状況」もチェックして防災・減災に関わる施策の動向を把握する	https://www.mlit.go.jp/river/bousai/bousai-gensaihonbu/9kai/index.html	241ページ
	国土交通省の防災・減災、国土強靭化に向けた取り組み*3	冒頭で取り上げている気候変動に伴う自然災害や新たな国土強靭化基本計画、デジタルの活用に加え、能登半島地震を踏まえた方策について述べている箇所に目を通しておく	https://www.mlit.go.jp/policy/shingikai/kanbo08_sg_000317.html	242ページ
	地震対策費を3割増、国交省概算要求	耐震化などの防災・減災分野の予算が増加傾向にあり、関連する施策やキーワードを理解する。他の分野の項目も一読して動向を押さえる	日経コンストラクション2024年9月号	301ページ
	インフラ分野のDXアクションプランの第2版*3	2023年8月に公表された第2版からDXの方向性やDXを進めるためのアプローチを把握。個別の施策が記載された欄もチェックしておく	https://www.mlit.go.jp/tec/tec_tk_000073.html	—
	国土交通データプラットフォーム*3	データプラットフォームの概要や活用例、方向性や進捗とともに、防災や維持管理などの業務や工事にもたらす影響や効果を理解する	https://www.mlit.go.jp/tec/tec_tk_000066.html	—

（注）＊1の出典は、特記以外は国土交通省。以下もURLは2024年10月時点。＊2のページ数は参考文献などの掲載ページ数。表5.6の中から代表的なものを示した。ページ数の欄が「—」の文献はURLのみを記載。＊3は表5.5の必須科目でも取り上げた文献

第5章 2025年度の試験に役立つ文献

資料：国土交通省のウェブサイト（https://www.mlit.go.jp/policy/shingikai/content/001756383.pdf）から

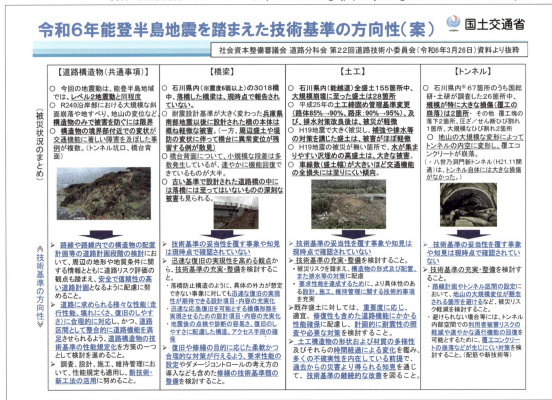

資料：国土交通省のウェブサイト（https://www.mlit.go.jp/kowan/content/001727547.pdf）から

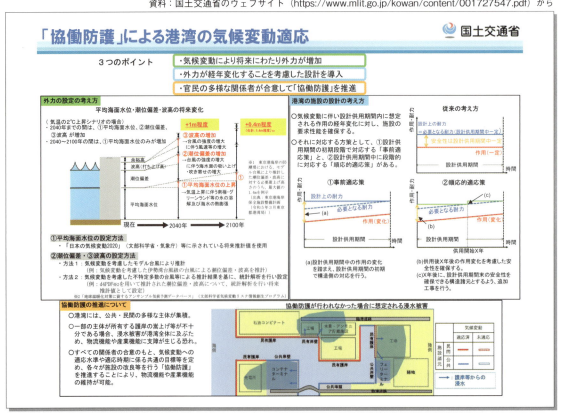

5-3 選択科目の論文に役立つ文献

資料：下も国土交通省のウェブサイト（https://www.mlit.go.jp/policy/shingikai/content/001753503.pdf）から

令和6年能登半島地震を踏まえた港湾の防災・減災対策のあり方　答申　概要②　国土交通省　別紙

Ⅱ．今後の大規模災害リスク等を見据えて取り組むべき施策

1. 施策推進にあたっての基本的な考え方
- 既存ストックや他機関・民間のリソースも活用しながら、ハード面、ソフト面の施策について推進

2. ハード面の対策

○海上支援ネットワークの形成のための防災拠点
- 耐震強化岸壁、内陸へ繋がる道路、物資の仮置き等のための背後用地や緑地、航路・泊地等、一気通貫した施設の耐震化・液状化対策等により災害時の健全性を確保（地域防災拠点）
- 地域防災拠点に加えて、支援船への補給・物資積み込み等の後方支援に利用される支援側港湾の役割も想定し、耐震強化岸壁等必要な規模の施設の健全性を確保（広域防災拠点）

○耐津波性の確保
- 防波堤等の粘り強い構造化、航路・泊地の埋塞等の早期復旧等に資する対策の検討、水門・陸閘等の自動化・遠隔操作化等の推進

○迅速な施設復旧
- 復旧に必要な砕石や重機等の資機材の備蓄、関係事業者との協定締結、作業船の確保の体制構築等の事前の備え

○幹線物流の維持
- 我が国の産業・経済に甚大な影響を与えないよう、コンテナ、フェリー・RORO等の幹線物流について、強靱な物流ネットワークを確保

○海上支援ネットワークの形成のための防災拠点

海上支援ネットワークのイメージ

防災拠点イメージ

○耐津波性の確保

防波堤等の粘り強い構造化の例

○迅速な施設復旧

資材（敷鉄板）・機材（バックホウ）の備蓄例

令和6年能登半島地震を踏まえた港湾の防災・減災対策のあり方　答申　概要③　国土交通省　別紙

Ⅱ．今後の大規模災害リスク等を見据えて取り組むべき施策

3. ソフト面の施策

○港湾BCP・広域港湾BCPの実効性向上
- 港湾BCPの地方港湾での策定や不断の見直し・拡充、訓練の実施による連携強化
- 地域防災拠点・広域防災拠点の連携・役割分担等、広域災害を想定した計画策定

○災害発生時の対応の迅速化・的確化
- ドローン・衛星、夜間監視が可能なカメラ等の利活用による施設点検の迅速化
- 構造物の変状計測の自動化・的確化、判断に必要となる情報を共有するツールの構築・運用等による施設の利用可否判断の迅速化
- 支援側港湾においても支援船等の利用調整による港湾利用の最適化を通じた被災地支援の円滑化

○関係機関・民間との連携
- 訓練実施等による災害時の海と陸の連携、港湾、関係機関との連携体制の強化
- 臨海部の倉庫や民間船舶等、民間のリソース活用のための体制づくり（協定締結、訓練の実施、民間のBCP策定の推進等）

○情報共有ツール
- 防災情報の一元化・共有のための「防災情報システム」の推進・高度化によるソフト面の各施策の更なる円滑化

○港湾BCP・広域港湾BCPの実効性向上

建設業者、フェリー会社等と連携した訓練の実施例

○迅速な施設点検・利用可否判断

ドローン・衛星等を活用した施設点検
利用可否判断の自動化・遠隔化のイメージ

○支援船等の利用調整

支援船等の利用調整による港湾の利用の最適化

○民間のリソースの活用

災害時の民間施設の活用例

○情報共有ツール

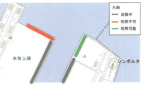
防災情報システムの表示イメージ

第5章 ● 2025年度の試験に役立つ文献

資料：国土交通省のウェブサイト
(https://www.mlit.go.jp/river/shinngikai_blog/shaseishin/kasenbunkakai/bunkakai/dai68kai/pdf/1.pdf) から

資料：次ページも国土交通省のウェブサイト
(https://www.mlit.go.jp/river/shinngikai_blog/shaseishin/kasenbunkakai/shouiinkai/kihonhoushin/dai142kai/240930_06.pdf) から

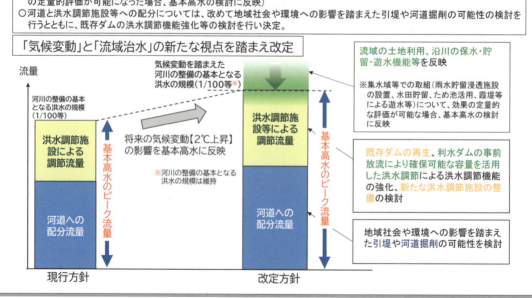

5-3 選択科目の論文に役立つ文献

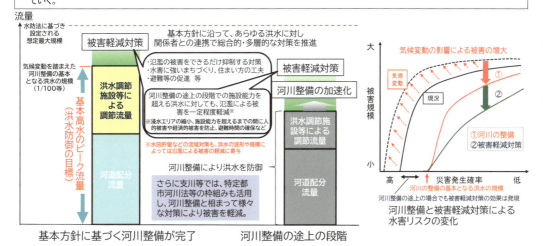

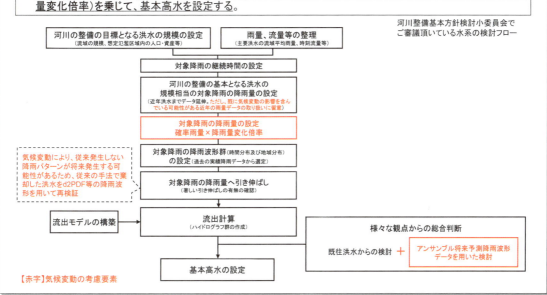

299

第5章 ● 2025年度の試験に役立つ文献

資料：国土交通省のウェブサイト（https://www.mlit.go.jp/river/shinngikai_blog/dam_kondankai/dai04kai/02_shiryo01.pdf）から

治水機能の強化と水力発電の促進を両立するハイブリッドダムの取組の推進

➢ 気候変動への適応・カーボンニュートラルへの対応のため、治水機能の強化と水力発電の促進を両立させる「ハイブリッドダム」の取組を推進。

ハイブリッドダムとは 治水機能の強化、水力発電の増強のため、気象予測も活用し、ダムの容量等の共用化など※ダムをさらに活用する取組のこと。

※「ダムの容量等の共用化」としては、例えば、利水容量の治水活用（事前放流等）、治水容量の利水活用（運用高度化）など。単体のダムにとどまらず、上下流や流域の複数ダムの連携した取組も含む。ダムの施設の活用や、ダムの放流水の活用（無効放流の発電へのさらなる活用など）の取組を含む。

取組内容	令和5年度の取組	令和6年度以降
(1) ダムの運用の高度化 気象予測も活用し、治水容量の水力発電への活用を図る運用を実施。 ［・洪水後期放流の工夫 ・非洪水期の弾力的運用］など	国土交通省、水資源機構管理の72ダムで試行。運用高度化に伴うルール化の検討。	国土交通省、水資源機構管理の全ての可能なダムで試行を継続し、運用の高度化の本格実施を目指す。 ※運用高度化の試行による増電量 ○令和4年度実績 6ダムで試行し、215万kWh（一般家庭約500世帯の年間消費電力に相当）を増電 ○令和5年度試行 72ダムで試行し、約2千万kWh（同約5千世帯分）の増電を想定　**発電**
(2) 既設ダムの発電施設の新増設 既設ダムにおいて、発電設備を新設・増設し、水力発電を実施。	国土交通省管理の3ダム（湯西川ダム、尾原ダム、野村ダム）で、ケーススタディを実施し、事業スキーム、公募方法を検討。民間事業者等からの意見聴取を実施。	発電施設の新設・増設を行う事業の**事業化**（新たに参画する民間事業者等の公募）を目指す。併せて、地域振興への支援にも取り組む。　**発電**
(3) ダム改造・多目的ダムの建設 堤体のかさ上げ等を行うダム改造や多目的ダムの建設により、治水機能の強化に加え、発電容量の設定などにより水力発電を実施。	治水と発電、地域振興を両立させる事業内容を検討。	ダム改造、多目的ダム建設と合わせて増電を検討。　**治水　発電**

◎上記について官民連携で地域振興への支援にも取り組む

治水 ダム改造、多目的ダム建設の推進により、治水機能を強化するとともに水力発電の促進を目指す
発電 増電量の目標等を定め、R6にダム運用高度化の本格実施、発電施設の新設・増設を行う事業の事業化を目指し、カーボンニュートラルに貢献

資料：国土交通省のウェブサイト（https://www.mlit.go.jp/river/kaigan/pdf/takashio_new.pdf）から

水防法に基づく高潮浸水想定区域の指定、高潮特別警戒水位の設定

水位周知海岸の指定（都道府県）第13条の3
・都道府県知事が、それぞれの都道府県内に存する海岸で高潮により相当な損害を生ずるおそれがあるものを指定、一般に「水位周知海岸」と呼称。

高潮浸水想定区域の指定（都道府県）第14条の3
・都道府県知事が想定最大規模の高潮が発生した場合の浸水の範囲と深さ、継続時間を想定。
・これにより高潮時の円滑かつ迅速な避難を確保し水災による被害の軽減を図る。
・市町村長は、この想定に基づいて地域防災計画やハザードマップを作成・活用することを義務づけ。
・地下街、要配慮者利用施設等の所有者等は、避難確保計画の作成、訓練の実施を義務づけ

高潮特別警戒水位の設定（都道府県）第13条の3及び第13条の4
・住民等の垂直避難が必要となる水位として、高潮特別警戒水位を設定。
・海岸の水位が高潮特別警戒水位に達した場合には、その旨を関係市町村、量水標管理者に通知するとともに、必要に応じて報道機関の協力を得て一般に周知。

◆「特定都市河川浸水被害対策法等の一部を改正する法律の一部の施行について」
令和3年7月15日国水政第20号（抄）
新たに高潮浸水想定区域の指定対象となる海岸については、当該海岸周辺における円滑かつ迅速な避難等のための措置を速やかに講じるため、区域の指定主体たる都道府県知事におかれては、同区域をできるだけ早期に指定するよう努められたい。新たな高潮浸水想定区域の指定は、令和7年度までに実施することを想定している。

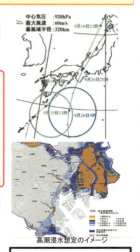

高潮浸水想定区域
想定最大規模（※）の高潮による浸水を想定
※ 室戸台風相当の中心気圧、伊勢湾台風相当の半径・移動速度の台風が、様々なコースで接近することを想定

資料：日経コンストラクション2024年9月号のニュースから

行政

地震対策費を3割増、国交省概算要求

国土交通省は2025年度予算案の概算要求で、公共事業関係費に24年度当初予算比で19％増の6兆2899億円を計上した（**資料1**）。一般会計全体では18％増の7兆330億円を求めた。南海トラフ巨大地震などの地震に備え、上下水道一体での耐震化や住宅の耐震改修などの補助制度を拡充する。

注目プロジェクトでは、羽田空港へ向かう新ルート「蒲蒲線」や北陸新幹線の延伸（敦賀―新大阪）の整備費を盛り込んだ。24年8月27日に公表した。

巨大地震などの対策に、24年度当初予算比で34％増の2771億円を計上（**資料2**）。浄水場や、浄水場から水を送る管といった災害時に「急所」となる施設の耐震化と土砂災害対策を進める。

密集市街地対策や住宅・建築物の耐震化には115％増の392億円を計上。緊急車両が通行する道路沿いの建築物の耐震化を盛り込んだ。例えば、300億円を計上して「住宅・建築物防災力緊急促進事業」を新設。耐震改修工事費の補助率を上げて住宅の耐震改修を加速させる。

羽田へ向かう「蒲蒲線」の費用計上

鉄道事業では、新空港線（蒲蒲線）の整備に向け3000万円を計上した。同線は、東急電鉄と京浜急行電鉄それぞれの蒲田駅を結び、新宿や渋谷、埼玉県南西部から羽田空港までをつなぐ。整備主体が着工に向けた調査や設計を進める費用に対する補助金として計上した。

北陸新幹線の延伸については、25年度内の着工を目指す。着工に要する経費は金額を示さない「事項要求」とした。

建設業の担い手確保や生産性向上などの働き方改革については74％増の8億円を計上した。24年の通常国会で成立した改正建設業法などの「第3次担い手3法」を踏まえ、適正な労務費の確保や週休2日の実現に向けた建設Gメンの体制強化に取り組む。

（門馬 宙哉）

資料1 ■ 国土交通省の2025年度予算案の概算要求

項目			要求額	増減率
一般会計 （うち「重要政策推進枠」）			7兆330億円 （1兆6100億円）	18％
	公共事業関係費		6兆2899億円	19％
		一般公共事業費	6兆2319億円	19％
		災害復旧など	580億円	0％
	非公共事業		7431億円	12％
		その他施設費	812億円	43％
		行政経費	6619億円	9％
東日本大震災復興特別会計			617億円	33％
財政投融資			1兆5443億円	▲26％

「増減率」は2024年度当初予算に対する割合
（出所：下も国土交通省の資料を基に日経クロステックが作成）

資料2 ■ 国土交通省の主な項目の概算要求額

国民の安全・安心の確保
- 水害や土砂災害、南海トラフ巨大地震などの対策推進　2771億円　（34）
- 密集市街地対策や住宅・建築物の耐震化　392億円　（115）
- TEC-FORCEなど国の災害支援体制の強化　476億円　（24）

持続的な経済成長の実現
- 航空ネットワークの充実　140億円　（12）
- 住宅・建築物の脱炭素対策　1263億円　（19）
- i-Construction2.0などDX推進　124億円　（48）
- 建設業の担い手確保・育成や生産性向上　8億円　（74）

個性を生かした地域づくりと分散型国づくり
- スマートシティーの社会実装の加速　52億円　（88）
- 交通空白の解消に向けた地域交通のリ・デザイン　331億円　（38）

カッコ内は2024年度当初予算に対する増減率（％）

詳細記事
日経クロステックでより詳しく報じています。有料会員の方は全文ご覧いただけます。

資料：国土交通省のウェブサイト（https://www.mlit.go.jp/policy/shingikai/content/001758734.pdf）から

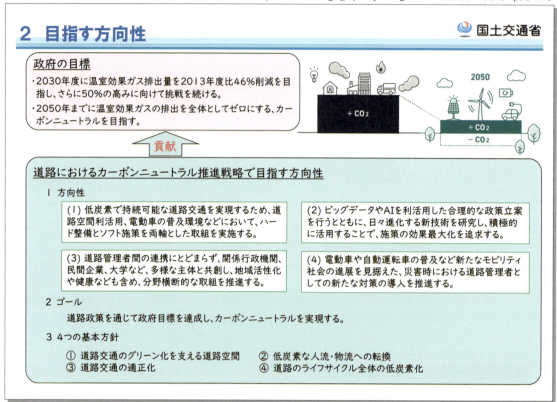

資料：国土交通省のウェブサイト（https://www.mlit.go.jp/maritime/content/001761224.pdf）から

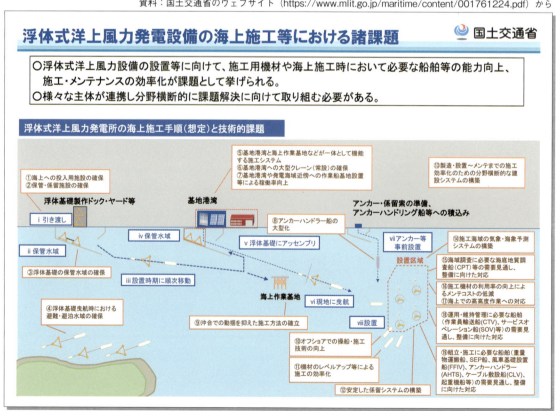

資料：下も国土交通省のウェブサイト（https://www.mlit.go.jp/policy/shingikai/content/06shiryou3.pdf）から

2. 循環経済の実現に向けた検討の方向性　　国土交通省

○ストックを有効活用しながら付加価値を生み出す循環経済の実現には、使用済製品を原料に用いて同種の製品を製造する水平リサイクルが重要ではないか。
○建設リサイクルにおいても、建設廃棄物を元の建設資材に再資源化することや、貴重な資源を最終処分せずに有効利用を進めることを「水平リサイクル」と捉えられるのではないか。

【循環経済とは】
○従来の3Rの取組に加え、資源投入量・消費量を抑えつつ、ストックを有効活用しながら、サービス化等を通じて付加価値を生み出す経済活動。

【水平リサイクルとは】
○使用済製品を原料として用いて同一種類の製品を製造するリサイクル。

【建設リサイクルにおける水平リサイクル、循環経済】
○例えば、コンクリート塊を再生コンクリート骨材として、また、アスファルト・コンクリート塊を再生アスファルト合材として再生利用するなど、建設廃棄物を元の建設資材に再生資源化することを「水平リサイクル」と捉えられるのではないか。
○また、貴重な資源である建設発生土や建設汚泥について、土質改良等より品質を高めて有効利用し、最終処分量を減らす取組も「水平リサイクル」と捉えられるのではないか。
○これらの水平リサイクルを通じて循環経済の実現に資する取組を、建設リサイクルの「質」の向上と言えないか。

2. 循環経済の実現に向けた検討の方向性　　国土交通省

○水平リサイクルなど循環経済の実現に寄与する取組を「質の高いリサイクル」とする場合、各資材において、どのような取組を進めたら良いか。
○また、水平リサイクルを進める上での課題や解決策の検討する上で留意点は何か。

①コンクリート塊
・コンクリート塊は、現状、約94％が再生クラッシャランに再資源化。クラッシャラン類利用量に占める再生クラッシャランの利用率も37％と、全国的に見ると需要過多。
・一方で、一部大都市圏では、再生クラッシャランの在庫が積み上がっているとの声もあり、再生クラッシャラン以外の再生用途の拡大が喫緊の課題。
・再生コンクリート骨材への活用は現状ほとんど無く、その利用拡大は、新材骨材の利用抑制の面から、循環経済の実現にとって重要。

再生クラッシャラン

建設工事での利用量

再生クラッシャラン 約4,200万t（37%）
　うちコンクリート塊由来 約3,463万t（31%）
新材等 約7,120万t（63%）

＜主な論点＞
○再生コンクリート骨材の品質面等での課題を踏まえ、どのように現場で導入を促進していくか。

②アスファルトコンクリート（As）塊
・As合材利用量に占める再生As合材の利用率は92％だが、新材も8％利用。また、再生As合材の製造過程でも、As用骨材（新材）等を48％利用。
・他方、廃As塊の23％は再生砕石として再資源化。

＜主な論点＞
○廃As塊を全量、As合材用骨材として再生する際の課題と解決策を検討する際の留意点。

③建設木材
・建設発生木材の約6割は焼却されサーマルリサイクルされているが、木材は大気中のCO2を吸収して成長しており、焼却処分でCO2が発生しても、CNは実現。
・一方、焼却しない場合、CO2は固定化されており、CO2排出量削減にはマテリアルサイクルの方が貢献度が大きい。

＜主な論点＞
○建設発生木材のマテリアルリサイクルを進める上での課題と解決策を検討する際の留意点。

資料：国土交通省のウェブサイト（https://www.mlit.go.jp/report/press/content/001723072.pdf）から

● **都市緑地法等の一部を改正する法律案**

背景・必要性

○ 世界と比較して**我が国の都市の緑地の充実度は低く、また減少傾向**。
○ **気候変動対応、生物多様性確保、幸福度**（Well-being）**の向上**等の課題解決に向けて、**緑地が持つ機能に対する期待**の高まり。
○ ESG投資など、**環境分野への民間投資の機運が拡大**。
○ 緑のネットワークを含む質・量両面での都市緑地の確保に取り組む必要があるが、
　・**地方公共団体**において、**財政的制約や緑地の整備・管理に係るノウハウ不足**が課題。
　・**民間**においても、緑地確保の取組は収益を生み出しづらいという認識が一般的であり、**取組が限定的**。
○ また、都市における脱炭素化を進めるためには、**エネルギーの効率的利用の取組**等を進めることも重要。

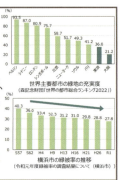

世界主要都市の緑地の充実度
（森記念財団「世界の都市総合ランキング2022」）

横浜市の緑被率の推移
（令和元年度緑被率の調査結果について（横浜市））

法案の概要

1．国主導による戦略的な都市緑地の確保

①**国の基本方針・計画の策定**【都市緑地法】
・**国土交通大臣**が都市における緑地の保全等に関する**基本方針**を策定。
・**都道府県**が都市における緑地の保全等に関する**広域計画**（仮称）を策定。

②**都市計画における緑地の位置付けの向上**【都市計画法】
・都市計画を定める際の基準に「**自然的環境の整備又は保全の重要性**」を位置付け。

広域の緑地配置（イメージ）

2．貴重な都市緑地の積極的な保全・更新

①**緑地の機能維持増進について位置付け**【都市緑地法】
・緑地の機能の維持増進を図るために行う再生・整備を「**機能維持増進事業**」（仮称）として位置付け。
・特別緑地保全地区※で行う**機能維持増進事業**について、その**実施に係る手続を簡素化**できる特例を創設。<予算>（実施に当たり都市計画税の充当が可能）
　※緑地の保全のため、建築行為等が規制される地区

②**緑地の買入れを代行する国指定法人制度の創設**【都市緑地法・古都保存法・都開資金法】
・都道府県等の**要請に基づき特別緑地保全地区等内**の**緑地の買入れ**や**機能維持増進事業**を行う**都市緑化支援機構**（仮称）の**指定制度**を創設。
・機構が行う業務について都市開発資金の貸付けにより支援。<予算>

緑地の機能維持増進のイメージ（神戸市）

3．緑と調和した都市環境整備への民間投資の呼び込み

①**民間事業者等による緑地確保の取組に係る認定制度の創設**【都市緑地法・都開資金法】
・緑地確保の取組を行う民間事業者等が講ずべき措置に関する**指針を国が策定**。
・**民間事業者等による緑地確保の取組を国土交通大臣が認定**する制度を創設。
　上記認定の審査に当たっての調査を代行する機関の登録制度を創設。
・上記認定を受けた取組について都市開発資金の貸付けにより支援。<予算>

②**都市の脱炭素化に資する都市開発事業に係る認定制度の創設**【都市再生特別措置法】
・緑地の創出や再生可能エネルギーの導入、エネルギーの効率的な利用等を行う**都市の脱炭素化に資する都市開発事業を認定**する制度を創設。
・上記認定を受けた事業について**民間都市開発推進機構が金融支援**。<予算>

民間事業者による緑地創出の例（千代田区）

予算・税制措置と併せて「まちづくりGX」を推進

【目標・効果】
都市において質・量両面での緑地の確保やエネルギーの効率的利用等を進めることで、**良好な都市環境を実現**
【KPI】
● 自治体による**特別緑地保全地区の指定面積**：2030年度までに**1,000ha増加**（2021年度：6,671ha）
● 民間事業者等による**緑地確保の取組の認定件数**：2030年度までに**300件**

5-3 選択科目の論文に役立つ文献

資料：国土交通省のウェブサイト（https://www.mlit.go.jp/tochi_fudousan_kensetsugyo/const/content/001761331.pdf）から

資料：国土交通省のウェブサイト（https://www.mlit.go.jp/tec/content/001741646.pdf）から

i-Construction 2.0 建設現場のオートメーション化（目的・考え方） 国土交通省

○ 2016年から建設現場の生産性を2025年度までに2割向上を目指し、建設生産プロセス全体の抜本的な生産性向上に取り組むi-Constructionを推進。

○ ICT施工による作業時間の短縮効果をメルクマールとした、直轄事業における生産性向上比率（対2015年度比）は21％となっている。

○ 一方で、人口減少下において、将来にわたって持続的にインフラ整備・維持管理を実施するためには、i-Constructionの取組を更に加速し、これまでの「ICT等の活用」から「自動化」にしていくことが必要。

○ 今回、2040年度までに少なくとも省人化3割、すなわち1.5倍の生産性向上を目指す国土交通省の取組を「i-Construction 2.0」としてとりまとめ公表。

○ 建設現場で働く一人ひとりの生産量や付加価値を向上し、国民生活や経済活動の基盤となるインフラを守り続ける。

● i-Construction 2.0の目的や考え方

i-Constructionの目的や考え方	i-Construction 2.0 の目的や考え方
・生産性向上施策	・省人化対策
・産学官が連携して生産性を高める	・人口減少下における持続的なインフラ整備・管理（国民にサービスを提供し続けるための取組）
・ICT活用、プレキャスト、平準化をトップランナーとして実施	・自動化（オートメーション化）にステージを上げる

第5章 ● 2025年度の試験に役立つ文献

資料：下も国土交通省のウェブサイト（https://www.mlit.go.jp/tec/content/001757200.pdf）から

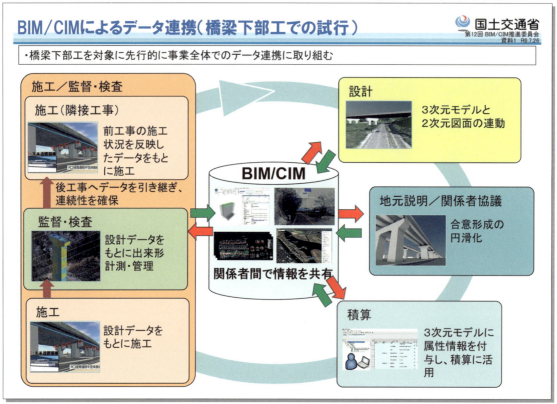

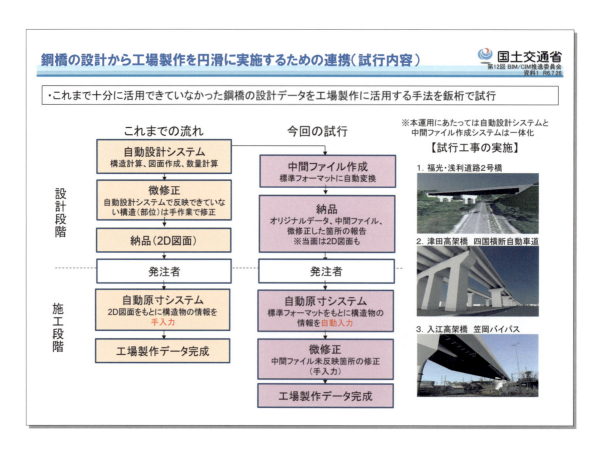

資料：下も国土交通省のウェブサイト（https://www.mlit.go.jp/tec/content/001730461.pdf）から

プレキャストの導入促進について

【背景】

近年、建設現場における技能者の不足や、就労者の高齢化などの懸念によりさらなる生産性の向上や、担い手確保の観点から作業現場の安全性の向上などのための環境改善が強く求められている。

【方向性】

国土交通省では「i-Construction」の推進を打ち出し、その中でコンクリート工の生産性向上を進めるための一つの方策として、プレキャスト製品の規格化などを検討。

【検討の方針】

プレキャスト製品の更なる活用に向けて、省人化や働き方改革、環境負荷低減などのプレキャストの優位性を含めた総合的な評価（VFM）を取り入れた、プレキャストの導入促進の検討を行っていく。

プレキャスト工法の活用に向けた取組

プレキャスト工法の導入

建設現場において生産性向上を図る上で、従来工法に対してコスト面を中心とした形式や工法を選定していた。これからは、コストを意識しつつも、VFMの考え方を取り入れ「最大価値」となるような検討を導入することとする。

Value for Moneyの採用

コストの課題解決のため、VfMの考え方をPCaにおいて採用。

VFM（Value For Money）の概念・・・最大価値 ＞ 最低価格
支払（Money）に対して最も価値（Value）の高いサービスを供給するという考え方のこと

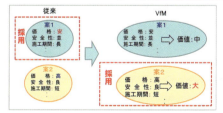

コスト以外の評価項目（案）
・省人化効果
・働き方改革寄与度
・安全性向上
・環境負荷低減　等

コスト以外で建設現場に寄与する項目を検討。大型PCa導入に向けた評価項目等を検討し、工法比較における評価の考え方の確立を目指す。

■検討スケジュール

	令和2年度	令和3年度	令和4年度	令和5年度	令和6年度	令和7年度～
FVMを取入れたPCa製品の適用検討	評価項目の抽出	評価方法の検討	比較検討（検証）	評価項目・指標の選定、重み付け見直し試行要領案の策定	設計業務による試行	実装に向けた検討

第5章 2025年度の試験に役立つ文献

資料：国土交通省のウェブサイト（https://www.mlit.go.jp/toshi/city_plan/content/001751720.pdf）から

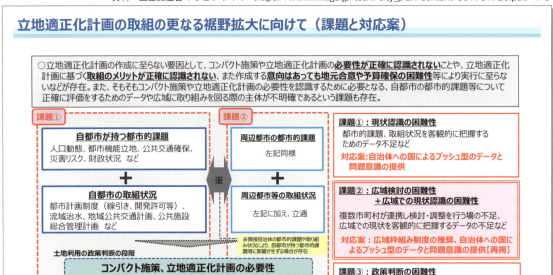

資料：国土交通省のウェブサイト（https://www.mlit.go.jp/toshi/content/001748617.pdf）から

5-3 選択科目の論文に役立つ文献

資料：下も国土交通省のウェブサイト（https://www.mlit.go.jp/road/ir/ir-council/people-centered_road-space/pdf01/02.pdf）から

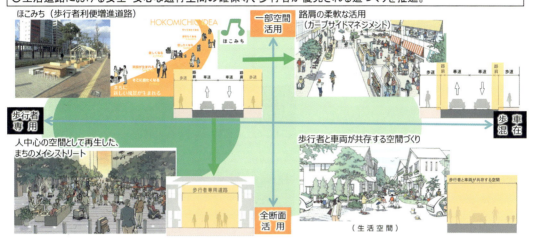

資料：国土交通省のウェブサイト（https://www.mlit.go.jp/road/ir/ir-council/traffic-safety_road/pdf01/02.pdf）から

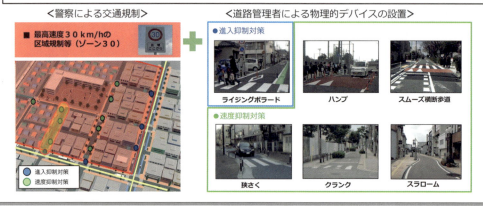

資料：国土交通省のウェブサイト（https://www.mlit.go.jp/policy/shingikai/content/001727347.pdf）から

5-3 選択科目の論文に役立つ文献

資料：下も国土交通省のウェブサイト（https://www.mlit.go.jp/road/ir/ir-council/chicyuka/pdf17/04.pdf）から

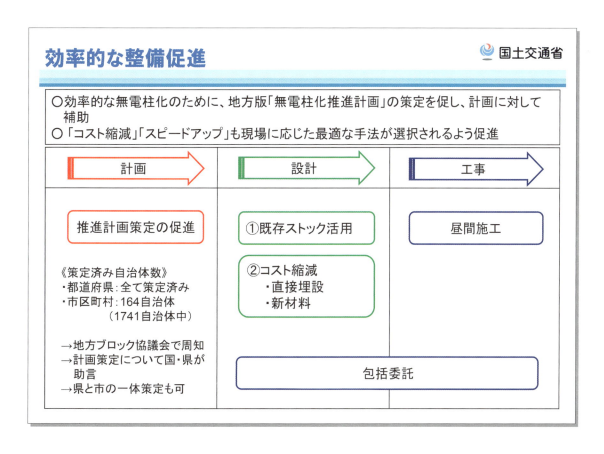

堀 与志男
ほり・よしお

(株)5Doors' 代表取締役

1960年、愛知県生まれ。83年に名古屋大学工学部土木工学科を卒業。浅沼組で18年勤務後、2000年にホリ環境コンサルタントを設立。2004年、(株)5Doors'を設立し、代表取締役に。経営コンサルタント。技術士受験指導歴29年。著書「建設技術者なら独立できる」(新風舎)など多数。技術士(総合技術監理・建設部門)、土木学会特別上級技術者。

西村 隆司
にしむら・りゅうじ

日経BP シニアエディター

1957年、京都府生まれ。82年に金沢大学工学部建設工学科(現在の環境デザイン学類)を卒業。建設会社勤務を経て89年、日経BP社に入社。2000年9月に日経コンストラクション編集長、07年1月に同誌編集委員、同年10月に建設局編集委員、17年8月にシニアエディター。

国土交通白書2024の読み方

2024年12月9日　初版第1刷発行

著者	堀 与志男、西村 隆司
編者	日経コンストラクション
発行者	浅野 祐一
発行	(株)日経BP
発売	(株)日経BPマーケティング
	〒105-8308 東京都港区虎ノ門4-3-12
印刷・製本	美研プリンティング

©Yoshio Hori、Nikkei Business Publications, Inc. 2024　Printed in Japan
ISBN 978-4-296-20665-0

本書の無断複写・複製(コピー等)は著作権法上の例外を除き、禁じられています。購入者以外の第三者による電子データ化及び電子書籍化は、私的使用を含め一切認められておりません。
本書籍に関するお問い合わせ、ご連絡は以下にて承ります。https://nkbp.jp/booksQA